サイエンス
ライブラリ 現代数学への入門＝14

数値解析入門[増訂版]

山本哲朗 著

サイエンス社

監修のことば

数学は，隣接領域からの要因によって刺激をうけて進展し，かつまた自らの内なる必然によって大きく発展する．さらに隣接領域における研究に貢献する．最近ではその隣接領域は自然科学のみならず，広く社会科学，人文科学にまで及んでいる．したがって現代数学の素養は，数学の専攻を志す人ばかりでなく，応用する人あるいは実務にたずさわる人にとっても，必須なものとなっている．

ところで，大学初年級における数学の基礎課程を終えた学生諸君が，各専門分野において現代数学に接するとき，多くの困難にであうように見受けられる．それは，基礎課程の数学と専門分野における数学との間に多少のギャップがあるためであろう．まして，数学からしばらく遠ざかっていた人々があらためて現代数学を学ぼうとすれば，意外なとまどいを覚えるのではなかろうか．

本ライブラリは，現代数学に対するとまどい，困難を克服する手助けとなるべく企画されたものである．そのために，現代数学の基本事項をとりあげ，多くの具体例を通してなじみやすくかつ簡明に述べ，手頃な小冊子にまとめた．現代数学を必要とする人々にとってよき入門書でありかつまた格好の手引書となることを願うものである．

なお，監修にあたっては，理工系の学生ばかりでなく，広く自然科学，社会科学，人文科学および実務にたずさわる人々にも利用できるよう，テーマの選択と内容の記述に配慮した．

能代　清

増訂版にあたって

1976年に微分積分学と線形代数学の基礎を学び終えた人達のための「数値解析への現代的入門」を意図して本書初版を著してから，早くも26年余が経過しました．その間，コンピュータの目覚ましい発達により，その利用環境は大きく変化し，計算問題は益々大型化，複雑化しています．当時を想起すれば，まさに隔世の感を禁じえません．

本書が，このような激動の時代を生き抜いて，かくも長年に亘り読者各位に連綿と読み継がれてきたことは著者望外の喜びであり，また誇りでもあります．

この増訂版では，数値解析のための行列論，共役勾配法，Newton−Kantorovichの定理等新しい題材を追加すると共に定理の証明にも随所に工夫をこらし，また差分法に関する著者自身のささやかな研究成果も盛り込んで，内容の深化と現代化をはかりました．邦書ながら，数値解析の入門書，参考書として，国際的にも充分通用するものと自負しています．

なお，初版の刊行以来，多くの方々から内容について有益な御注意をいただきました．この度の改訂にあたっては，それらを参考にさせていただいたことを付記し，各位に謝意を表します．また，私事ながら，著者は昨年3月末日をもって愛媛大学理学部を定年退職し，引き続き早稲田大学理工学部情報学科において，数値解析を講義する機会を得ましたので，本書の草稿の一部をその講義に用い，内容を吟味することができました．このような場を与えていただいた早稲田大学特に理工学部情報学科とその実現に御尽力いただいた同学科大石進一教授に対し，心から感謝の意を表します．

最後に，増訂版の執筆をお勧め下さったサイエンス社編集部田島伸彦課長と校正の労をとられた関口美紀子氏に厚く御礼を申し上げます．

2003年3月

山本　哲朗

ま え が き

本書は，微分積分学と線形代数学の基礎的な部分を終えた人達のための「数値解析への現代的入門」を意図し，下記5つの分野について，基本的な数値解法，および誤差評価の手法を解説したものである．

Ⅰ　非線形方程式

Ⅱ　行列演算（連立1次方程式・固有値問題）

Ⅲ　補間・数値積分

Ⅳ　常微分方程式の初期値問題

Ⅴ　常微分・偏微分方程式の境界値問題（差分法・有限要素法）

いうまでもなく，数値解析の目的は，理学・工学，その他においてあらわれる各種の数学的問題を，数値的に解くための適切な手法を提供し，えられる近似解の誤差をしらべることであって，その歴史は古い．しかしながら，1940年代における電子計算機の出現と，その後の驚異的ともいえる進歩（高速化・大型化）とによって，その内容は，近年，著しく豊富・多彩なものとなった．従来不可能であった大量かつ大規模な計算が可能となったことにより，電子計算機向きの算法がいろいろ開発され，同時に，その収束性・安定性に関する研究も活発化したからである．行列の固有値問題における Householder－Givens 法・QR 法，数値積分における Romberg 法，微分方程式に対する差分法・有限要素法，およびそれらをめぐる収束性・安定性の議論等は，その顕著な例であろう．

本書は，このような現代数値解析の一端を解説すべく意図したものである．小冊子ではあるが，基本的な事項に加えて，あまり知られていない結果も，いくつか盛り込んである．もちろん，紙数の関係上，残念ながら割愛した事項も多い．しかし，記述はなるべく平易に，しかも厳密さを失わぬよう心がけた．

なお，読者の理解を助けるため，各所に図表と数値例をできるだけ多く挿入してある．計算機は著者の手もとにある HITAC10－Ⅱ超小型機，愛媛大学計算機室 FACOM230－28，東京大学大型計算機センターの HITAC8800/8700 大型システムを用いた．

本書によって，読者が，数値解析に関する一通りの素養を身につけ，さらに本格的な勉強へ進まれんことを期待している．本書はまた読者が，計算センター等で，数値計算サブルーチン・ライブラリイを利用されるとき，手法の選択，解の評価等につき，何らかの指針を与えてくれる筈である．

最後に，本書執筆の機会を与えて下さったサイエンス社森平勇三社長，執筆をお勧め下さった名古屋大学野本久夫教授，著者を今日まで導いて下さった恩師，現大阪大学中井喜和教授，執筆中しばしば有益な示唆を与え，遅筆な著者を暖かく見守って下さった愛媛大学永見啓応教授，数値解析雑誌 BIT 掲載の問題若干を，本書の演習問題に加えることを許して下さったスエーデン Lund 大学 Fröberg 教授，拙稿に対し有益な助言をよせられた僚友，野田松太郎・石原和夫の両氏，出版に関し終始お世話になったサイエンス社河原純一氏，これら多くのかたがたに対し，心から感謝の意を表したい．

1976 年 9 月

山本　哲朗

第 16 刷にあたって，出版社の御好意により，SOR 法に関する Ostrowski の定理の証明を，付録 F として，本書の末尾に掲載することができた．これにより，SOR 法に関する読者の理解が，さらに容易になるものと期待している．

2001 年 11 月

著　　者

目　　次

[演習問題の略解について]

演習問題の略解は，サイエンス社のホームページ

http://www.saiensu.co.jp

でご覧下さい．

1 数値計算における誤差

1.1 絶対誤差と相対誤差

a を真値 x の近似値とするとき，$e = x - a$ を a の**誤差**，$|e|$ を a の**絶対誤差**，$|e| \leqq \varepsilon$ となる ε を**誤差** e **の限界**という．通常 x は未知であるから，誤差を正確に知ることはできないが，何らかの方法により誤差限界 ε を定めることができれば，x の存在範囲を

$$a - \varepsilon \leqq x \leqq a + \varepsilon$$

と確定することができる．

しかしながら，絶対誤差の大小だけで近似の程度をいい表すのは不明確である．たとえば，2 つのものの長さを，同じ誤差限界 1mm で測定し得たとしても，一方が 10cm，他方が 1m 程度の場合，近似の度合いは全く異なる．それを正しくいい表すには

$$e_R = \frac{|e|}{x} = \frac{|x-a|}{x}$$

を用いる．これを近似値 a の**相対誤差**という．$\varepsilon/|a|$ が十分小さければ，相対誤差の限界は

$$|e_R| = \frac{|e|}{|a+e|} \leqq \frac{\varepsilon}{|a| - \varepsilon} = \frac{\varepsilon}{|a|} + \left(\frac{\varepsilon}{|a|}\right)^2 + \cdots \fallingdotseq \frac{\varepsilon}{|a|}$$

と見積ることができる．e_R の代わりに e/x または $|e|/a$ を用いることもある．

1.2 丸めの誤差

コンピュータで取り扱う小数点付き数値は

$$\pm 0.d_1 d_2 \cdots d_t \beta^m = \pm \sum_{i=1}^{t} d_i \, \beta^{m-i} \tag{1.1}$$

の形である．ただし d_i，β は整数で

$$0 \leqq d_i < \beta, \quad d_1 \neq 0, \quad -M \leqq m \leqq N$$

とする．これを β **進** t **桁浮動小数点数**という（t, β, M, N はコンピュータにより異なる定数であるが，通常 $\beta = 2$，あるいは $\beta = 16$ である）．

したがって演算の結果は，それが中間結果であれ，最終結果であれ，すべて何らかの規則により (1.1) の形におさめられる．これを t 桁に**丸める**といい，このため生ずる誤差を**丸めの誤差**という．丸めの誤差は計算途中ばかりでなく

$$\sum_{i \geqq 1} d_i \beta^{m-i} \quad (\text{ある } i > t \text{ につき } d_i \neq 0) \tag{1.2}$$

の形の数を初期データとしてコンピュータに入れる（入力する）ときにも起きる．たとえば 2 進の機械に $\sqrt{3}$，1/3，0.1 等を入力すれば，そのような誤差を生ずる．実際，0.1 の場合，その 2 進展開は

$$\begin{aligned} 0.1 &= 2^{-4} + 2^{-5} + 2^{-8} + 2^{-9} + 2^{-12} + 2^{-13} + \cdots \\ &= (0.000110011001100\cdots)_2 \end{aligned}$$

となって，(1.2) の形である．

丸めの規則としては，切り上げ，切り捨て，あるいは 10 進数における，いわゆる 4 捨 5 入等いろいろ考えられるであろう．特に，4 捨 5 入（$\beta = 2p$ の場合 $p-1$ 捨 p 入）により丸められた t 桁の数値のことを，t **桁正しい値**または**有効** t **桁の値**という．たとえば，円周率 $\pi = 3.14159\cdots$ の小数第 3 位未満を 4 捨 5 入して得られる近似値 $a = 3.142$ の有効桁は 4 桁である．この場合,「a は小数第 3 位まで正しい」ともいう．容易にわかるように，β 進有効 t 桁浮動小数点数の相対誤差限界は，$0.5 \times \beta^{1-t}$ で与えられる（演習問題 1）．

1.3 桁　落　ち

丸めの誤差と関連して計算の精度を低下させる，いわゆる**桁落ち**と呼ばれる現象がある．いま，$a = 2.62347, b = 2.62315$ を，それぞれ真値 x, y の近似値で，小数第 5 位まで正しいとするとき

$$a - b = 0.00032 = 0.32 \times 10^{-3} \quad (\text{有効桁の損失，いわゆる桁落ち})$$

となって，その相対誤差 e_R の限界は

$$|e_R| \fallingdotseq \left| \frac{x - y - (a-b)}{a-b} \right| \leqq \frac{|x-a| + |y-b|}{a-b} \leqq \frac{10^{-5}}{0.32 \times 10^{-3}} \fallingdotseq 0.31 \times 10^{-1}$$

この誤差限界は，a, b の相対誤差限界 0.5×10^{-5} と比較して，かなり大きい．ゆえに数値計算においては，近接した2数の減算はなるべくさける方がよい．

例　2次方程式 $ax^2 + 2bx + c = 0$ の2根を

$$x_1 = \frac{-b + \sqrt{b^2 - ac}}{a}, \quad x_2 = \frac{-b - \sqrt{b^2 - ac}}{a} \tag{1.3}$$

により求めるとき，$b > 0$ かつ $b^2 \gg ac$ ならば，x_1 の分子の計算において桁落ちが起こる．これをふせぐには

$$x_1 = \frac{-c}{b + \sqrt{b^2 - ac}} \tag{1.4}$$

と変形すればよい．$b < 0$ かつ $b^2 \gg ac$ ならば，今度は x_2 の分子に桁落ちを生ずるから，再び

$$x_2 = \frac{c}{-b + \sqrt{b^2 - ac}} \tag{1.5}$$

と変形してこれをふせぐ．

本書で(1.3)の1つを適宜(1.4)または(1.5)の形に表現しているのはこのためである（たとえば§4.4注意2における ω_{opt} の表現，(6.15), (C.4)の表現等々）．

1.4　打ち切り誤差

関数 $f(x) = e^x$ の無限級数展開

$$f(x) = 1 + x + \frac{x^2}{2!} + \frac{x^3}{3!} + \cdots \quad (x > 0)$$

を有限項で打ち切って，

$$f_n(x) = 1 + x + \frac{x^2}{2!} + \cdots + \frac{x^n}{n!}$$

とおくとき生ずる誤差

$$e_T(x) = f(x) - f_n(x) = \frac{x^{n+1}e^{\xi}}{(n+1)!} \quad (0 < \xi < x)$$

を**打ち切り誤差**という．

一般に f をある区間において無限級数展開可能な関数とする（たとえば e^x, $\sin x, \log(1 + \sin x)$ 等）．コンピュータによる計算は有限回の四則演算しかでき

ないから，このような関数の値 $f(x)$ を求めるには，有限項からなる近似式 $f_a(x)$ を用いるのが普通である．しかし，$x, f_a(x)$ はそれぞれ丸められて $\tilde{x}, \tilde{f}_a(x)$ となるであろうから，われわれが最後に得る結果は $\tilde{f}_a(\tilde{x})$ であって，実際の誤差は

$$f(x) - \tilde{f}_a(\tilde{x}) = \left[f(x) - f(\tilde{x})\right] + \left[f(\tilde{x}) - f_a(\tilde{x})\right] + \left[f_a(\tilde{x}) - \tilde{f}_a(\tilde{x})\right]$$

とかける．右辺第 1 項を**代入誤差**または**伝播誤差**，第 2 項を**打ち切り誤差**，第 3 項を**生成された誤差**という．

1.5 精度保証付き数値計算

このように，数値計算において誤差はつきものであり，コンピュータを用いて最終結果を得たとき，ユーザーはそれが何桁厳密に正しいかを知りたいと思うであろう．これを数値解の精度保証問題という．

この問題に関しては，いままで多くの研究があるが，究極の精度保証法は区間演算に基づくものである．これは，実数（データ）x を，それを含む十分小さい区間 $[\underline{x}, \bar{x}]$ $(\underline{x} \leqq x \leqq \bar{x})$ で表現し，区間の四則演算を

$$[\underline{x}, \bar{x}] \circ [\underline{y}, \bar{y}] = \{x \circ y \in \boldsymbol{R} \mid x \in [\underline{x}, \bar{x}],\ y \in [\underline{y}, \bar{y}]\}$$

（$\circ$ は$+, -, \times, \div$の 1 つを表す）

により定義するものである．たとえば第 4 章で述べる解法によって n 元連立 1 次方程式を解く場合，このような区間の四則演算を繰り返して，最終的に，厳密解 $\boldsymbol{x}^* = [x_1^*, \cdots, x_n^*]^t$ を含む区間ベクトル $[[\underline{x}_1^*, \bar{x}_1^*], \cdots, [\underline{x}_n^*, \bar{x}_n^*]]^t$ が得られたとする．このとき，各成分区間 $[\underline{x}_i, \bar{x}_i], 1 \leqq i \leqq n$ の幅が十分小ならば，解 $\boldsymbol{x}^*$ が十分な精度で厳密に確定したことになる．

従来，区間演算にはかなりの手間を要し，また演算を繰り返すにつれて区間の幅も増大するのが普通で，実用上問題があるとされてきたが，線形演算に関しては，最近，大石進一（早大）およびその研究グループにより，通常の計算の手間とほぼ同じ程度の手間で済む高速精度保証技法が開発されて，精度保証付き数値計算はようやく実用の域に入ってきた．また，微分方程式の解の存在保証と数値解の精度保証に関しては，わが国では，中尾充宏（九大）およびその研究グループによって活発な研究が行われている．両グループの研究は世界の精度保証付き数値計算研究をリードするものである．興味ある読者は大石 [4,5]，中尾・山本 [3] 等を参照されたい．

演習問題

1 実数 $x \neq 0$ を β 進 t 桁浮動小数点数 $\tilde{x}$ に丸めるとき，その相対誤差限界は $2^{-1}\beta^{1-t}$ で与えられることを示せ．ただし，丸めの規則としては $2^{-1}\beta-1$ 捨 $2^{-1}\beta$ 入（10 進の場合における 4 捨 5 入）を用いるものとする．

2 a, b をそれぞれ実数 x, y の近似値，$e(a), e_R(a)$ をそれぞれ a の誤差および相対誤差とする．次のことを示せ．

(i) $e(a \pm b) = e(a) \pm e(b)$

(ii) $e(ab) \fallingdotseq be(a) + ae(b), \quad e_R(ab) \fallingdotseq e(a)/a + e(b)/b$

(iii) $e(a/b) \fallingdotseq e(a)/b - ae(b)/b^2, \quad e_R(a/b) \fallingdotseq e(a)/a - e(b)/b$

3 長さ l の単振子の周期 T は，重力の加速度を g として，$T = 2\pi\sqrt{l/g}$ で与えられる．l と T とを測定して g の値を求めたい．l, T にそれぞれ $0.5\%, 1\%$ の誤差があるとき g に何% の誤差を生ずるか．

4 円錐の体積を相対誤差 1% 以内で求めるには，底円の直径，高さ，および π の値をどのくらいまでとればよいか．

5 正項級数 $S = a_1 + a_2 + \cdots + a_n + \cdots$ を $S_n = a_1 + a_2 + \cdots + a_n$ で打ち切る．もし

$$1 > \frac{a_{n+2}}{a_{n+1}} \geqq \frac{a_{n+3}}{a_{n+2}} \geqq \cdots$$

ならば，打ち切り誤差は

$$|S - S_n| \leqq \frac{{a_{n+1}}^2}{a_{n+1} - a_{n+2}}$$

と評価されることを示せ．

6 ラジアン単位で表された偏角 x $(-\pi < x < \pi)$ を秒単位に変換するためには，π の近似値 π^* をどのようにとればよいか．

2 数値解析のための行列論

2.1 数値解析と行列

数値解法を真に理解し解析するためには，既約行列，既約優対角行列，M 行列等，通常の線形代数学の講義では学ばない，いろいろな行列の知識が必要である．本章では，既約非負行列に対する Perron–Frobenius（ペロン・フロベニウス）の定理も含めて，このような各種の行列の性質を述べる．

ただし，ペロン・フロベニウスの定理（定理 2.4）の証明には Brouwer（ブロウェル）の不動点定理を用いてある．冗長な初等的証明よりも，この方が定理の見通しをよくすると考えたからである．不動点定理に不慣れな読者は，最初は証明の細部にこだわらず，定理の内容のみを理解するだけで十分であろう．

2.2 既約な行列

n 次行列 $A=[a_{ij}]$ が可約（または分解可能）であるとは，$n \geqq 2$ のとき

自然数 $1,2,\cdots,n$ の集合 $N=\{1,2,\cdots,n\}$ の真部分集合 $J\ (\neq \emptyset)$

を適当に選んで

$$i \in J,\ j \notin J \Rightarrow a_{ij}=0 \tag{2.1}$$

とできるときをいう．このことは，適当な順列行列 P（各行各列に 1 がちょうど 1 つあり，他は零の行列）を選んで

$$PAP^t = \begin{bmatrix} A_{11} & A_{12} \\ O & A_{22} \end{bmatrix} \quad (A_{11}, A_{22}\text{は正方行列}) \tag{2.2}$$

の形にできることと同値である．また，$n=1$ のときは，$A=O$ のとき A を可約と定義する．

A が可約でないとき，既約（または分解不能）であるという．すなわち，A が既約とは，$n \geqq 2$ のとき，任意の真部分集合 $J\ (\neq \emptyset) \subsetneqq N$ に対し，$i \in J$ ならば $a_{ij} \neq 0$ となる $j \notin J$ が少なくとも 1 つ存在するときをいう．したがって，

既約行列の各行各列は少なくとも1つの非零要素を含む．また $n=1$ のときは，$A \neq O$ のとき既約である．

例1

$$n=3, \quad A=\begin{bmatrix} 1 & 0 & 2 \\ 0 & 3 & 4 \\ 5 & 0 & 0 \end{bmatrix}, \quad P=\begin{bmatrix} 0 & 1 & 0 \\ 1 & 0 & 0 \\ 0 & 0 & 1 \end{bmatrix}$$

とすれば，PA は A の第1行と第2行を入れかえて得られる行列であり，$PAP^t=(PA)P^t$ は PA の第1列と第2列を交換したものである．したがって

$$PAP^t=\left[\begin{array}{c|cc} 3 & 0 & 4 \\ \hline 0 & 1 & 2 \\ 0 & 5 & 0 \end{array}\right]=\begin{bmatrix} A_{11} & A_{12} \\ O & A_{22} \end{bmatrix}$$

$$\text{ただし } A_{11}=[3],\ A_{12}=[0,4],\ A_{22}=\begin{bmatrix} 1 & 2 \\ 5 & 0 \end{bmatrix}$$

ゆえに，A は可約である．

次の定理が成り立つ．

> **定理 2.1**　$n \geqq 2$ とする．n 次行列 $A=[a_{ij}]$ につき，次の条件は同値である．
>
> (i)　A は既約である．
>
> (ii)　相異なる任意の i,j につき，適当な $i_1,i_2,\cdots,i_r \in N$ を選んで，$a_{ii_1}a_{i_1i_2}\cdots a_{i_rj} \neq 0$ とできる（$a_{ij} \neq 0$ のときは $r=1$，$i_1=j$ と考える）．

【証明】 (i) ⇒ (ii)　仮に(ii)が成り立たないとすれば，ある i_0 と j_0 $(i_0 \neq j_0)$ につき，どのような $i_1,\cdots,i_r$ を選んでも，$a_{i_0i_1}a_{i_1i_2}\cdots a_{i_rj_0}=0$ である．

$$J=\{k \in N \mid \text{適当な } i_1,\cdots,i_r \text{につき } a_{i_0i_1}a_{i_1i_2}\cdots a_{i_rk} \neq 0\} \subseteqq N$$

とすれば，A の既約性により，$a_{i_0k} \neq 0$ となる k $(\neq i_0)$ は少なくとも1つ存在するから，$J \neq \emptyset$ である．また $j_0 \notin J$ であるから $J \subsetneqq N$ でもある．このとき，$k \in J$，$j \notin J$ ならば $a_{kj}=0$ である（$\because$ $a_{kj} \neq 0$ ならば $a_{i_0i_1}\cdots a_{i_rk}a_{kj} \neq 0$ より $j \in J$ となって矛盾である）．これは A が可約であることを意味し，仮定

に反する．ゆえに(ii) が成り立つ．

(ii) ⇒ (i)　仮に A が可約であるとすれば，適当な $J\ (\neq \emptyset) \subsetneqq N$ を選んで

$$i \in J,\ j \notin J \Rightarrow a_{ij} = 0 \quad (\text{したがって}\ i \in J,\ a_{ij} \neq 0 \Rightarrow j \in J)$$

とできる．このとき仮定によって，適当な $i_1, \cdots, i_r$ を選んで $a_{ii_1}a_{i_1i_2}\cdots a_{i_rj} \neq 0$ とできるから $a_{ii_1} \neq 0, \cdots, a_{i_rj} \neq 0$．すると $i \in J$, $a_{ii_1} \neq 0$ より $i_1 \in J$ であり，$i_1 \in J$ かつ $a_{i_1i_2} \neq 0$ より $i_2 \in J$．以下これを続けて $i_r \in J$ かつ $a_{i_rj} \neq 0$ より $j \in J$ を得る．これは矛盾である．　（証明終）

この定理によって，n 次行列 A の既約性を，König（ケーニッヒ，1950）による有限有向グラフの概念を用いて，次のように判定することができる．

いま，平面上に相異なる n 個の点 $\mathrm{P}_1, \mathrm{P}_2, \cdots, \mathrm{P}_n$ をとり，すべての非零要素 a_{ij} に対して，P_i から P_j への有向径路を図 2.1 のようにつくる．

図 2.1

このようにしてつくられるグラフを（有限）有向グラフといい $G(A)$ により表す．$G(A)$ が強連結のとき，すなわち，任意の異なる i, j につき，P_i から P_j に至る有向径路の列

$$\overrightarrow{\mathrm{P}_i\mathrm{P}_{i_1}},\ \overrightarrow{\mathrm{P}_{i_1}\mathrm{P}_{i_2}},\ \cdots,\ \overrightarrow{\mathrm{P}_{i_r}\mathrm{P}_j}$$

があるならば A は既約であり，そうでないならば A は可約である．なお，$a_{ii} \neq 0$ の場合，P_i から出て P_i 自身に帰る径路はループと呼ばれる．例 1 の行列の場合，有向グラフ $G(A)$ は図 2.2 のようになって，P_3 から P_2 へ至る径路の列がないから A は可約である．

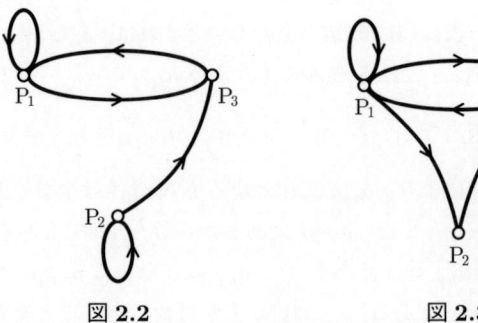

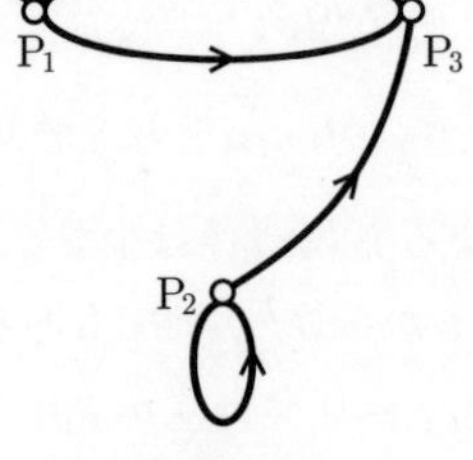

図 2.2

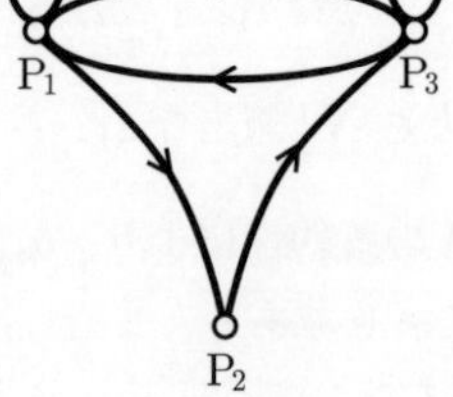

図 2.3

■例2　次の行列 A は既約である．

$$A = \begin{bmatrix} 1 & 2 & 3 \\ 0 & 0 & 4 \\ 5 & 0 & 6 \end{bmatrix}$$

実際，A のグラフは図 2.3 のようになり，強連結である．

●注意　上記既約性の判定において，a_{ii} が零であるか否かは重要ではない．したがって，グラフを描く場合にループは省略しても差し支えない．

2.3 既約優対角行列

n 次行列 $A = [a_{ij}]$ が

$$|a_{ii}| \geqq \sum_{j \neq i} |a_{ij}|, \quad i = 1, 2, \cdots, n \tag{2.3}$$

をみたすとき優対角行列といい，

$$|a_{ii}| > \sum_{j \neq i} |a_{ij}|, \quad i = 1, 2, \cdots, n \tag{2.4}$$

のとき狭義優対角行列という．また既約な行列 A が

$$\begin{cases} \text{優対角}\ (\,|a_{ii}| \geqq \displaystyle\sum_{j \neq i} |a_{ij}|, \quad i = 1, 2, \cdots, n\,) \\ \text{かつ少なくとも 1 つの}\ i_0\ \text{につき}\ |a_{i_0 i_0}| > \displaystyle\sum_{j \neq i_0} |a_{i_0 j}| \end{cases} \tag{2.5}$$

のとき既約優対角行列という．

●注意　読者は既約優対角行列を既約で優対角な行列と勘違いしてはならない．

〔既約優対角〕=〔既約〕+〔優対角〕+〔少なくとも 1 つの不等式 (2.5)〕

である．

> **定理 2.2**　狭義優対角行列および既約優対角行列は正則である．

【証明】　(i)　n 次行列 $A = [a_{ij}]$ は狭義優対角であるとする．仮に A が正則でないとすれば $A\boldsymbol{x} = \boldsymbol{0}$ をみたすベクトル $\boldsymbol{x} = [x_1, \cdots, x_n]^t \neq \boldsymbol{0}$ がある．

$$\max_i |x_i| = |x_k| \tag{2.6}$$

とすれば $|x_k| > 0$ であり，

$$a_{kk}x_k = -\sum_{j\neq k} a_{kj}x_j$$

より

$$|a_{kk}|\ |x_k| \leqq \sum_{j\neq k} |a_{kj}|\ |x_j| \leqq \left(\sum_{j\neq k} |a_{kj}|\right) |x_k|$$

ゆえに

$$|a_{kk}| \leqq \sum_{j\neq k} |a_{kj}|$$

これは仮定に反する．

(ii) A を既約優対角行列とする．仮に A が正則でないとすれば，再び $A\boldsymbol{x} = \boldsymbol{0}$ をみたす $\boldsymbol{x} \neq \boldsymbol{0}$ がある．このとき $|x_1| = \cdots = |x_n|$ となることはない．なぜならば，もしこのようなことが起これば式 (2.5) をみたす i_0 につき

$$|a_{i_0i_0}|\ |x_{i_0}| \leqq \sum_{j\neq i_0} |a_{i_0j}|\ |x_j| = \left(\sum_{j\neq i_0} |a_{i_0j}|\right) |x_{i_0}|,$$

$$|a_{i_0i_0}| \leqq \sum_{j\neq i_0} |a_{i_0j}|$$

となって矛盾を生じるからである．ゆえに

$$J = \{k \mid |x_k| = \max_i |x_i|\}$$

とおけば，J は $N = \{1, 2, \cdots, n\}$ の真部分集合である．このとき

$$i \in J \quad \text{かつ} \quad j \notin J \Rightarrow a_{ij} = 0 \tag{2.7}$$

を示そう．実際，(2.7) を否定し，ある $i \in J$ に対し $a_{ij_0} \neq 0$ なる $j_0 \notin J$ が存在したとすれば

$$
\begin{aligned}
|a_{ii}x_i| &= \left|-\sum_{j\neq i} a_{ij}x_j\right| \\
&= \left|-\left(\sum_{\substack{j\in J\\ j\neq i}} a_{ij}x_j + \sum_{j\notin J} a_{ij}x_j\right)\right| \\
&\leqq \sum_{\substack{j\in J\\ j\neq i}} |a_{ij}|\,|x_j| + \sum_{j\notin J} |a_{ij}|\,|x_j| \\
&< \sum_{\substack{j\in J\\ j\neq i}} |a_{ij}|\,|x_i| + \sum_{j\notin J} |a_{ij}|\,|x_i| \qquad (\because\ |a_{ij_0}|\,|x_{j_0}| < |a_{ij_0}|\,|x_i|\,) \\
&= \left(\sum_{j\neq i} |a_{ij}|\right)\,|x_i|
\end{aligned}
$$

これより

$$|a_{ii}| < \sum_{j\neq i} |a_{ij}|$$

となって，優対角性 (2.3) に矛盾する．したがって，(2.7) が成り立つことになるが，これは A が可約であることを意味し，A が既約であることに矛盾する．ゆえに (2.7) は起こり得ず，A は正則でなければならない．

2.4 行列のべき乗

n 次行列 A のべき乗 A^k, $k=0,\ 1,\ 2,\ \cdots$ の挙動は A の固有値の挙動と密接な関係をもつ．これを示すために，A の固有値を $\lambda_1,\ \cdots,\ \lambda_n$ とし

$$\rho(A) = \max_i |\lambda_i|$$

とおく．$\rho(A)$ は A の**スペクトル半径**と呼ばれる．次の定理は Oldenburger（オルデンブルガー，1940）によるものである．

定理 2.3（Oldenburger） $\lim_{k\to\infty} A^k = O \Leftrightarrow \rho(A) < 1.$

【証明】 適当な正則行列 S をとり，A を Jordan（ジョルダン）の標準形に変換する．

$$S^{-1}AS = \begin{bmatrix} J_1 & & \\ & \ddots & \\ & & J_m \end{bmatrix} = J$$

ここに各 J_i は

$$J_i = \begin{bmatrix} \lambda_i & 1 & & & \\ & \lambda_i & 1 & & \\ & & \ddots & \ddots & \\ & & & \ddots & 1 \\ & & & & \lambda_i \end{bmatrix} \quad \text{または} \quad J_i = [\lambda_i] \quad (1\,\text{次})$$

の形である．記号の簡単のために J_i の次数を p とすれば $k \geqq p$ のとき

$$J_i^k = \begin{bmatrix} \lambda_i^k & k\lambda_i^{k-1} & \binom{k}{2}\lambda_i^{k-2} & \cdots & \binom{k}{p-1}\lambda_i^{k-p+1} \\ & \lambda_i^k & k\lambda_i^{k-1} & & \vdots \\ & & \ddots & \ddots & \vdots \\ & & & \ddots & k\lambda_i^{k-1} \\ & & & & \lambda_i^k \end{bmatrix}$$

ただし

$$\binom{k}{r} = \frac{k!}{r!(k-r)!}$$

ゆえに

$$\begin{aligned} \lim_{k\to\infty} J_i^k = O &\Leftrightarrow \lim_{k\to\infty} \binom{k}{j}\lambda_i^{k-j} = O \quad (0 \leqq j \leqq p-1) \\ &\Leftrightarrow |\lambda_i| < 1 \end{aligned}$$

$A = SJS^{-1}$ より

$$A^k = SJ^kS^{-1} = S \begin{bmatrix} J_1^k & & \\ & \ddots & \\ & & J_m^k \end{bmatrix} S^{-1}$$

であるから

$$\lim_{k\to\infty} A^k = O \Leftrightarrow \lim_{k\to\infty} J_i^k = O \quad (1 \leqq i \leqq m)$$
$$\Leftrightarrow |\lambda_i| < 1 \quad (1 \leqq i \leqq m)$$
$$\Leftrightarrow \rho(A) < 1.$$

（証明終）

●**注意**　上記証明より A のスペクトル半径が小さいほど A^k の O への収束は速いことがわかる．

系 2.3.1　$\rho(A) < 1$ ならば $I - A$ は正則で

$$(I - A)^{-1} = I + A + A^2 + \cdots$$

【証明】　定理 2.3 によって $\rho(A) < 1$ ならば

$$(I - A)(I + A + \cdots + A^k) = I - A^{k+1} \to I \quad (k \to \infty)$$

（証明終）

系 2.3.2　$\rho(A) \leqq \max_i \sum_{j=1}^{n} |a_{ij}|$

【証明】　$A\boldsymbol{x} = \lambda\boldsymbol{x},\ \boldsymbol{x} = [x_1, \cdots, x_n]^t \neq \boldsymbol{0},\ \max_i |x_i| = |x_k|$ とすれば $|x_k| > 0$ であり，

$$\lambda x_k = -\sum_{j=1}^{n} a_{kj} x_j$$

$$|\lambda|\ |x_k| \leqq \sum_{j=1}^{n} |a_{kj}|\ |x_j| \leqq \left(\sum_{j=1}^{n} |a_{kj}|\right) |x_k|$$

$$|\lambda| \leqq \sum_{j=1}^{n} |a_{kj}| \leqq \max_i \sum_{j=1}^{n} |a_{ij}|$$

これより系 2.3.2 を得る．　（証明終）

2.5　ペロン・フロベニウスの定理

n 次行列 $A = [a_{ij}]$ と $B = [b_{ij}]$ の間に $a_{ij} \geqq b_{ij}, \forall i, j$ なる関係があるとき $A \geqq B$ または $B \leqq A$ とかく．特に $A \geqq O$（すなわち $a_{ij} \geqq 0,\ \forall i, j$）のとき A を非負行列という．また既約な非負行列を既約非負行列という．同様に A の要素がすべて正のとき $A > O$ とかき，A を正行列という．ベクトルについても同様な記号と用語を用いる．

次の定理は，正行列に対して Perron（ペロン，1907）および Frobenius（フ

ロベニウス，1908）により得られ，その後 Frobenius（1912）により既約非負行列（Frobenius はこれを分解不能非負行列と呼んだ）に対して拡張されたものであって，ペロン・フロベニウスの定理と呼ばれる．この定理は数値解析のみでなく，経済学を含む諸科学の多くの分野に広く応用をもつ重要な結果である．なお，既約非負行列の固有値の分布には，さらに神秘的ともいえる美しい関係があることが Wielandt（ウィーラント，1950）によって示されているのであるが，本書にこれを示す余裕がないのが残念である．

定理 2.4（Perron – Frobenius） A を n 次既約非負行列とする．

(i) $\lambda_A = \rho(A) > 0$ は A の固有値である（これを A のペロン根またはフロベニウス根という）．

(ii) λ_A に対応する固有ベクトルとして，成分がすべて正のものが存在する（これを A のペロン ベクトルという）．

(iii) $A \geqq B \geqq O$（B の既約性は仮定しない）$\Rightarrow \lambda_A \geqq \rho(B)$ かつ等号が成り立つのは $A = B$ のときに限る．

(iv) λ_A は単根である．

【証明】 以下の証明は主として Alexandroff – Hopf（アレクサンドロフ・ホップ，1935）と Herstein（ハーシュタイン，1953）に負う．

(a) まず $\boldsymbol{x} = [x_1, \cdots, x_n]^t \geqq \boldsymbol{0}$（すなわち $\boldsymbol{x}$ の成分がすべて非負のベクトル，略して非負ベクトル）かつ $\boldsymbol{x} \neq \boldsymbol{0}$ ならば，$A\boldsymbol{x} \geqq \boldsymbol{0}$ かつ $A\boldsymbol{x} \neq \boldsymbol{0}$ であることに注意する．実際，A の第 1 列，$\cdots$，第 n 列を $\boldsymbol{a}_1, \cdots, \boldsymbol{a}_n$ とすれば

$$A\boldsymbol{x} = x_1\boldsymbol{a}_1 + \cdots + x_n\boldsymbol{a}_n$$

であり，A が既約ならば $\boldsymbol{a}_1 \neq \boldsymbol{0}, \cdots, \boldsymbol{a}_n \neq \boldsymbol{0}$ であるから $A\boldsymbol{x} = \boldsymbol{0}$ となるのは $x_1 = \cdots = x_n = 0$ のときに限る．次に

$$S = \left\{ \boldsymbol{x} \in \boldsymbol{R}^n \mid \boldsymbol{x} \geqq \boldsymbol{0},\ \sum_{i=1}^{n} x_i = 1 \right\}$$

$$T\boldsymbol{x} = \frac{1}{\theta(\boldsymbol{x})} A\boldsymbol{x} \quad \left(\theta(\boldsymbol{x}) = \sum_{i=1}^{n} \sum_{j=1}^{n} a_{ij} x_j \right)$$

とおけば $\theta(\boldsymbol{x}) > 0$ で T は $\boldsymbol{R}^n$ の有界閉凸部分集合 S から S への連続写像を定義するから，Brouwer の不動点定理（n 次元ユークリッド空間の有界閉凸部分集合 $\mathscr{D}$ を $\mathscr{D}$ 自身の中へ写す連続写像は $\mathscr{D}$ 内に少なくとも 1 つの不動点をもつ）によって $T\boldsymbol{x}_0 = \boldsymbol{x}_0$ となる $\boldsymbol{x}_0 \in S$ がある．$\lambda = \theta(\boldsymbol{x}_0)$ とすれば $A\boldsymbol{x}_0 = \lambda\boldsymbol{x}_0$ ．すなわち $\lambda > 0$ は A の固有値である．

(b)　このとき $\boldsymbol{x}_0$ の成分はすべて正である．実際，$\boldsymbol{x}_0$ の成分に零が含まれているとすれば，適当な順列行列 P を左から $\boldsymbol{x}_0$ に乗じて

$$\widetilde{\boldsymbol{x}}_0 = P\boldsymbol{x}_0 = \begin{bmatrix} \boldsymbol{\xi} \\ \boldsymbol{0} \end{bmatrix} \quad (\boldsymbol{\xi}\text{の成分は正})$$

とできる．このとき

$$\widetilde{A} = PAP^t = \begin{bmatrix} A_{11} & A_{12} \\ A_{21} & A_{22} \end{bmatrix}$$

として，関係式 $A\boldsymbol{x}_0 = \lambda\boldsymbol{x}_0$ と $P^tP = I$ を用いれば $(PAP^t)P\boldsymbol{x}_0 = \lambda P\boldsymbol{x}_0$ より

$$\begin{bmatrix} A_{11} & A_{12} \\ A_{21} & A_{22} \end{bmatrix} \begin{bmatrix} \boldsymbol{\xi} \\ \boldsymbol{0} \end{bmatrix} = \lambda \begin{bmatrix} \boldsymbol{\xi} \\ \boldsymbol{0} \end{bmatrix}$$

を得る．ゆえに $A_{21}\boldsymbol{\xi} = \boldsymbol{0}$．$A_{21} \geqq O$ であり，$\boldsymbol{\xi}$ は成分がすべて正のベクトル（正ベクトル）であるから $A_{21} = O$．これは A が可約であることを意味し仮定に反する．よって $\boldsymbol{x}_0 > \boldsymbol{0}$.

(c)　A が既約ならば A^t も既約であるから (a), (b) の結果を既約非負行列 A^t に適用して

$$A^t\boldsymbol{x}_1 = \lambda_1\boldsymbol{x}_1$$

となる固有値 $\lambda_1 > 0$ と正ベクトル $\boldsymbol{x}_1$ が存在する．$O \leqq B \leqq A$ なる B の任意の固有値を β，対応する固有ベクトルを $\boldsymbol{y} = [y_1, \cdots, y_n]^t$ とし

$$|\boldsymbol{y}| = [|y_1|, \cdots, |y_n|]^t$$

とおけば $B\boldsymbol{y} = \beta\boldsymbol{y}$ より $|\beta||\boldsymbol{y}| \leqq B|\boldsymbol{y}| \leqq A|\boldsymbol{y}|$．ゆえに

$$|\beta|\,\boldsymbol{x}_1^t|\boldsymbol{y}| \leqq \boldsymbol{x}_1^tB|\boldsymbol{y}| \leqq \boldsymbol{x}_1^tA|\boldsymbol{y}| = (A^t\boldsymbol{x}_1)^t|\boldsymbol{y}| = \lambda_1\boldsymbol{x}_1^t|\boldsymbol{y}| \qquad (2.8)$$

$\boldsymbol{x}_1 > \boldsymbol{0}$ かつ $\boldsymbol{y} \neq \boldsymbol{0}$ より $\boldsymbol{x}_1^t|\boldsymbol{y}| > 0$ であるから，上式より $|\beta| \leqq \lambda_1$．β は B の

任意の固有値であったから

$$\rho(B) \leqq \lambda_1 \tag{2.9}$$

特に $B = A$ ととれば (2.9) より $\rho(A) \leqq \lambda_1$．λ_1 は A^t の固有値であり，A と A^t の固有値は等しいから λ_1 は A の固有値でもある．したがって $\lambda_1 \leqq \rho(A)$，ゆえに $\rho(A) = \lambda_1$．結局 $\lambda_A = \rho(A)$ は A の固有値であり，(2.9) より $\rho(B) \leqq \rho(A)$．さらに $\rho(B) = \rho(A)$ とすれば (2.8) において $|\beta| = \rho(B)$ ととるとき不等号はすべて等号でおきかえられて

$$\rho(B)\,\boldsymbol{x}_1^t|\boldsymbol{y}| = \boldsymbol{x}_1^t B\,|\boldsymbol{y}| = \boldsymbol{x}_1^t A\,|\boldsymbol{y}|$$

ゆえに

$$\boldsymbol{x}_1^t(\rho(B)|\boldsymbol{y}| - B|\boldsymbol{y}|) = \mathbf{0} \quad \text{かつ} \quad \boldsymbol{x}_1^t(B|\boldsymbol{y}| - A|\boldsymbol{y}|) = \mathbf{0}$$

$\boldsymbol{x}_1^t > \mathbf{0}$，$\rho(B)|\boldsymbol{y}| - B|\boldsymbol{y}| \leqq \mathbf{0}$ および $B|\boldsymbol{y}| - A|\boldsymbol{y}| \leqq \mathbf{0}$ と併せて

$$\rho(B)|\boldsymbol{y}| - B|\boldsymbol{y}| = \mathbf{0} \quad \text{かつ} \quad B|\boldsymbol{y}| - A|\boldsymbol{y}| = \mathbf{0} \tag{2.10}$$

を得る．これより

$$A|\boldsymbol{y}| = \rho(B)|\boldsymbol{y}| = \rho(A)|\boldsymbol{y}|$$

(b) で用いた論法を $|\boldsymbol{y}| \geqq \mathbf{0}$ に適用して $|\boldsymbol{y}| > \mathbf{0}$.

ゆえに (2.10) の第 2 の関係式 $B|\boldsymbol{y}| = A|\boldsymbol{y}|$ と $B \leqq A$ より $B = A$ を得る．

以上によって (i)～(iii) が示された．最後に $\lambda_A = \rho(A)$ が単根であることを示そう．そのために

$$f(\lambda) = \det(\lambda I_n - A)$$
$$g_i(\lambda) = \det(\lambda I_{n-1} - A_{ii})$$

（A_{ii}は A から第 i 行, i 列を除いて得られる $n-1$ 次行列）

とおくと

$$
\begin{aligned}
f'(\lambda) &= \frac{d}{d\lambda}\begin{vmatrix} \lambda - a_{11} & -a_{12} & \cdots & -a_{1n} \\ -a_{21} & \lambda - a_{22} & \cdots & -a_{2n} \\ \vdots & \vdots & & \vdots \\ -a_{n1} & -a_{n2} & \cdots & \lambda - a_{nn} \end{vmatrix} \\
&= \begin{vmatrix} 1 & 0 & \cdots & 0 \\ -a_{21} & \lambda - a_{22} & \cdots & -a_{2n} \\ \vdots & \vdots & \ddots & \vdots \\ -a_{n1} & -a_{n2} & \cdots & \lambda - a_{nn} \end{vmatrix} + \cdots \\
&\quad + \begin{vmatrix} \lambda - a_{11} & -a_{12} \cdots & \cdots & -a_{1n} \\ \vdots & & & \vdots \\ -a_{n-1\,1} & \cdots & \cdots \lambda - a_{n-1\,n-1} & -a_{n-1\,n} \\ 0 & 0 \cdots & 0 & 1 \end{vmatrix} \\
&= \sum_{i=1}^{n} g_i(\lambda) \qquad (2.11)
\end{aligned}
$$

いま，A の第 i 行と第 i 列の要素をすべて零でおきかえて得られる n 次行列を B_i とすれば $A \geqq B_i$ かつ $A \neq B_i$（$\because$ A は既約），ゆえに (iii) によって $\rho(B_i) < \lambda_A$ かつ B_i の固有値は A_{ii} の固有値に零を 1 個つけ加えたものであるから，

$$g_i(\lambda) = \lambda^{n-1} + \cdots$$

の零点（A_{ii} の固有値）は複素 z 平面上の開円板 $|z| < \lambda_A$ 内にある．したがって $\lambda \geqq \lambda_A$ のとき $g_i(\lambda) > 0$. 結局 (2.11) より

$$f'(\lambda_A) = \sum_{j} g_i(\lambda_A) > 0$$

を得て，λ_A は特性方程式 $f(\lambda) = 0$ の単根であることが結論される．

（証明終）

系 2.4.1 既約非負行列 A の要素の 1 つが増加すれば λ_A も増加する．

【証明】 定理 2.4 の (iii) による． （証明終）

定理 2.5 A を n 次非負行列とすれば次が成り立つ．

(i) $\lambda_A = \rho(A) \geqq 0$ は A の固有値である（λ_A もペロン根またはフロベニウス根と呼ばれる）．

(ii) λ_A に対応する非負固有ベクトル（ペロン ベクトル）が存在する．

(iii) $A \geqq B \geqq O \Rightarrow \lambda_A \geqq \lambda_B$.

【証明】 A が可約ならば適当な順列行列により (2.2) の右辺の形に変換できる．次に A_{11}, A_{22} が可約であれば同様な形に変換できる．以下このような操作を繰り返して，適当な順列行列 $\widetilde{P}$ により

$$\widetilde{P}A\widetilde{P}^t = \begin{bmatrix} \widetilde{A}_{11} & \widetilde{A}_{12} & \cdots & \widetilde{A}_{1m} \\ \vdots & \widetilde{A}_{22} & \cdots & \widetilde{A}_{2m} \\ \vdots & \vdots & \ddots & \vdots \\ O & O & \cdots & \widetilde{A}_{mm} \end{bmatrix} \qquad \left(\begin{array}{l}\text{各ブロック対角行列}\ \widetilde{A}_{ii} \\ \text{は既約非負行列または} \\ 1\times 1\ \text{零行列}\end{array}\right)$$

とできる．このとき $\rho(A) = \max\{\rho(\widetilde{A}_{11}), \cdots, \rho(\widetilde{A}_{mm})\}$ であり，定理 2.5 は定理 2.4 から容易に得られる．詳細は読者の演習としよう．　　（証明終）

定理 2.6　A を n 次 非負行列，α を正数とするとき，次の条件は同値である．

(i)　$\rho(A) < \alpha$

(ii)　$\alpha I - A$ は正則で $(\alpha I - A)^{-1} \geqq O$

【証明】 (i) ⇒ (ii)　明らかに $\alpha I - A$ は正則で $\rho\left(\dfrac{A}{\alpha}\right) < 1$ かつ

$$\begin{aligned}(\alpha I - A)^{-1} &= \left[\alpha\left(I - \frac{A}{\alpha}\right)\right]^{-1} \\ &= \frac{1}{\alpha}\left(I + \frac{A}{\alpha} + \left(\frac{A}{\alpha}\right)^2 + \cdots\right) \geqq O \quad (\text{系 } 2.3.1)\end{aligned}$$

(ii) ⇒ (i)　定理 2.5 によって $A\boldsymbol{x} = \lambda_A \boldsymbol{x}$ をみたす固有値 $\lambda_A = \rho(A)$ と非負固有ベクトル $\boldsymbol{x} \neq \boldsymbol{0}$ がある．このとき $(\alpha I - A)\boldsymbol{x} = (\alpha - \lambda_A)\boldsymbol{x}$ かつ $\alpha I - A$ は正則であるから $\alpha - \lambda_A \neq 0$ で

$$(\alpha I - A)^{-1}\boldsymbol{x} = \frac{1}{\alpha - \lambda_A}\boldsymbol{x}$$

仮定によって $(\alpha I - A)^{-1} \geqq O$ かつ $\boldsymbol{x} \geqq \boldsymbol{0}$ であるから左辺は非負ベクトルであり，$\alpha - \lambda_A > 0$ でなければならない．　　（証明終）

2.6 L 行列と M 行列

A を n 次行列とする．任意の n 次ベクトル $\boldsymbol{x}$ に対して $A\boldsymbol{x} \geqq \boldsymbol{0}$ ならば $\boldsymbol{x} \geqq \boldsymbol{0}$ であるとき A を単調行列という．この概念は Collatz（コラッツ，1952）により導入された．

> **定理 2.7** 行列 A が単調であるための必要十分条件は A が正則かつ $A^{-1} \geqq O$ なることである．

【証明】 A を単調とする．$A\boldsymbol{x} = \boldsymbol{0}$ ならば $\boldsymbol{x} \geqq \boldsymbol{0}$ であるが，このとき，$A(-\boldsymbol{x}) = \boldsymbol{0}$ でもあるから $-\boldsymbol{x} \geqq \boldsymbol{0}$．したがって $\boldsymbol{x} = \boldsymbol{0}$ でなければならず，A は正則である．また n 次単位行列の第 i 列を $\boldsymbol{e}_i$（第 i 基本ベクトル）とすれば $A(A^{-1}\boldsymbol{e}_i) = \boldsymbol{e}_i \geqq \boldsymbol{0}$．したがって $A^{-1}\boldsymbol{e}_i \geqq \boldsymbol{0}$．$A^{-1}\boldsymbol{e}_i$ は A^{-1} の第 i 列を表すから $A^{-1} \geqq O$ を得る．

逆に，A は正則で $A^{-1} \geqq O$ とする．$A\boldsymbol{x} \geqq \boldsymbol{0}$ の両辺に $A^{-1} \geqq O$ をかけても不等号の向きは変わらないから $\boldsymbol{x} \geqq \boldsymbol{0}$ である．（証明終）

n 次行列 $A = [a_{ij}]$ のすべての非対角要素が零または負 $(a_{ij} \leqq 0\ (i \neq j))$ のとき Z 行列という．また，$a_{ii} > 0\ (1 \leqq i \leqq n)$ をみたす Z 行列を L 行列，単調な Z 行列を M 行列という．L 行列は Young（ヤング，1971），M 行列は Ostrowski（オストロウスキー，1937）により導入された概念である．Z 行列の名称は Fiedler–Pták（フィードラー・プタック，1962）が $a_{ij} \leqq 0\ (i \neq j)$ なる行列の全体を $\boldsymbol{Z}$ で表し，その性質を論じたことに由来する．

> **定理 2.8** $A = [a_{ij}]$ を n 次の Z 行列とする．次の 5 条件はすべて同値である．
>
> (i) A は M 行列である．
>
> (ii) $a_{ii} > 0\ (1 \leqq i \leqq n)$ かつ $D = \mathrm{diag}\,(a_{11}, \cdots, a_{nn})$，$B = I - D^{-1}A$ とおくとき $\rho(B) < 1$．
>
> (iii) $A = \alpha I - H$，$\alpha > 0$，$H \geqq O$ かつ $\rho(H) < \alpha$ とかける．
>
> (iv) A の固有値の実部はすべて正である．
>
> (v) A の実固有値はすべて正である．

【証明】 (i) ⇒ (ii)　A を M 行列とすると $A^{-1} \geqq O$ である．仮に i につき $a_{ii} \leqq 0$ とすれば A の第 i 列 $\boldsymbol{a}_i \leqq \boldsymbol{0}$. ゆえに $\boldsymbol{e}_i = A^{-1}\boldsymbol{a}_i \leqq \boldsymbol{0}$. これは矛盾であるから $a_{ii} > 0$ $(1 \leqq i \leqq n)$ が成り立つ．さらに $I - B = D^{-1}A$ の右辺は正則であるから $I - B$ も正則で

$$(I-B)^{-1} = [D^{-1}A]^{-1} = A^{-1}D \geqq O$$

また A は L 行列であるから Z 行列であり $B = I - D^{-1}A \geqq O$. ゆえに定理 2.6 によって $\rho\,(B) < 1$.

(ii) ⇒ (iii)　$\alpha = \max_i a_{ii}$, $H = (\alpha I - D) + DB$ とおけば $B = I - D^{-1}A$ により

$$A = D\,(I-B) = \alpha I - H$$

$\alpha I - D \geqq O$ かつ $B \geqq O$ より $H \geqq O$. よって $H\boldsymbol{x} = \rho\,(H)\boldsymbol{x}$ をみたす非負固有ベクトル $\boldsymbol{x} \neq \boldsymbol{0}$ がある（定理 2.5 (ii)）．このとき

$$\alpha\boldsymbol{x} - D\boldsymbol{x} + DB\boldsymbol{x} = \rho(H)\boldsymbol{x}$$

$$D(I-B)\boldsymbol{x} = (\alpha - \rho(H))\boldsymbol{x} \tag{2.12}$$

$D(I-B)$ は正則（$\because\ \rho(B) < 1$）であるから $\alpha - \rho(H) \neq 0$ であり，(2.12) によって

$$\frac{1}{\alpha - \rho(H)}\boldsymbol{x} = (I-B)^{-1}D^{-1}\boldsymbol{x} \geqq \boldsymbol{0}$$

$$(\because\ B \geqq O,\ \rho(B) < 1,\ D^{-1} \geqq O\ \text{かつ}\ \boldsymbol{x} \geqq \boldsymbol{0})$$

$$\therefore\ \alpha - \rho\,(H) > 0$$

(iii) ⇒ (i)　$A = \alpha I - H, \rho(H) < \alpha$ ならば A は正則であり，定理 2.6 を H に適用して $A^{-1} = (\alpha I - H)^{-1} \geqq O$. すなわち A は M 行列である．

以上で(i), (ii), (iii) の同値性が示された．次に(iii), (iv), (v) の同値性を示せば証明が完了する．

(iii) ⇒ (iv)　A の任意の固有値を λ とすれば $\alpha - \lambda$ は $H = \alpha I - A\,(\geqq O)$ の固有値である．ゆえに $|\alpha - \lambda| \leqq \rho(H) < \alpha$. これより $\mathrm{Re}\lambda > 0$ が従う．

(iv) ⇒ (v)　明らか．

(v) ⇒ (iii)　十分大きい正数 α を選んで $H = \alpha I - A \geqq O$ とできる．すると $\rho(H)$ は H の固有値（ペロン根）で，A の適当な固有値 λ を選んで $\rho(H) = \alpha - \lambda$

とかける．ゆえに $\lambda = \alpha - \rho(H)$ は実数であるが，仮定によりそれは正でなければならない．よって $\alpha > \rho(H)$. （証明終）

定理 2.9 狭義優対角な L 行列および既約優対角な L 行列は M 行列である．特に，後者の逆行列は正行列となる．

【証明】 (i) $A = [a_{ij}]$ を n 次の狭義優対角な L 行列とし，A を対角行列 D，下 3 角行列 L，上 3 角行列 U の 3 つの行列に分解して

$$A = D + L + U$$

$$D = \mathrm{diag}(a_{11}, \cdots, a_{nn}), \quad L = \begin{bmatrix} 0 & & \\ & \ddots & \\ * & & 0 \end{bmatrix}, \quad U = \begin{bmatrix} 0 & & * \\ & \ddots & \\ & & 0 \end{bmatrix}$$

とかく．以後これを A の分解という．このとき $B = I - D^{-1}A = [b_{ij}]$ は非負行列で

$$\sum_{j=1}^{n} b_{ij} = \frac{1}{a_{ii}} \sum_{j \neq i} |a_{ij}| < 1$$

をみたす．ゆえに系 2.3.2 によって $\rho(B) < 1$．したがって定理 2.8 (ii) によって A は M 行列である．

(ii) 次に A を n 次の既約優対角な L 行列とすると B は既約な非負行列で

$$\rho(B) \leqq \max_{i} \sum_{j=1}^{n} b_{ij} \leqq 1$$

かつ少なくとも 1 つの i_0 につき $\displaystyle\sum_{j=1}^{n} b_{i_0 j} < 1$ である．ここで仮に $\rho(B) = 1$ であるとすればペロン・フロベニウスの定理によって B はペロン根 $\lambda_B = 1$ と対応するペロン ベクトル $\boldsymbol{x} > \boldsymbol{0}$ をもつ．すると

$$B\boldsymbol{x} = \lambda_B \boldsymbol{x} = \boldsymbol{x}$$

より $D^{-1}A\boldsymbol{x} = \boldsymbol{0}$ を得るが，既約優対角行列 A は正則である（定理 2.2）から $\boldsymbol{x} = \boldsymbol{0}$ が導かれて矛盾が生じる．したがって $\rho(B) < 1$ である．よって定理 2.8(ii) の条件がみたされて，A は M 行列である．ゆえに $A^{-1} \geqq O$ であるが，さらに $A^{-1} > O$ が成り立つ．これは次の事実から従う． （証明終）

命題 2.1　n 次行列 A が既約な M 行列ならば A^{-1} は正行列である．

【証明】 仮に A^{-1} の第 i 列 $\boldsymbol{u}$ の要素にゼロがあるとすれば，適当な順列行列 P を選んで，

$$P\boldsymbol{u} = \begin{bmatrix} \boldsymbol{v} \\ \boldsymbol{0} \end{bmatrix}, \quad \boldsymbol{v} > \boldsymbol{0}$$

とできる．このとき $A\boldsymbol{u} = \boldsymbol{e}_i$ （n 次単位行列の第 i 列），$P^tP = I$ より

$$(PAP^t)(P\boldsymbol{u}) = P\boldsymbol{e}_i \geqq \boldsymbol{0}$$

$$\begin{bmatrix} A_{11} & A_{12} \\ A_{21} & A_{22} \end{bmatrix} \begin{bmatrix} \boldsymbol{v} \\ \boldsymbol{0} \end{bmatrix} \geqq \boldsymbol{0} \quad \text{ただし} \quad P^tAP = \begin{bmatrix} A_{11} & A_{12} \\ A_{21} & A_{22} \end{bmatrix}$$

ゆえに $A_{21}\boldsymbol{v} \geqq \boldsymbol{0}$ となるが，$A_{21} \leqq O$ （$\because$ M 行列は Z 行列）かつ $\boldsymbol{v} > \boldsymbol{0}$ であるから $A_{21} = O$ でなければならない．これは A が可約であることになり矛盾である．よって $A^{-1} > O$.　　　　（証明終）

定理 2.10（Fiedler–Pták）A を n 次 M 行列，B は n 次 Z 行列で $B \geqq A$ とすれば，B も M 行列で

$$O \leqq B^{-1} \leqq A^{-1}.$$

【証明】 正数 ε を十分小さく選んで $V = I - \varepsilon B \geqq O$ とできる．このとき

$$W = I - \varepsilon A \geqq I - \varepsilon B = V \geqq O$$

W のペロン根（定理 2.5）を λ_W とすれば

$$W - \lambda_W I = (1 - \lambda_W)I - \varepsilon A = \varepsilon \left[\frac{1 - \lambda_W}{\varepsilon} I - A \right]$$

であるから，$(1 - \lambda_W)/\varepsilon$ は A の実固有値である．A は M 行列と仮定しているから，定理 2.8 (v) によって $(1 - \lambda_W)/\varepsilon > 0$. ゆえに $0 \leqq \lambda_W < 1$. したがって $I + W + W^2 + \cdots + W^k$ は $k \to \infty$ のとき $(I - W)^{-1} = (\varepsilon A)^{-1}$ に収束する．$O \leqq V \leqq W$ より V のペロン根 λ_V は $O \leqq \lambda_V \leqq \lambda_W$ をみたす（定理 2.5）．ゆえに $\lambda_V < 1$ であり，定理 2.6 より $(I - V)^{-1} = (\varepsilon B)^{-1} \geqq O$. ゆえに

$B^{-1} \geqq O$. すなわち B も M 行列で

$$A^{-1} - B^{-1} = A^{-1} (B - A) B^{-1} \geqq O. \qquad \text{(証明終)}$$

系 2.10.1 A を n 次 M 行列，$D = \mathrm{diag}(d_1, \cdots, d_n)$，$d_i \geqq 0$ $(1 \leqq i \leqq n)$ とすれば $A + D$ も M 行列で

$$O \leqq (A + D)^{-1} \leqq A^{-1}.$$

2.7 行列の分解

数値解法を工夫するとき，あるいは解析するとき，行列をいろいろな形に分解して考えることが多い．この節では，基本的な分解を，証明なしに，まとめて掲げておく．その一部は後章において適宜再述する．

2.7.1 LU 分解

n 次正則行列 $A = [a_{ij}]$ を正則な下 3 角行列と上 3 角行列の積として

$$A = LU, \quad L = \begin{bmatrix} l_{11} & & & \\ l_{21} & l_{22} & & \\ \vdots & & \ddots & \\ l_{n1} & \cdots & \cdots & l_{nn} \end{bmatrix}, \quad U = \begin{bmatrix} u_{11} & u_{12} & \cdots & u_{1n} \\ & u_{22} & & \\ & & \ddots & \\ & & & u_{nn} \end{bmatrix}$$

$$l_{ii} \neq 0, \quad u_{ii} \neq 0, \quad 1 \leqq i \leqq n$$

と表すことを A の LU 分解という．次のことが知られている．

(LU1) A が LU 分解可能 $\Leftrightarrow \varDelta_k = \begin{vmatrix} a_{11} & \cdots & a_{1k} \\ \vdots & & \vdots \\ a_{k1} & \cdots & a_{kk} \end{vmatrix} \neq 0 \quad (1 \leqq k \leqq n)$.

このとき，$l_{11} = l_{22} = \cdots = l_{nn} = 1$ の形に L を限定すれば A の LU 分解はただ 1 通りである．この形の L を単位下 3 角行列という．

(LU2) 上記から明らかなように，LU 分解は必ずしも可能でないが，適当な順列行列 P を選んで

$$PA = LU \quad (l_{11} = \cdots = l_{nn} = 1)$$

とできる．

2.7.2 LDV 分解

A が LU 分解可能のとき，単位下 3 角行列 L，対角行列 D，単位上 3 角行列 V の積として

$$A = LDV$$

と表すことができる．

2.7.3 コレスキー分解

A が実正定値対称行列 $(A^t = A, \boldsymbol{x}^t A\boldsymbol{x} > 0, \forall \boldsymbol{x} \neq \boldsymbol{0})$ ならば

$$A = LL^t, \quad L = \begin{bmatrix} l_{11} & & & \\ l_{21} & l_{22} & & \\ \vdots & & \ddots & \\ l_{n1} & \cdots & \cdots & l_{nn} \end{bmatrix}, \quad l_{ii} > 0 \ \ (1 \leqq i \leqq n)$$

の形にかくことができる．このような分解はただ 1 通りである．これを A の Cholesky（コレスキー）分解または LL^t 分解という．LDV 分解と同様に

$$A = LDL^t \quad (L : \text{単位下 3 角行列},\ D : \text{対角行列})$$

とかくこともできる．これを LDL^t 分解という．

●注意　LL^t 分解においては，L は必ずしも単位下 3 角行列ではなく，LDL^t 分解においては，L は単位下 3 角行列であるから注意を要する．

2.7.4 QR 分解

A を n 次実行列とするとき，直交行列 Q と上 3 角行列 R の積として

$$A = QR, \quad Q : \text{直交行列}, \quad R = \begin{bmatrix} r_{11} & r_{12} & \cdots & r_{1n} \\ & r_{22} & & \vdots \\ & & \ddots & \vdots \\ & & & r_{nn} \end{bmatrix}$$

と分解することができる．A が正則のとき，条件 $r_{ii} \geqq 0 \ (1 \leqq i \leqq n)$ の下で分解はただ 1 通りである．

2.7.5 特異値分解

A をランク r の $m \times n$ 実行列とすれば，A は m 次直交行列 $U, m \times n$ 行列

Σ および n 次直交行列 V の積として

$$A = U\Sigma V^t, \tag{2.13}$$

$$\Sigma = \left[\begin{array}{ccc|c} \sigma_1 & & & \\ & \ddots & & O \\ & & \sigma_r & \\ \hline & O & & O \end{array}\right] \begin{array}{l} \left.\vphantom{\begin{array}{c}1\\1\\1\end{array}}\right\} r \\ \, m-r \end{array}, \quad \sigma_1 \geqq \cdots \geqq \sigma_r > 0$$

$$\qquad\qquad r \qquad\qquad n-r$$

の形にかける（Autonne（オートン），1915）．ここに $\sigma_1^2, \cdots, \sigma_r^2$ は A^tA の非ゼロ固有値である．一般に A^tA の固有値の平方根は A の特異値と呼ばれるから，$\sigma_1, \cdots, \sigma_r$ は A の非ゼロ特異値にほかならない．U と V の第 $1, 2, \cdots, r$ 列をそれぞれ $\boldsymbol{u}_1, \boldsymbol{u}_2, \cdots, \boldsymbol{u}_r$ および $\boldsymbol{v}_1, \boldsymbol{v}_2, \cdots, \boldsymbol{v}_r$ で表せば，上の分解は

$$A = \sum_{j=1}^{r} \sigma_j \boldsymbol{u}_j \boldsymbol{v}_j^t \tag{2.14}$$

とかくこともできる．この分解は，画像情報処理や最小 2 乗問題，悪条件方程式（第 4 章参照）の解析等において有用である．分解 (2.13)，(2.14) を A の特異値分解という．

○ **付記**　（特異値と固有値との関係）n 次行列 A の固有値 λ_i と A^p $(p = 1, 2, \cdots)$ の特異値 $\sigma_i^{(p)}$ を

$$|\lambda_1| \geqq |\lambda_2| \geqq \cdots \geqq |\lambda_n|$$
$$\sigma_1^{(p)} \geqq \sigma_2^{(p)} \geqq \cdots \geqq \sigma_n^{(p)}$$

と並べるとき，バナッハ（Banach）代数の分野でよく知られた関係式

$$\lim_{p\to\infty} \sigma_1^{(p)\frac{1}{p}} = |\lambda_1| \quad \text{(Gelfand（ゲルファント），1941)}$$

の一般化として

$$\lim_{p\to\infty} \sigma_i^{(p)\frac{1}{p}} = |\lambda_i|, \quad i = 1, 2, \cdots, n \quad \text{（山本，1967）} \tag{2.15}$$

が成り立つ．この結果は何かに直ちに役立つものではないが，「特異値」の名前の由来をそれとなく示唆しているようにみえる．なお，その後 Davis（デイビス, 1970）により，(2.15) はヒルベルト（Hilbert）空間における完全連続作用素（コンパクト作用素）に対しても重複度をこめて成り立つことが示されている．

演 習 問 題

1　次の行列 A は既約であるか．有向グラフ $G(A)$ を描いて判定せよ．

$$
\text{(i)}\quad \begin{bmatrix} 0 & 0 & 1 & 1 \\ 0 & 0 & 1 & 1 \\ 1 & 1 & 1 & 0 \\ 1 & 1 & 1 & 0 \end{bmatrix}
\qquad
\text{(ii)}\quad \begin{bmatrix} 2 & -1 & & & \\ -1 & 2 & -1 & & \\ & \ddots & \ddots & \ddots & \\ & & & & -1 \\ & & & -1 & 2 \end{bmatrix} \quad (n\ \text{次})
$$

2　行列の可約性に関する条件 (2.2) は次の条件と同値であることを示せ．適当な順列行列 P を選んで $PAP^t = \begin{bmatrix} A_{11} & O \\ A_{21} & A_{22} \end{bmatrix}$（$A_{11}$，$A_{22}$: 正方行列）とできる．

3　（Taussky（タウスキー））　n 次の既約行列 $A = [a_{ij}]$ は優対角な Z 行列であり，かつ $a_{ii} \geqq 0$ $(1 \leqq i \leqq n)$ とする．このとき，A が非正則 (すなわち A の行列式が 0) であるための必要十分条件は

$$\sum_{j=1}^{n} a_{ij} = 0, \quad i = 1, 2, \cdots, n$$

であることを示せ．

4　n 次行列 $A = [a_{ij}]$ に対して $|A| = [|a_{ij}|]$ と表す．$|B| \leqq A$ ならば

$$\rho(B) \leqq \rho(|B|) \leqq \rho(A)$$

を示せ．

5　A は n 次行列で $I - A$ は正則であると仮定する．ただし I は n 次単位行列である．もし $(I - A)^{-1}$ が正行列であるならば A は既約であることを示せ．

6　A を n 次非負行列とする．次の条件は同値であることを示せ．

(i)　A は既約かつ $\rho(A) < \alpha$

(ii)　$\alpha I - A$ は正則で $(\alpha I - A)^{-1} > O$

7　（Brauer–Solow（ブラウアー・ソロー））　$A = [a_{ij}]$ は n 次既約非負行列で

$$\sum_{j=1}^{n} a_{ij} \leqq 1 \quad (1 \leqq i \leqq n)$$

かつ少なくとも 1 つの i につき $\sum_{j=1}^{n} a_{ij} < 1$ とする．このとき $I - A$ は正則で

$(I-A)^{-1} > O$，したがって $\rho(A) < 1$ を示せ．

8 n 次行列 $A = [a_{ij}]$ が LU 分解可能であるための必要十分条件は

$$\begin{vmatrix} a_{11} & \cdots & a_{1k} \\ \vdots & & \vdots \\ a_{k1} & \cdots & a_{kk} \end{vmatrix} \neq 0 \quad (1 \leqq k \leqq n)$$

であることを示せ．したがって狭義優対角行列，既約優対角行列は LU 分解可能である．

3 ノルム

3.1 ノルムの概念

実数または複素数 x と y の違いの程度は $|x-y|$ を評価することにより知られる．また数列 $\{x_k\}$ が x に収束するとは $k \to \infty$ のとき $|x_k - x| \to 0$ となることであった．このように，実数または複素数の差異・収束を論じるものさしは絶対値である．同様に，2 つの n 次元ベクトル $\boldsymbol{x} = [x_1,\ \cdots,\ x_n]^t$ と $\boldsymbol{y} = [y_1,\ \cdots,\ y_n]^t$，2 つの n 次行列 $A = [a_{ij}]$，$B = [b_{ij}]$ あるいは 2 つの関数 $f(x)$ と $g(x)$ の違いの程度をはかるものさしとして「ノルム」と呼ばれる概念がある．長さをはかる単位としてメートルとか尺とかあるように，ノルムにもいろいろな種類がある．この章では，ベクトル ノルムと行列ノルムの基本的性質を述べる．

3.2 ベクトル ノルム

実数または複素数を成分とする n 次元ベクトル $\boldsymbol{x}$ に対して定義される実数値関数 $||\cdot|| : \boldsymbol{x} \to ||\boldsymbol{x}||$ が次の公理をみたすとき，これをベクトル ノルムという．

(VN1)　$||\boldsymbol{x}|| \geqq 0$; $||\boldsymbol{x}|| = 0 \Leftrightarrow \boldsymbol{x} = \boldsymbol{0}$

(VN2)　$||\alpha \boldsymbol{x}|| = |\alpha|\,||\boldsymbol{x}||$　　(α は複素数)

(VN3)　$||\boldsymbol{x} + \boldsymbol{y}|| \leqq ||\boldsymbol{x}|| + ||\boldsymbol{y}||$

■例　$\boldsymbol{x} = [x_1,\ \cdots,\ x_n]^t$ に対し

$$||\boldsymbol{x}||_1 = \sum_{i=1}^{n} |x_i|, \quad ||\boldsymbol{x}||_2 = \sqrt{\sum_{i=1}^{n} |x_i|^2}, \quad ||\boldsymbol{x}||_\infty = \max_i |x_i|$$

とおけば $||\cdot||_1$，$||\cdot||_2$，$||\cdot||_\infty$ はそれぞれ上の公理をみたすから，ベクトル ノルムである（読者はこれを確かめられたい）．

ベクトル ノルム $||\cdot||$ は数に対する絶対値の性質をそのまま備えている．たとえば次が成立する．

命題 3.1　すべての $\boldsymbol{x}$，$\boldsymbol{y}$ につき

$$\Big|\,||\boldsymbol{x}|| - ||\boldsymbol{y}||\,\Big| \leqq ||\boldsymbol{x} \pm \boldsymbol{y}|| \leqq ||\boldsymbol{x}|| + ||\boldsymbol{y}||$$

【証明】 (VN3) において $\boldsymbol{x}$ を $\boldsymbol{x}-\boldsymbol{y}$ でおきかえれば

$$||\boldsymbol{x}|| \leqq ||\boldsymbol{x}-\boldsymbol{y}|| + ||\boldsymbol{y}|| \tag{3.1}$$

ここで $\boldsymbol{x}$ と $\boldsymbol{y}$ を入れかえ (VN2) を使えば

$$||\boldsymbol{y}|| \leqq ||\boldsymbol{x}-\boldsymbol{y}|| + ||\boldsymbol{x}|| \tag{3.2}$$

(3.1)，(3.2) より

$$\Big|\,||\boldsymbol{x}|| - ||\boldsymbol{y}||\,\Big| \leqq ||\boldsymbol{x}-\boldsymbol{y}||$$

さらに $\boldsymbol{y}$ を $-\boldsymbol{y}$ でおきかえ，(VN2) を使えば

$$\Big|\,||\boldsymbol{x}|| - ||\boldsymbol{y}||\,\Big| \leqq ||\boldsymbol{x}+\boldsymbol{y}||$$

残りの不等式は (VN2) と (VN3) から導かれる．　(証明終)

命題 3.2　$||\cdot||$ を 1 つのベクトル ノルムとする．正則行列 P を任意にとり，$||\boldsymbol{x}||' = ||P\boldsymbol{x}||$ とおけば，$||\cdot||'$ はまた 1 つのベクトル ノルムである．したがってベクトル ノルムは無数に存在する．

命題 3.3　ベクトル ノルム $||\boldsymbol{x}||$ は $\boldsymbol{x}$ の成分 $x_1, \cdots, x_n$ の連続関数である．

【証明】 $\boldsymbol{x} = [x_1, \cdots, x_n]^t, \boldsymbol{a} = [a_1, \cdots, a_n]^t, \boldsymbol{e}_i = [0, \cdots, 1, \cdots, 0]^t$（$n$ 次単位行列の第 i 列）とすれば

$$\Big|\,||\boldsymbol{x}|| - ||\boldsymbol{a}||\,\Big| \leqq ||\boldsymbol{x}-\boldsymbol{a}|| = \left|\left|\sum_{i=1}^{n}(x_i - a_i)\boldsymbol{e}_i\right|\right| \leqq \sum_{i=1}^{n}|x_i - a_i|\,||\boldsymbol{e}_i||$$

$$\leqq (\max_i |x_i - a_i|)M, \quad M = \sum_{i=1}^{n}||\boldsymbol{e}_i||$$

M は $\boldsymbol{x}$，$\boldsymbol{a}$ に無関係な定数であるから，上式より，$x_i \to a_i$ $(1 \leqq i \leqq n)$ のと

き $||\boldsymbol{x}|| \to ||\boldsymbol{a}||$ となる． （証明終）

定理 3.1 （有限次元ノルムの同値性） $||\cdot||, ||\cdot||'$ を 2 つのベクトル ノルムとする．適当な正の定数 m, M をとれば，すべての $\boldsymbol{x}$ につき

$$m||\boldsymbol{x}||' \leqq ||\boldsymbol{x}|| \leqq M||\boldsymbol{x}||' \tag{3.3}$$

が成り立つ（m，M は $\boldsymbol{x}$ に無関係であることに注意）．

【証明】 命題 3.3 によって，$||\boldsymbol{x}||$ は $\boldsymbol{x}$ の成分の連続関数であるから，有界閉集合 $S = \{\boldsymbol{x} |\, ||\boldsymbol{x}||_\infty = 1\}$ の上で最小値 κ_1，最大値 κ_2 をとる．

$$\kappa_1 = \min_{\boldsymbol{x} \in S} ||\boldsymbol{x}|| > 0, \quad \kappa_2 = \max_{\boldsymbol{x} \in S} ||\boldsymbol{x}|| > 0$$

このとき，任意の $\boldsymbol{x} \neq \boldsymbol{0}$ に対し，$\boldsymbol{x}/||\boldsymbol{x}||_\infty \in S$ であるから

$$\kappa_1 \leqq \Big|\Big| \boldsymbol{x}/||\boldsymbol{x}||_\infty \Big|\Big| \leqq \kappa_2.$$

したがって

$$\kappa_1 ||\boldsymbol{x}||_\infty \leqq ||\boldsymbol{x}|| \leqq \kappa_2 ||\boldsymbol{x}||_\infty \tag{3.4}$$

同様に，適当な正の定数 κ'_1, κ'_2 を定めて，すべての $\boldsymbol{x}$ につき

$$\kappa'_1 ||\boldsymbol{x}||_\infty \leqq ||\boldsymbol{x}||' \leqq \kappa'_2 ||\boldsymbol{x}||_\infty \tag{3.5}$$

とできる．(3.4)，(3.5) より

$$\frac{\kappa_1}{\kappa'_2} ||\boldsymbol{x}||' \leqq ||\boldsymbol{x}|| \leqq \frac{\kappa_2}{\kappa'_1} ||\boldsymbol{x}||'$$

$m = \kappa_1/\kappa'_2$, $M = \kappa_2/\kappa'_1$ とおけば，(3.3) が得られる． （証明終）

いま，ベクトル列 $\boldsymbol{x}^{(\nu)} = [x_1^{(\nu)}, \cdots, x_n^{(\nu)}]^t, \nu = 1, 2, \cdots$ とベクトル $\boldsymbol{a} = [a_1, \cdots, a_n]^t$ を考えれば (3.3) により

$$m||\boldsymbol{x}^{(\nu)} - \boldsymbol{a}||' \leqq ||\boldsymbol{x}^{(\nu)} - \boldsymbol{a}|| \leqq M||\boldsymbol{x}^{(\nu)} - \boldsymbol{a}||'$$

ゆえに

$$||\boldsymbol{x}^{(\nu)} - \boldsymbol{a}|| \to 0 \quad (\nu \to \infty) \Leftrightarrow ||\boldsymbol{x}^{(\nu)} - \boldsymbol{a}||' \to 0 \quad (\nu \to \infty) \tag{3.6}$$

このことから，1つのノルム $||\cdot||$ に関して $||\boldsymbol{x}^{(\nu)}-\boldsymbol{a}||'\to 0\ (\nu\to\infty)$ のとき $\{\boldsymbol{x}^{(\nu)}\}$ は $\boldsymbol{a}$ に収束するといい

$$\lim_{\nu\to\infty}\boldsymbol{x}^{(\nu)}=\boldsymbol{x}\quad \text{または}\quad \boldsymbol{x}^{(\nu)}\to\boldsymbol{a}\quad(\nu\to\infty)$$

とかく．(3.6) によってこの定義はノルムの選び方に依存しない．

●**注意**　定理 3.1 は無限次元空間では成り立たない（§3.4 参照）．

系 3.1.1　ベクトル列 $\{\boldsymbol{x}^{(\nu)}\}$ がコーシー（Cauchy）列

$$||\boldsymbol{x}^{(\nu)}-\boldsymbol{x}^{(\mu)}||\to 0\quad(\nu,\ \mu\to\infty)$$

であるならば，$\{\boldsymbol{x}^{(\nu)}\}$ はあるベクトル $\boldsymbol{a}$ に収束する．

【証明】　定理 3.1 によって，$||\boldsymbol{x}^{(\nu)}-\boldsymbol{x}^{(\mu)}||_\infty\ \to\ 0\ \ (\nu,\mu\to\infty)$ である．$i\ (1\leqq i\leqq n)$ を固定するとき

$$|x_i^{(\nu)}-x_i^{(\mu)}|\leqq||\boldsymbol{x}^{(\nu)}-\boldsymbol{x}^{(\mu)}||_\infty$$

であるから，数列 $\{x_i^{(\nu)}\}$ はコーシー列をなし，ある数 a_i に収束する．$\boldsymbol{a}=[a_1,\cdots,a_n]^t$ とおけば $||\boldsymbol{x}^{(\nu)}-\boldsymbol{a}||_\infty\to 0\ (\nu\to\infty)$．したがって

$$\boldsymbol{x}^{(\nu)}\to\boldsymbol{a}$$

である．　（証明終）

3.3 行列ノルム

ベクトルノルムと同様に，n 次行列 A に対して定義される実数値関数 $||\cdot||:A\to||A||$ が次の条件をみたすとき，行列ノルムと呼ばれる．

(MN1)　$||A||\geqq 0;\ ||A||=0\Leftrightarrow A=O$　（ゼロ行列）

(MN2)　$||\alpha A||=|\alpha|\,||A||$　　（α は複素数）

(MN3)　$||A+B||\leqq||A||+||B||$　　（B は n 次行列）

(MN4)　$||AB||\leqq||A||\cdot||B||$

■**例**　次式で定義される $||A||_E$ は行列ノルムである．

$$||A||_E=\sqrt{\sum_{i,j=1}^{n}|a_{ij}|^2}$$

これをユークリッド (Euclid) ノルム，またはフロベニウス ノルムという．

ベクトル ノルムと同様に，行列ノルムは無数に存在するが，最も基本的な行列ノルムはベクトル ノルム $||\boldsymbol{x}||$ から

$$||A|| = \sup_{x \neq 0} \frac{||A\boldsymbol{x}||}{||\boldsymbol{x}||} \quad (\sup \text{ は } \max \text{ でおきかえてよい}) \tag{3.7}$$

によりつくり出される行列ノルムである．これをベクトル ノルム $||\boldsymbol{x}||$ に従属する行列ノルム，または $||\boldsymbol{x}||$ と整合する行列ノルムという．(3.7) は (MN1)〜(MN4) のほかに

(MN5)　$||A\boldsymbol{x}|| \leqq ||A|| \cdot ||\boldsymbol{x}||$　（このとき，$||A||$ は $||\boldsymbol{x}||$ と両立するという）

をみたす．

以下に (3.7) で定義される $||\cdot||$ が (MN1)〜(MN5) をみたすことを示そう．

(MN1)　$\boldsymbol{x} \neq \boldsymbol{0}$ なら $||\boldsymbol{x}|| > 0, ||A\boldsymbol{x}|| \geqq 0$ であるから $||A|| \geqq 0$．また

$$||A|| = 0 \Leftrightarrow \sup_{\boldsymbol{x} \neq \boldsymbol{0}} \frac{||A\boldsymbol{x}||}{||\boldsymbol{x}||} = 0 \Leftrightarrow ||A\boldsymbol{x}|| = 0 \ (\forall \boldsymbol{x} \neq \boldsymbol{0})$$
$$\Leftrightarrow A\boldsymbol{x} = O \ (\forall \boldsymbol{x} \neq \boldsymbol{0}) \Leftrightarrow A = O$$

(MN2)　$$||\alpha A|| = \sup_{\boldsymbol{x} \neq \boldsymbol{0}} \frac{||\alpha A\boldsymbol{x}||}{||\boldsymbol{x}||} = |\alpha| \sup_{\boldsymbol{x} \neq \boldsymbol{0}} \frac{||A\boldsymbol{x}||}{||\boldsymbol{x}||} = |\alpha| \ ||A||$$

(MN3)　$$||A + B|| = \sup_{\boldsymbol{x} \neq \boldsymbol{0}} \frac{||(A+B)\boldsymbol{x}||}{||\boldsymbol{x}||} \leqq \sup_{\boldsymbol{x} \neq \boldsymbol{0}} \frac{||A\boldsymbol{x}|| + ||B\boldsymbol{x}||}{||\boldsymbol{x}||}$$
$$\leqq \sup_{\boldsymbol{x} \neq \boldsymbol{0}} \frac{||A\boldsymbol{x}||}{||\boldsymbol{x}||} + \sup_{\boldsymbol{x} \neq \boldsymbol{0}} \frac{||A\boldsymbol{x}||}{||\boldsymbol{x}||} = ||A|| + ||B||$$

(MN5)　(3.7) より，すべての $\boldsymbol{x} \neq \boldsymbol{0}$ につき，$||A|| \geqq \dfrac{||A\boldsymbol{x}||}{||\boldsymbol{x}||}$，すなわち

$$||A\boldsymbol{x}|| \leqq ||A|| \cdot ||\boldsymbol{x}||$$

明らかに上の不等式は $\boldsymbol{x} = \boldsymbol{0}$ のときも成り立つ．

(MN4)　いま示したことによって

$$||AB|| = \sup_{\boldsymbol{x} \neq \boldsymbol{0}} \frac{||AB\boldsymbol{x}||}{||\boldsymbol{x}||} \leqq \sup_{\boldsymbol{x} \neq \boldsymbol{0}} \frac{||A|| \cdot ||B\boldsymbol{x}||}{||\boldsymbol{x}||}$$
$$= ||A|| \sup_{\boldsymbol{x} \neq \boldsymbol{0}} \frac{||B\boldsymbol{x}||}{||\boldsymbol{x}||} = ||A|| \cdot ||B||.$$

命題 3.4

$$\sup_{\boldsymbol{x}\neq\boldsymbol{0}}\frac{||A\boldsymbol{x}||}{||\boldsymbol{x}||}=\sup_{||\boldsymbol{x}||=1}||A\boldsymbol{x}||=\sup_{||\boldsymbol{x}||\leqq 1}||A\boldsymbol{x}||$$

【証明】 各自試みよ．

定理 3.2　次が成り立つ．

(i)　$$||A||_\infty\equiv\sup_{\boldsymbol{x}\neq\boldsymbol{0}}\frac{||A\boldsymbol{x}||_\infty}{||\boldsymbol{x}||_\infty}=\max_i\sum_{j=1}^n|a_{ij}| \quad \text{(最大行和とおぼえる)} \tag{3.8}$$

(ii)　$$||A||_1\equiv\sup_{\boldsymbol{x}\neq\boldsymbol{0}}\frac{||A\boldsymbol{x}||_1}{||\boldsymbol{x}||_1}=\max_j\sum_{i=1}^n|a_{ij}| \quad \text{(最大列和とおぼえる)} \tag{3.9}$$

(iii)　$$||A||_2\equiv\sup_{\boldsymbol{x}\neq\boldsymbol{0}}\frac{||A\boldsymbol{x}||_2}{||\boldsymbol{x}||_2}=\sqrt{\rho\left(A^*A\right)} \quad (A^* \text{ は } A \text{ の共役転置行列}) \tag{3.10}$$

$||\cdot||_\infty$, $||\cdot||_1$, $||\cdot||_2$ をそれぞれ最大ノルム，1-ノルム，スペクトル ノルムという．

【証明】 (i)　最大ノルム $||\boldsymbol{x}||_\infty$ の定義から

$$||A\boldsymbol{x}||_\infty=\max_i\left|\sum_{j=1}^n a_{ij}x_j\right|\leqq\left(\max_i\sum_{j=1}^n|a_{ij}|\right)\max_j|x_j|$$

したがって

$$\sup_{\boldsymbol{x}\neq\boldsymbol{0}}\frac{||A\boldsymbol{x}||_\infty}{||\boldsymbol{x}||_\infty}\leqq\max_i\sum_{j=1}^n|a_{ij}| \tag{3.11}$$

ここで $\max_i\sum_{j=1}^n|a_{ij}|=\sum_{j=1}^n|a_{kj}|$ とし，$\boldsymbol{x}$ として特に

$$x_j=\begin{cases}|a_{kj}|/a_{kj} & (a_{kj}\neq 0)\\ 1 & (a_{kj}=0)\end{cases}$$

なるものを選べば $||\boldsymbol{x}||_\infty=1$ かつ

$$\frac{||A\boldsymbol{x}||_\infty}{||\boldsymbol{x}||_\infty}=||A\boldsymbol{x}||_\infty\geqq\left|\sum_{j=1}^n a_{kj}x_j\right|=\sum_{j=1}^n|a_{kj}|=\max_i\sum_{j=1}^n|a_{ij}|$$

ゆえに

$$\sup_{\boldsymbol{x}\neq\boldsymbol{0}} \frac{||A\boldsymbol{x}||_\infty}{||\boldsymbol{x}||_\infty} \geqq \max_i \sum_{j=1}^{n} |a_{ij}| \tag{3.12}$$

(3.11) と (3.12) により (3.8) を得る．

（ii）（i）の証明と同様である．

（iii）$||A\boldsymbol{x}||_2^2 = (A\boldsymbol{x})^*(A\boldsymbol{x}) = \boldsymbol{x}^*A^*A\boldsymbol{x}$ であるが，A^*A は半正値エルミート（Hermite）行列であるから，適当なユニタリ行列 U（A が実行列ならば直交行列）をとれば

$$U^*A^*AU = \begin{bmatrix} \sigma_1^2 & & \\ & \ddots & \\ & & \sigma_n^2 \end{bmatrix}, \quad \sigma_1 \geqq \cdots \geqq \sigma_n \geqq 0$$

と対角化できる．$\boldsymbol{x} = U\boldsymbol{y}$ とおけば $U^*U = I$ によって $||\boldsymbol{x}||_2 = ||\boldsymbol{y}||_2$ かつ

$$||A\boldsymbol{x}||_2^2 = \boldsymbol{x}^*A^*A\boldsymbol{x} = \boldsymbol{y}^*U^*A^*AU\boldsymbol{y} = \sum_{i=1}^{n} \sigma_i^2|y_i|^2 \leqq \sigma_1^2 \sum_{i=1}^{n} |y_i|^2 = \sigma_1^2||\boldsymbol{x}||_2^2$$

したがって，任意の $\boldsymbol{x} \neq \boldsymbol{0}$ につき

$$\frac{||A\boldsymbol{x}||_2}{||\boldsymbol{x}||_2} \leqq \sigma_1 = \sqrt{A^*A\text{ の最大固有値}} = \sqrt{\rho(A^*A)}$$

$\boldsymbol{x}$ として特に σ_1^2 に対応する A^*A の固有ベクトルをとれば，上式において等号が成り立つ．したがって (3.10) を得る．（証明終）

定理 3.3　A を n 次行列とする．任意に与えられた正数 ε に対して，適当なベクトル ノルム $||\cdot||$ が存在して

$$||A|| = \sup_{\boldsymbol{x}\neq\boldsymbol{0}} \frac{||A\boldsymbol{x}||}{||\boldsymbol{x}||} \leqq \rho(A) + \varepsilon.$$

【証明】　次の順序で行う．

（i）適当な正則行列 V により A をジョルダン標準形に直す．

$$V^{-1}AV = \begin{bmatrix} J_1 & & \\ & \ddots & \\ & & J_m \end{bmatrix}, \quad J_i = \begin{bmatrix} \lambda_i & 1 & & \\ & \ddots & \ddots & \\ & & \ddots & 1 \\ & & & \lambda_i \end{bmatrix} \text{ または } J_i = \lambda_i.$$

（$i \neq j$ でも $\lambda_i = \lambda_j$ はあり得る．）

(ii) $D = \mathrm{diag}(1, \varepsilon, \cdots, \varepsilon^{n-1})$, $W = VD$ とおけば

$$W^{-1}AW \equiv \widehat{J} = \begin{bmatrix} \widehat{J}_1 & & \\ & \ddots & \\ & & \widehat{J}_m \end{bmatrix}, \ \widehat{J}_i = \begin{bmatrix} \lambda_i & \varepsilon & & \\ & \ddots & \ddots & \\ & & \ddots & \varepsilon \\ & & & \lambda_i \end{bmatrix} \text{または } \widehat{J}_i = \lambda_i.$$

(iii) $||\boldsymbol{x}|| = ||W^{-1}\boldsymbol{x}||_\infty$ とおく．命題 3.2 によって $||\cdot||$ はベクトル ノルムであり，対応する行列ノルムは

$$\begin{aligned} ||A|| &= \sup_{\boldsymbol{x}\neq\boldsymbol{0}} \frac{||A\boldsymbol{x}||}{||\boldsymbol{x}||} = \sup_{\boldsymbol{x}\neq\boldsymbol{0}} \frac{||W^{-1}A\boldsymbol{x}||}{||W^{-1}\boldsymbol{x}||_\infty} = \sup_{\boldsymbol{y}\neq\boldsymbol{0}} \frac{||W^{-1}AW\boldsymbol{y}||_\infty}{||\boldsymbol{y}||_\infty} \\ &= \sup_{\boldsymbol{y}\neq\boldsymbol{0}} \frac{||\widehat{J}\boldsymbol{y}||_\infty}{||\boldsymbol{y}||_\infty} = ||\widehat{J}||_\infty = \max_i ||\widehat{J}_i||_\infty \leqq \max_i |\lambda_i| + \varepsilon = \rho\,(A) + \varepsilon. \end{aligned}$$

(証明終)

系 3.3.1 $\rho(A) < 1$ ならば $||A|| < 1$ をみたす行列ノルムが存在する．

系 3.3.2 $\rho(A) \leqq 1$ かつ $|\lambda| = \rho\,(A)$ をみたす固有値 λ に対応するジョルダンブロックが 1×1 であれば，適当なベクトル ノルム $||\boldsymbol{x}||$ が存在して

$$||A|| = \sup_{\boldsymbol{x}\neq\boldsymbol{0}} \frac{||A\boldsymbol{x}||}{||\boldsymbol{x}||} \leqq 1.$$

【証明】 定理 3.3 の証明を繰り返す．ε を

$$\max_{|\lambda|<\rho(A)} |\lambda| + \varepsilon < \rho(A)$$

となるようにとれば

$$||A|| = ||\widehat{J}||_\infty \leqq \rho(A) \leqq 1.$$

(証明終)

> **定理 3.4** (MN5) をみたす任意の行列ノルムに対し，$\rho(A) \leqq ||A||$ である．

【証明】 λ を A の固有値，$\boldsymbol{x} \neq \boldsymbol{0}$ を対応する固有ベクトルとすれば $||\boldsymbol{x}|| > 0$ かつ

$$|\lambda|\ ||\boldsymbol{x}|| = ||\lambda\boldsymbol{x}|| = ||A\boldsymbol{x}|| \leqq ||A|| \cdot ||\boldsymbol{x}||$$

ゆえに

$$|\lambda| \leqq ||A||, \quad \rho\,(A) = \max|\lambda| \leqq ||A||. \qquad \text{（証明終）}$$

系 3.4.1 (MN5) をみたすあるノルム $||\cdot||$ につき $||A|| < 1$ ならば

$$\lim_{k\to\infty} A^k = O. \qquad \text{（証明終）}$$

【証明】 定理 2.3 と定理 3.4 による.

系 3.4.2 $||A|| < 1$ ならば $I \pm A$ は正則で

$$(I - A)^{-1} = I + A + A^2 + A^3 + \cdots$$

かつ

$$(I + A)^{-1} = I - A + A^2 - A^3 + \cdots$$

3.4 補　　足

ノルムの概念は有限閉区間 $[a, b]$ 上の連続関数 f に対しても拡張される．たとえば

$$||f||_1 = \int_a^b |f(x)|dx, \quad ||f||_2 = \sqrt{\int_a^b |f(x)|^2 dx}, \quad ||f||_\infty = \max_{a \leqq x \leqq b} |f(x)|$$

により写像 $||\cdot||_1$，$||\cdot||_2$，$||\cdot||_\infty : C\,[a, b] \to \boldsymbol{R}$ を定義すれば，これらは (VN1)～(VN3) と同じ公理をみたし，$C\,[a, b]$ 上のノルム（関数ノルム）と呼ばれる．これらを用いて，2 つの関数 f, g の違いの程度を $||f - g||_1$，$||f - g||_2$，$||f - g||_\infty$ によりはかるのである．ベクトル ノルムや行列ノルムと同様に，関数ノルムも無数に存在する．ただし有限次元の場合とは異なり，定理 3.1 は関数ノルム（無限次元ノルム）の場合には成り立たない．また系 3.1.1 も必ずしも成り立たない．したがって，あるノルムで収束した関数列 $\{f_\nu\}$ が別なノルムでは収束せず，またコーシー列が必ずしも収束しないことが起こり得るから，注意が必要である（演習問題 5 参照）．そのため関数ノルムを考える場合には，対象とする関数のクラスを広げて，コーシー列が収束するような空間（バナッハ空間，ヒルベルト空間等）の中で議論を展開するのが普通である．

演習問題

1 2 次元ベクトル $\boldsymbol{x} = [x_1, x_2]^t$ について，次の条件をみたす x_1, x_2 の範囲を平面上に図示せよ．

(i) $||\boldsymbol{x}||_1 \leqq 1$　　(ii) $||\boldsymbol{x}||_2 \leqq 1$　　(iii) $||\boldsymbol{x}||_\infty \leqq 1$

2 n 次元ベクトルの列 $\{\boldsymbol{x}^\nu\}$ が収束するとき，収束先はただ 1 つであること，すなわち $\boldsymbol{x}^{(\nu)} \to \boldsymbol{\alpha}$ かつ $\boldsymbol{x}^{(\nu)} \to \boldsymbol{\beta}$ $(\nu \to \infty)$ ならば $\boldsymbol{\alpha} = \boldsymbol{\beta}$ であることを示せ．

3 (3.9) を証明せよ．

4 $\boldsymbol{x} = [x_1, \cdots, x_n]^t$ に対して

$$||\boldsymbol{x}||_p = \left\{ \sum_{i=1}^{n} |x_i|^p \right\}^{\frac{1}{p}}, \quad p \geqq 1$$

と定義すれば，$||\boldsymbol{x}||_p$ はノルムとなることを示せ．また

$$\lim_{p \to \infty} ||\boldsymbol{x}||_p = ||\boldsymbol{x}||_\infty$$

を示せ．

5 $X = C\,[0,1]$ とし，X 内の関数列 $\{f_n\}$ を

$$f_n(x) = \begin{cases} 1 & \left(0 \leqq x \leqq \dfrac{1}{2}\right) \\ 1 - n\left(x - \dfrac{1}{2}\right) & \left(\dfrac{1}{2} < x \leqq \dfrac{1}{2} + \dfrac{1}{n}\right), \quad n = 1, 2, \cdots \\ 0 & \left(\dfrac{1}{2} + \dfrac{1}{n} < x \leqq 1\right) \end{cases}$$

により定義する．$\{f_n\}$ はノルム $||\cdot||_1$ に関して X 内のコーシー列であるが X 内の関数には収束しないことを示せ．

4 連立1次方程式

4.1 数値解法の必要性

線形代数学の教えるところによれば，$x_1, \cdots, x_n$ を未知数とする n 元連立1次方程式

$$\sum_{j=1}^{n} a_{ij} x_j = b_i \quad (i = 1, 2, \cdots, n), \quad \det[a_{ij}] \neq 0 \tag{4.1}$$

の解は，与えられた定数 b_i に対し，ただ1通り存在して，次のように表される．

$$x_i = \begin{vmatrix} a_{11} & \cdots & a_{1i-1} & b_1 & a_{1i+1} & \cdots & a_{1n} \\ \vdots & & \vdots & \vdots & \vdots & & \vdots \\ a_{n1} & \cdots & a_{ni-1} & b_n & a_{ni+1} & \cdots & a_{nn} \end{vmatrix} / \det[a_{ij}] \quad (i = 1, 2, \cdots, n)$$

(Cramer（クラーメル）の公式) (4.2)

しかし，(4.2) はあくまで理論上の公式であって，実用にはならない．実際，公式 (4.2) は n 次行列式の計算を $n+1$ 回必要とするから，各行列式を定義に基づき展開すれば，全部で $(n+1)(n-1)n!$ 回の乗算と $(n+1)(n!-1)$ 回の加減算および n 回の除算を要する．仮に，毎秒100万回の浮動小数点演算（加減乗算）が可能なコンピュータを休みなく用いたとしても，これでは $n = 20$ のとき，実に約3200万年を要することになる．最近のコンピュータは，平均してその数百倍から数千倍の演算性能をもつが，たとえ3000万倍の性能（毎秒30兆回の浮動小数点演算可能）を有するスーパーコンピュータを用いたとしても，なお，1年を要するのである．数値解法の必要性は，この例からもうなずけよう．

数値解法は，丸め誤差がなければ有限回の操作で正確解を得る**直接法**と，適当な初期値から出発して解へ収束させる**反復法**とに大別される．前者の代表例は Gauss（ガウス）の消去法であり，後者の代表例は逐次緩和法（SOR 法）である．この章では，これらの解法を中心にして述べる．

4.2 直 接 法

連立 1 次方程式 $A\boldsymbol{x} = \boldsymbol{b}$，すなわち

$$\begin{cases} a_{11}x_1 + a_{12}x_2 + \cdots + a_{1n}x_n = b_1 \\ \quad\vdots \\ a_{n1}x_1 + a_{n2}x_2 + \cdots + a_{nn}x_n = b_n \end{cases} \tag{4.3}$$

を解く直接法のうちで，最も有名な Gauss の消去法は次のようである．まず，$a_{11} \neq 0$ と仮定し，第 1 式に $m_i^{(1)} = -a_{i1}/a_{11}$ をかけて，第 i 式に加える．この操作を $i = 2, 3, \cdots, n$ につき行えば，次の方程式が得られる．

$$\text{第 1 段}\begin{cases} a_{11}x_1 + a_{12}x_2 \quad + \cdots + a_{1n}x_n \quad = b_1 \\ \qquad\qquad {a_{22}}^{(1)}x_2 + \cdots + {a_{2n}}^{(1)}x_n = {b_2}^{(1)} \\ \qquad\qquad \vdots \\ \qquad\qquad {a_{n2}}^{(1)}x_2 + \cdots + {a_{nn}}^{(1)}x_n = {b_n}^{(1)} \end{cases} \tag{4.4}$$

ただし

$${a_{ij}}^{(1)} = a_{ij} + {m_i}^{(1)}a_{1j}, \quad {b_i}^{(1)} = b_i + {m_i}^{(1)}b_1, \quad {m_i}^{(1)} = -a_{i1}/a_{11} \quad (i \geqq 2)$$

ここで，${a_{22}}^{(1)} \neq 0$ ならば，第 2 式に ${m_i}^{(2)} = -{a_{i2}}^{(1)}/{a_{22}}^{(1)}$ をかけて，第 i 式に加える．これを各 $i \geqq 3$ について行い，(4.4) の第 3 式，$\cdots$，第 n 式から x_2 を消去する（第 2 段）．

以下，このような操作を続けて，仮定 ${a_{kk}}^{(k-1)} \neq 0$ $(1 \leqq k \leqq n-1)$ の下に，(4.3) と同値な次の方程式を得る．

$$\text{第 } n-1 \text{ 段}\begin{cases} a_{11}x_1 + a_{12}x_2 \quad + a_{13}x_3 \quad + \cdots + a_{1n}x_n \quad = b_1 \\ \qquad\qquad {a_{22}}^{(1)}x_2 + {a_{23}}^{(1)}x_3 + \cdots + {a_{2n}}^{(1)}x_n = {b_2}^{(1)} \\ \qquad\qquad\qquad\qquad {a_{33}}^{(2)}x_3 + \cdots + {a_{3n}}^{(2)}x_n = {b_3}^{(2)} \\ \qquad\qquad\qquad\qquad\qquad\qquad \vdots \\ \qquad\qquad\qquad\qquad\qquad\qquad {a_{nn}}^{(n-1)}x_n = {b_n}^{(n-1)} \end{cases} \tag{4.5}$$

ゆえに，${a_{nn}}^{(n-1)} \neq 0$ ならば，(4.5) の最後の式より x_n が定まる．これをす

ぐ上の式に代入して x_{n-1} を定め，以下，順次 $x_{n-2}, x_{n-3}, \cdots, x_2, x_1$ を決定する．これを **Gauss の単純消去法**といい，(4.3) を (4.5) に変形する過程を**前進過程**，(4.5) から $x_n, \cdots, x_2, x_1$ を求める過程を**後退代入過程**という．また，対角要素 ${a_{kk}}^{(k-1)}$ $({a_{11}}^{(0)} = a_{11})$ を**ピボット**または**枢軸要素**という．いま，$A^{(0)} = A$, $\boldsymbol{b}^{(0)} = \boldsymbol{b}$ とおき，第 k 段における方程式を $A^{(k)}\boldsymbol{x} = \boldsymbol{b}^{(k)}$ とかけば，前進過程第 k 段の操作は，第 $k-1$ 段で得た方程式 $A^{(k-1)}\boldsymbol{x} = \boldsymbol{b}^{(k-1)}$ に，左から行列

$$M^{(k)} = \begin{bmatrix} 1 & & & & & 0 \\ & \ddots & & & & \\ & & 1 & & & \\ & & {m_{k+1}}^{(k)} & 1 & & \\ & & \vdots & & \ddots & \\ 0 & & {m_n}^{(k)} & & 0 & 1 \end{bmatrix}$$

をかけることと同値である．したがって

$$\begin{aligned} A^{(k)} &= M^{(k)}A^{(k-1)} = M^{(k)}M^{(k-1)} \cdots M^{(1)}A \\ \boldsymbol{b}^{(k)} &= M^{(k)}\boldsymbol{b}^{(k-1)} = M^{(k)}M^{(k-1)} \cdots M^{(1)}\boldsymbol{b} \end{aligned}$$

ゆえに，A の行列式を $\det(A)$ で表すとき

$$\begin{aligned} \det(A) &= \det(M^{(n-1)}) \cdots \det(M^{(1)}) \det(A) \\ &\qquad\qquad (\because \det(M^{(i)}) = 1,\ 1 \leqq i \leqq n-1) \\ &= \det(M^{(n-1)} \cdots M^{(1)}A) = \det(A^{(n-1)}) \\ &= a_{11} a_{22}^{(1)} a_{33}^{(2)} \cdots a_{nn}^{(n-1)} \end{aligned}$$

これは A の行列式を計算する1つの方法を与えている．

ところで，Gauss の単純消去法では，${a_{kk}}^{(k-1)} \neq 0$ $(1 \leqq k \leqq n)$ を仮定したから，途中ある k につき ${a_{kk}}^{(k-1)} = 0$ となるならば，手続きを修正せねばならない．普通，これを次のように行う．第 $k-1$ 段の方程式

$$A^{(k-1)}\boldsymbol{x} = \boldsymbol{b}^{(k-1)} \tag{4.6}$$

において，$\max\limits_{k \leqq i \leqq n} |{a_{ik}}^{(k-1)}| = |{a_{pk}}^{(k-1)}|$ とするとき，(4.6) の第 k 式と第 p 式を入れかえる（$p = k$ なら何もしない）．その結果得られる行列を $\tilde{A}^{(k-1)}$ とする．互換 (p, k) に対応する順列行列を $P^{(k-1)}$ （$p = k$ のときは $P^{(k-1)} = I$）とすれば，

$$\tilde{A}^{(k-1)} = \begin{bmatrix} a_{11} & a_{12} & \cdots & a_{1k-1} & a_{1k} & \cdots & a_{1n} \\ & a_{22}{}^{(1)} & \cdots & a_{2k-1}{}^{(1)} & a_{2k}{}^{(1)} & \cdots & a_{2n}{}^{(1)} \\ & & \ddots & \vdots & \vdots & & \vdots \\ & & & a_{k-1\,k-1}{}^{(k-2)} & a_{k-1\,k}{}^{(k-2)} & \cdots & a_{k-1\,n}{}^{(k-2)} \\ & & & & \tilde{a}_{kk}{}^{(k-1)} & \cdots & \tilde{a}_{kn}{}^{(k-1)} \\ & & & & \vdots & & \vdots \\ & & & & \tilde{a}_{nk}{}^{(k-1)} & \cdots & \tilde{a}_{nn}{}^{(k-1)} \end{bmatrix},$$

〔ただし, $\tilde{a}_{ij}{}^{(k-1)} = a_{ij}{}^{(k-1)} \quad (i \neq p, k)$〕

$$= P^{(k-1)} A^{(k-1)}$$

そして，$\tilde{a}_{kk}{}^{(k-1)}(= a_{pk}{}^{(k-1)})$ をピボットとして，次の消去に進む．このようにすれば，A が正則である限り，ピボットが 0 になることはない（仮に，$a_{pk}{}^{(k-1)} = 0$ とすれば，$a_{kk}{}^{(k-1)} = \cdots = a_{nk}{}^{(k-1)} = 0$ で $\det(A) = \det(A^{(k-1)}) = 0$．これは仮定に反する）．さらに，$a_{kk}{}^{(k-1)} \neq 0$ でもこの操作（行交換）を行う．これを**部分ピボット選択法**または**行交換を伴う Gauss の消去法**という．$a_{kk}{}^{(k-1)} \neq 0$ でも $\max_{i \geqq k} |a_{ik}{}^{(k-1)}|$ を考える理由は次のように説明できる（証明ではない）．

▷ 理由 1　$A^{(k-1)}\boldsymbol{x} = \boldsymbol{b}^{(k-1)}$ から $A^{(k)}\boldsymbol{x} = \boldsymbol{b}^{(k)}$ へ進むときの計算は

$$\begin{aligned} a_{ij}{}^{(k)} &= a_{ij}{}^{(k-1)} + m_i{}^{(k)} a_{kj}{}^{(k-1)}, \\ b_i{}^{(k)} &= b_i{}^{(k-1)} + m_i{}^{(k)} b_k{}^{(k-1)}, \\ m_i{}^{(k)} &= -a_{ik}{}^{(k-1)} / a_{kk}{}^{(k-1)}, \quad i = k+1, \cdots, n \end{aligned}$$

ゆえに，$a_{kk}{}^{(k-1)} \neq 0$ でも絶対値がかなり小ならば，$m_i{}^{(k)}$ の計算にオーバーフローを生ずる危険がある．たとえそれが生じなくても，小さい数での割り算の結果，精度は一般に悪くなる．

▷ 理由 2　$|a_{kk}{}^{(k-1)}|$ が小さいのは，前の段階で桁落ちが生じたためかもしれない．

▷ 理由 3　$|m_i{}^{(k)}|$ をなるべく小さく，したがって分母の絶対値 $|a_{kk}{}^{(k-1)}|$ をなるべく大きく選ぶ方が，$a_{ij}{}^{(k-1)}$ の情報を活かせる．

これらの理由からすれば，

$$\max_{k \leqq i \leqq n} |a_{ik}{}^{(k-1)}| \quad \text{の代わりに} \quad \max_{k \leqq i, j \leqq n} |a_{ij}{}^{(k-1)}| = |a_{pq}{}^{(k-1)}|$$

として，$A^{(k-1)}$ の第 k 行と第 p 行，第 k 列と第 q 列を入れかえ，$a_{pq}{}^{(k-1)}$ をピ

ボットに選ぶ方が合理的であろう．これを**完全ピボット選択法**，または**行，列交換を伴う Gauss の消去法**という．この場合，x_k と x_q とを入れかえることにもなるからプログラミングはやや面倒になるが，理屈の上では，部分ピボット選択法より良い方法に思われる．事実，Wilkinson（ウイルキンソン）の（後退）誤差解析によれば，完全ピボット選択法は部分ピボット選択法よりも良い誤差限界を与える．しかし，絶対値最大な要素を探し，行と列を交換するにはかなりの時間を要するから，通常は後者を用い，それでも駄目な場合に前者を用いるのがよかろう．Wilkinson も前者の常時使用には疑問を投げかけている．

なお，田辺国士（統数研）らは，行列をランク 1 の行列の和と捉え，係数行列 A を多数の上 3 角行列と下 3 角行列の積形式に分解する解法を提案している（K.Tanabe–M.Sagae, *Numerical Algorithms* **2**(1992),137–154）．この解法においては，分解の過程において生じる数値的誤差の拡大をより直接的に抑制するために，Gauss の消去法におけるピボット選択とは異なる仕組みとルールが用いられている．

例1　連立 1 次方程式

$$\begin{cases} \varepsilon x_1 + x_2 = 1 - \delta \quad (|\varepsilon| < 1) \\ x_1 + x_2 = 1 \end{cases}$$

を，単純消去法と部分ピボット選択法により解く．両者の前進過程は表 4.1 のようになる

表 4.1

	単純消去法	部分ピボット選択法
行交換	なし	$\begin{cases} x_1+x_2=1 \\ \varepsilon x_1+x_2=1-\delta \end{cases}$
第 1 段 (前進過程終了)	$\begin{cases} \varepsilon x_1+x_2=1-\delta \\ (1-1/\varepsilon)x_2=1-(1-\delta)/\varepsilon \end{cases}$	$\begin{cases} x_1+x_2=1 \\ (1-\varepsilon)x_2=1-\delta-\varepsilon \end{cases}$

いま，実数 x に対する β 進 t 桁浮動小数点数を $fl(x)$ とかく．簡単のため，10 進 4 桁 ($\beta = 10,\ t = 4$) のコンピュータを考え，$\varepsilon = 10^{-5}, \delta = 10^{-2}$ とおけば

$$fl\left(1 - \frac{1}{\varepsilon}\right) = -\frac{1}{\varepsilon}, \quad fl(1-\varepsilon) = 1$$

$$fl\left(1 - \frac{1-\delta}{\varepsilon}\right) = -\frac{1-\delta}{\varepsilon}, \quad fl(1-\delta-\varepsilon) = 1-\delta$$

ゆえに，単純消去法による解は $x_2 = 1 - \delta = 0.9900$，$x_1 = 0$ で，部分ピボット選択法による解は，$x_2 = 1 - \delta$, $x_1 = \delta = 0.0100$ となる．明らかに，真の解は

$$x_1 = \frac{\delta}{1-\varepsilon} \fallingdotseq \delta, \quad x_2 = \frac{1-\delta-\varepsilon}{1-\varepsilon} \fallingdotseq 1-\delta$$

したがって，後者の方が良い解である．

■問1 上の事実は，β 進 t 桁のコンピュータにおいて，$|\varepsilon| = \beta^m$ $(m < -t)$, $|fl(1-\delta)| = |1-\delta| > \beta^{m+t}$ のとき，そのまま成り立つことを示せ．

■問2 部分ピボット選択法 $\tilde{A}^{(k)}\boldsymbol{x} = \tilde{\boldsymbol{b}}^{(k)}$ では

$$\det(A) = (-1)^{\sigma}\tilde{a}_{11}\tilde{a}_{22}{}^{(1)}\cdots\tilde{a}_{nn}{}^{(n-1)} \quad (\sigma\text{は行交換の回数})$$

であることを示せ．

●注意1 Gauss 消去を前進過程と後退代入過程とに分けず，行交換を行いつつ

$$(4.3) \to \begin{cases} x_1 + a_{12}x_2 \quad + \cdots + \quad a_{1n}x_n = b_1{}^{(1)} \\ \qquad a_{22}{}^{(1)}x_2 + \cdots + a_{2n}{}^{(1)}x_n = b_2{}^{(1)} \\ \qquad \vdots \\ \qquad a_{n2}{}^{(1)}x_2 + \cdots + a_{nn}{}^{(1)}x_n = b_n{}^{(1)} \end{cases}$$

$$\to \cdots \to \begin{cases} x_1 \qquad\qquad\qquad = b_1{}^{(n)} \\ \quad x_2 \qquad\qquad = b_2{}^{(n)} \\ \qquad\quad \ddots \\ \qquad\qquad x_n = b_n{}^{(n)} \end{cases}$$

と変形する方法を **Gauss–Jordan**（ガウス・ジョルダン）**の方法**という．これは一見能率が良さそうであるが，演算回数は表 4.2 に示すように Gauss の消去法より常に多い（各自検証せよ）．ゆえに，プログラミングが簡単な点を除けば，この方法を用いる理由は特にない．

表 4.2

	加減算	乗　算	除　算
Gauss の消去法	$\frac{1}{6}n(n-1)(2n+5)$	$\frac{1}{6}n(n-1)(2n+5)$	$\frac{1}{2}n(n+1)$
Gauss–Jordan 法	$\frac{1}{2}n(n-1)(n+1)$	$\frac{1}{2}n(n-1)(n+1)$	$\frac{1}{2}n(n+1)$

逆行列の計算

第 j 成分が 1 で他の成分は 0 の n 次元列ベクトルを $\boldsymbol{e}_j$ とし，$A\boldsymbol{x} = \boldsymbol{e}_j$ の解

を $\boldsymbol{x}^{(j)}$ とする．このとき，行列 $X = [\boldsymbol{x}^{(1)}, \boldsymbol{x}^{(2)}, \cdots, \boldsymbol{x}^{(n)}]$ は A の逆行列 A^{-1} に等しい．実際の計算は $n \times 2n$ 行列

$$\begin{bmatrix} a_{11} & \cdots & a_{1n} & 1 & & \\ \vdots & & \vdots & & \ddots & \\ a_{n1} & \cdots & a_{nn} & & & 1 \end{bmatrix} \tag{4.7}$$

に対して，部分（または完全）ピボット選択法を同時に適用する．

例2　次の行列の逆行列を，部分ピボット選択法を用いて求める．

$$A = \begin{bmatrix} 1 & 2 & -1 \\ 1 & 3 & -1 \\ 2 & 7 & -1 \end{bmatrix}$$

手順を表 4.3 に示す．HITAC10–II を用い答えを小数第 5 位まで印刷させると

$$A^{-1} = \begin{bmatrix} 3.99999 & -4.99999 & 1.00000 \\ -0.99999 & 0.99999 & 0.00000 \\ 0.99999 & -2.99999 & 1.00000 \end{bmatrix}$$

となった．

表 4.3

		行交換	$[A \mid B]$
前進過程			$\begin{bmatrix} 1 & 2 & -1 & 1 & 0 & 0 \\ 1 & 3 & -1 & 0 & 1 & 0 \\ 2 & 7 & -1 & 0 & 0 & 1 \end{bmatrix}$
	第1段	$\begin{bmatrix} 2 & 7 & -1 & 0 & 0 & 1 \\ 1 & 3 & -1 & 0 & 1 & 0 \\ 1 & 2 & -1 & 1 & 0 & 0 \end{bmatrix}$	$\begin{bmatrix} 2 & 7 & -1 & 0 & 0 & 1 \\ 0 & -\frac{1}{2} & -\frac{1}{2} & 0 & 1 & -\frac{1}{2} \\ 0 & -\frac{3}{2} & -\frac{1}{2} & 1 & 0 & -\frac{1}{2} \end{bmatrix}$
	第2段	$\begin{bmatrix} 2 & 7 & -1 & 0 & 0 & 1 \\ 0 & -\frac{3}{2} & -\frac{1}{2} & 1 & 0 & -\frac{1}{2} \\ 0 & -\frac{1}{2} & -\frac{1}{2} & 0 & 1 & -\frac{1}{2} \end{bmatrix}$	$\begin{bmatrix} 2 & 7 & -1 & 0 & 0 & 1 \\ 0 & -\frac{3}{2} & -\frac{1}{2} & 1 & 0 & -\frac{1}{2} \\ 0 & 0 & -\frac{1}{3} & -\frac{1}{3} & 1 & -\frac{1}{3} \end{bmatrix}$
後退代入過程			$x = \begin{bmatrix} 4 & -5 & 1 \\ -1 & 1 & 0 \\ 1 & -3 & 1 \end{bmatrix}$

注意 2 行交換を伴う Gauss–Jordan 法を（4.7）に適用して

$$\begin{bmatrix} 1 & \cdots & & \alpha_{11} & \cdots & \alpha_{1n} \\ & \ddots & & \vdots & & \vdots \\ & & 1 & \alpha_{n1} & \cdots & \alpha_{nn} \end{bmatrix}$$

となったとすれば，行列 $[\alpha_{ij}]$ は A^{-1} に等しい．しかし，この方法に必要な演算回数は，部分ピボット選択法を用いる例 2 の方法より多い（各自確かめよ）．ゆえに，この場合も，Gauss–Jordan 法を用いる理由は特にない．

注意 3 逆行列が必要な場合はそれほど多くないと考えられるが，どうしても近似逆行列を必要とする場合がある（大石 [4,5] 参照）．その場合，行列の次数 n が大きくなければ上述の方法で求めればよいが，n が極端に大きい場合には，次の方法が使えるかもしれない．

分割法：n 次正則行列 A が

$$A = \begin{bmatrix} X & Y \\ Z & W \end{bmatrix} \quad X : p \text{ 次正則行列}, \quad W : n-p \text{ 次正方行列}$$

と分解されるとき，$T = W - ZX^{-1}Y$ は正則で

$$A^{-1} = \begin{bmatrix} X^{-1} + X^{-1}YT^{-1}ZX^{-1} & -X^{-1}YT^{-1} \\ -T^{-1}ZX^{-1} & T^{-1} \end{bmatrix}$$

行列 T は Schur（シュア）の補元（Schur's complement）と呼ばれる．

【証明】 $G = \begin{bmatrix} X^{-1} & O \\ -ZX^{-1} & I_{n-p} \end{bmatrix}$ （I_{n-p} は $n-p$ 次単位行列）

とおけば G は正則で

$$GA = \begin{bmatrix} I_p & X^{-1}Y \\ O & T \end{bmatrix}, \quad T = W - ZX^{-1}Y$$

ゆえに T は正則でなければならない．さらに

$$H = \begin{bmatrix} I_p & -X^{-1}YT^{-1} \\ O & T^{-1} \end{bmatrix}$$

とおけば，$H(GA) = I_n$ を得る（各自検証されたい）．よって

$$A^{-1} = HG = \begin{bmatrix} X^{-1} + X^{-1}YT^{-1}ZX^{-1} & -X^{-1}YT^{-1} \\ -T^{-1}ZX^{-1} & T^{-1} \end{bmatrix}. \qquad \text{（証明終）}$$

同様に X の代わりに W の正則性を仮定すれば，$K = X - YW^{-1}Z$ は正則で

$$A^{-1} = \begin{bmatrix} K^{-1} & -K^{-1}YW^{-1} \\ -W^{-1}ZK^{-1} & W^{-1} + W^{-1}ZK^{-1}YW^{-1} \end{bmatrix}$$

である．

Cholesky 法

§2.7 において述べたように，A を正則な下 3 角行列 L と上 3 角行列 U の積として

$$A = LU, \quad L = \begin{bmatrix} l_{11} & & & \\ l_{21} & l_{22} & & \\ \vdots & \vdots & \ddots & \\ l_{n1} & l_{n2} & \cdots & l_{nn} \end{bmatrix}, \quad U = \begin{bmatrix} u_{11} & u_{12} & \cdots & u_{1n} \\ & u_{22} & \cdots & u_{2n} \\ & & \ddots & \vdots \\ & & & u_{nn} \end{bmatrix} \tag{4.8}$$

と表すことを A の **LU 分解**という．

Gauss の単純消去法によって（4.5）が得られたとすれば

$$A^{(n-1)} = M^{(n-1)} M^{(n-2)} \cdots M^{(1)} A$$

であるから，$L = [M^{(n-1)} M^{(n-2)} \cdots M^{(1)}]^{-1}$, $U = A^{(n-1)}$ とおけば $A = LU$ かつ L は単位下 3 角行列，U は上 3 角行列である．実際，単位下 3 角行列の積およびその逆行列はまた単位下 3 角行列であるからである．

（4.8）が成り立つときは

$$A\boldsymbol{x} = \boldsymbol{b} \quad \Leftrightarrow \quad \begin{cases} L\boldsymbol{y} = \boldsymbol{b} & (4.9) \\ U\boldsymbol{x} = \boldsymbol{y} & (4.10) \end{cases}$$

すなわち，Gauss 消去における後退代入過程と同等な操作によって，(4.9) から $\boldsymbol{y}$ を求め，次に（4.10）から $\boldsymbol{x}$ を求めることができる．LU 分解は必ずしも可能でないが，特に，A が正値対称行列ならば

$$A = LL^t \quad (L \text{ は (4.8) において与えた形であり}, l_{ii} = 1, \ \forall i \text{ とは限らない})$$

の形に常に分解できる．これを **Cholesky 分解**ということはすでに述べた．L を決定するアルゴリズムは次のようになる．

(i) $l_{11} = \sqrt{a_{11}}, \quad l_{i1} = \dfrac{a_{i1}}{l_{11}} \quad (2 \leqq i \leqq n)$

(ii) 各 $j \geqq 2$ につき

$$l_{jj} = \sqrt{a_{jj} - \sum_{k=1}^{j-1} l_{jk}^2}, \quad l_{ij} = \frac{1}{l_{jj}} \left\{ a_{ij} - \sum_{k=1}^{j-1} l_{ik} l_{jk} \right\} \quad (j+1 \leqq i \leqq n)$$

このようにして L を定め，$L\boldsymbol{y} = \boldsymbol{b}$, $L^t \boldsymbol{x} = \boldsymbol{y}$ を解く方法を **Cholesky 法**とい

う．容易に確かめられるように，この方法は乗除算 $n^3/6+O(n^2)$ 回，加減算 $n^3/6+O(n^2)$ 回，開平 n 回で，Gauss の消去法よりも有利である．

注意 4 行列 A の LU 分解においては，通常，L は単位下 3 角 ($l_{ii}=1,\ \forall i$) にとる．しかし，LL^t 分解においては，L は一般に単位下 3 角でないから，混同しないよう注意が必要である．

注意 5 n 次行列 $A=[a_{ij}]$ が LU 分解可能であるための必要十分条件は

$$\begin{vmatrix} a_{11} & \cdots & a_{1k} \\ & \ddots & \\ a_{k1} & \cdots & a_{kk} \end{vmatrix} \neq 0 \qquad (1 \leqq k \leqq n)$$

である（山本・北川 [7]）．したがって狭義優対角行列は LU 分解可能である．

注意 6 部分ピボット選択による Gauss の消去法は，正則行列 A が LU 分解可能でなくても，常に実行可能であり，それは適当な順列行列 P を選んで PA を LU 分解することに相当している．興味ある読者は Wendroff [26] を参照されたい．

4.3 反 復 法

n 元連立 1 次方程式

$$A\boldsymbol{x}=\boldsymbol{b} \tag{4.11}$$

を解く反復法は，適当な初期値 $\boldsymbol{x}^{(0)}=[{x_1}^{(0)},\cdots,{x_n}^{(0)}]^t$ から出発して，ベクトル列 $\{\boldsymbol{x}^{(\nu)}=[{x_1}^{(\nu)},\cdots,{x_n}^{(\nu)}]^t\}$ をつくり，真の解 $\boldsymbol{x}$ に収束させようとするものである．通常

$$|{x_i}^{(\nu+1)}-{x_i}^{(\nu)}|<\varepsilon\ (1\leqq i\leqq n) \text{ または } |{x_i}^{(\nu+1)}-{x_i}^{(\nu)}|<\varepsilon\,|{x_i}^{(\nu)}|\ (1\leqq i\leqq n)$$

となったとき計算を停止し，$\boldsymbol{x}^{(\nu)}$ または $\boldsymbol{x}^{(\nu+1)}$ を解とする．ただし，ε は十分小さく与えられた正数である．

例1 Jacobi(ヤコビ) 法

$$\left\{\begin{array}{llll} a_{11}{x_1}^{(\nu+1)} & +a_{12}{x_2}^{(\nu)} & +\cdots+a_{1n}{x_n}^{(\nu)} & =b_1 \\ a_{21}{x_1}^{(\nu)} & +a_{22}{x_2}^{(\nu+1)} & +\cdots+a_{2n}{x_n}^{(\nu)} & =b_2 \\ \quad\vdots & & & \\ a_{n1}{x_1}^{(\nu)} & +a_{n2}{x_2}^{(\nu)} & +\cdots+a_{nn}{x_n}^{(\nu+1)} & =b_n \end{array}\right. \tag{4.12}$$

${x_1}^{(\nu)}$，$\cdots$，${x_n}^{(\nu)}$ が既知のとき，第 1 式，$\cdots$，第 n 式からそれぞれ ${x_1}^{(\nu+1)}$，$\cdots$，${x_n}^{(\nu+1)}$ を定める．

例2　Gauss-Seidel（ガウス・ザイデル）法　（この名前は歴史に忠実でないようであるが，本書は慣例に従う.）

$$\begin{cases} a_{11}x_1^{(\nu+1)} + a_{12}x_2^{(\nu)} + \cdots + a_{1n}x_n^{(\nu)} = b_1 \\ a_{21}x_1^{(\nu+1)} + a_{22}x_2^{(\nu+1)} + \cdots + a_{2n}x_n^{(\nu)} = b_2 \\ \quad \vdots \\ a_{n1}x_1^{(\nu+1)} + a_{n2}x_2^{(\nu+1)} + \cdots + a_{nn}x_n^{(\nu+1)} = b_n \end{cases} \tag{4.13}$$

$a_{ii} \neq 0$ $(1 \leqq i \leqq n)$ とする．第1式より $x_1^{(\nu+1)}$ を定め，これを第2式に代入して $x_2^{(\nu+1)}$ を定める．以下同様．この方法は途中で得た近似値 $x_1^{(\nu+1)}$, $\cdots$, $x_{i-1}^{(\nu+1)}$ を最新の情報として第 i 式に代入し，$x_i^{(\nu+1)}$ を定めるから，(4.12) より収束は速いと予想される．多くの場合，この予想は正しい．しかし，反例も存在する．

例3　逐次過大緩和法（SOR法）

まず，$\boldsymbol{x}^{(\nu)}$ から Gauss-Seidel 近似 $\tilde{\boldsymbol{x}}^{(\nu+1)}$ をつくる．次に，ω をパラメータとして，$\boldsymbol{x}^{(\nu)} + \omega\,(\tilde{\boldsymbol{x}}^{(\nu+1)} - \boldsymbol{x}^{(\nu)})$ をつくり，これを $\boldsymbol{x}^{(\nu+1)}$ とする．すなわち

$$\tilde{x}_i^{(\nu+1)} = \frac{1}{a_{ii}}\left(b_i - \sum_{j<i} a_{ij}x_j^{(\nu+1)} - \sum_{j>i} a_{ij}x_j^{(\nu)}\right) \tag{4.14}$$

$$x_i^{(\nu+1)} = x_i^{(\nu)} + \omega\,(\tilde{x}_i^{(\nu+1)} - x_i^{(\nu)}) \quad (1 \leqq i \leqq n) \tag{4.15}$$

これを逐次過大緩和法（successive over-relaxation method）または SOR 法という．

この方法は，Gauss-Seidel 法をパラメータ ω により加速するものとみなせる．実際，$\omega = 1$ のとき $\boldsymbol{x}^{(\nu+1)} = \tilde{\boldsymbol{x}}^{(\nu+1)}$ で，$0 < \omega < 1$ のとき $\boldsymbol{x}^{(\nu+1)}$ は $\boldsymbol{x}^{(\nu)}$ と $\tilde{\boldsymbol{x}}^{(\nu+1)}$ の荷重平均に等しい．あとで述べるように，SOR 法が収束するためには，$0 < \omega < 2$ を要する．ω を**緩和因子**または**緩和係数**といい，特に $0 < \omega < 1$ のとき**過小緩和**（under-relaxation），$1 < \omega < 2$ のとき**過大緩和**（over-relaxation）という．ω のこの呼び方からすれば，$0 < \omega < 1$ のとき (4.14)，(4.15) を逐次過小緩和法と呼ぶべきであろうが，通常，このような区別はしない．以下本書でも，ω の値にかかわらず，SOR 法と略称する．

いま，適当な正則行列 M を選び

$$A = M - N \quad (N = M - A)$$

と分解すれば,

$$A\boldsymbol{x} = \boldsymbol{b} \quad \Leftrightarrow \quad M\boldsymbol{x} = N\boldsymbol{x} + \boldsymbol{b}$$

ゆえに, (4.11) を解く反復として

$$M\boldsymbol{x}^{(\nu+1)} = N\boldsymbol{x}^{(\nu)} + \boldsymbol{b} \quad \text{あるいは} \quad \boldsymbol{x}^{(\nu+1)} = M^{-1}N\boldsymbol{x}^{(\nu)} + M^{-1}\boldsymbol{b}$$
$$(\nu \geqq 0) \qquad (4.16)$$

を考える ($\boldsymbol{x}^{(0)}$ は適当に与える).

上に掲げた 3 例は, すべてこの形である. 実際, $a_{ii} \neq 0$ $(1 \leqq i \leqq n)$ のとき, それらを対角要素にもつ対角行列を M とすれば, Jacobi 法を得る. また $\omega \neq 0$ を定数として

$$D = \begin{bmatrix} a_{11} & & \\ & \ddots & \\ & & a_{nn} \end{bmatrix},$$
$$L = \begin{bmatrix} 0 & \cdots & \cdots & 0 \\ a_{21} & 0 & & \vdots \\ \vdots & \ddots & \ddots & \vdots \\ a_{n1} & \cdots & a_{n\,n-1} & 0 \end{bmatrix}, \quad U = \begin{bmatrix} 0 & a_{12} & \cdots & a_{1n} \\ \vdots & \ddots & \ddots & \vdots \\ \vdots & & \ddots & a_{n-1\,n} \\ 0 & \cdots & \cdots & 0 \end{bmatrix}$$
$$M = \frac{1}{\omega}(D + \omega L), \quad N = \frac{1}{\omega}\{(1-\omega)D - \omega U\} \qquad (4.17)$$

とおけば, SOR 法 ($\omega = 1$ のとき Gauss-Seidel 法) となる.

●**注意** SOR 法を実際に用いるときは, (4.16), (4.17) によらず, (4.14), (4.15) を用いる. その方が計算の手間が少なくてすむからである. なお, Jacobi 法と Gauss-Seidel 法の収束について, 次のことが知られている (併せて次節定理 4.2, 4.3 も参照のこと).

(i) $I - D^{-1}A$ の各要素が非負ならば, (イ) 両者の収束・発散は同時であり, (ロ) 収束する場合には Gauss-Seidel 法が速い (Varga).

(ii) 一般には (イ), (ロ) のいずれも正しくない (Fox 1965, Stewart 1975).

4.4 収束定理

(4.16) を特別な場合として含む反復

$$\boldsymbol{x}^{(\nu+1)} = H\boldsymbol{x}^{(\nu)} + \boldsymbol{c} \quad (\nu \geqq 0) \qquad (4.18)$$

の収束を調べよう．ここに H は n 次行列，$\boldsymbol{x}^{(\nu)}$，$\boldsymbol{c}$ は n 次元列ベクトルである．$\boldsymbol{x}^{(0)}$ は初期値として適当に与える．

定理 4.1　$\rho(H) < 1$ ならば，任意の初期ベクトル $\boldsymbol{x}^{(0)}$ に対し反復 (4.18) は方程式

$$\boldsymbol{x} = H\boldsymbol{x} + \boldsymbol{c} \tag{4.19}$$

の（一意）解に収束する．

【証明】　$\rho(H) < 1$ ならば，系 2.3.1 によって，(4.19) は一意解をもつ．それを $\boldsymbol{\alpha}$ とすれば

$$\boldsymbol{x}^{(\nu)} - \boldsymbol{\alpha} = H(\boldsymbol{x}^{(\nu-1)} - \boldsymbol{\alpha}) = H^{\nu}(\boldsymbol{x}^{(0)} - \boldsymbol{\alpha})$$

ゆえに，定理 2.3 により，任意の $\boldsymbol{x}^{(0)}$ につき $\boldsymbol{x}^{(\nu)}$ は $\boldsymbol{\alpha}$ に収束する．（証明終）

●**注意 1**　方程式 (4.19) が一意解をもつときは，定理の逆が成り立つ．しかし，一般には，このことはいえない．反例：$H = I$，$\boldsymbol{c} = \boldsymbol{0}$

系 4.1.1　あるノルムで $||H|| < 1$ ならば，$\boldsymbol{x}^{(0)}$ の選択に無関係に，$\boldsymbol{x}^{(\nu)}$ は (4.19) の一意解に収束する．

定理 4.2　n 次行列 A が狭義優対角または既約優対角ならば，任意の $\boldsymbol{x}^{(0)}$ につき，Jacobi 法は $A\boldsymbol{x} = \boldsymbol{b}$ の一意解に収束する．

【証明】　反復 (4.16) において，$M = D$ のとき $\rho(M^{-1}N) < 1$ を示せばよい．

(i)　A が狭義優対角のとき，$H = M^{-1}N = [h_{ij}]$ とおけば

$$h_{ij} = \begin{cases} a_{ij}/a_{ii} & (i \neq j) \\ 0 & (i = j) \end{cases}$$

よって

$$\rho(H) \leqq ||H||_{\infty} = \max_i \sum_{j=1}^{n} |h_{ij}| \leqq \max_i \frac{1}{|a_{ii}|} \sum_{j \neq i} |a_{ij}| < 1.$$

(ii)　A が既約優対角のとき $M^{-1}N\boldsymbol{x} = \lambda\boldsymbol{x}$，$||\boldsymbol{x}||_{\infty} = |x_k| = 1$ とすれば $\lambda M\boldsymbol{x} = N\boldsymbol{x}$ の第 k 成分を比較して

$$\lambda a_{kk}x_k = \sum_{j\neq k} a_{kj}x_j$$

仮に $|\lambda| \geqq 1$ とすれば

$$|a_{kk}| \leqq |\lambda|\ |a_{kk}|\ |x_k| = \left|\sum_{j\neq k} a_{kj}x_j\right| \leqq \sum_{j\neq k} |a_{kj}|\ |x_j| \leqq \sum_{j\neq k} |a_{kj}| \leqq |a_{kk}|$$

$$\therefore\ \sum_{j\neq k} |a_{kj}|\ |x_j| = \sum_{j\neq k} |a_{kj}| = |a_{kk}|$$

上式は $a_{kj} \neq 0$ ならば $|x_j| = 1$ を意味する．A は既約であるから，任意の p $(p \neq k)$ につき $a_{kp} \neq 0$ または $a_{ki_1}a_{i_1i_2}\cdots a_{i_rp} \neq 0$ となる相異なる整数 i_1，$\cdots$，i_r が存在する．前者の場合，$|x_p| = 1$ であるが，後者の場合にも $|x_{i_1}| = \cdots = |x_{i_r}| = |x_p| = 1$．結局，いずれにせよ $|x_p| = 1$．p は任意であったから，このことはすべての i につき $|x_i| = 1$ かつ $\sum_{j\neq i} |a_{ij}| = |a_{ii}|$ を意味し，A の仮定に反する．ゆえに $|\lambda| < 1$，すなわち $\rho(M^{-1}N) < 1$．（証明終）

定理 4.3 n 次行列 A が狭義優対角または既約優対角ならば，Gauss–Seidel 法は，任意の初期値 $\boldsymbol{x}^{(0)}$ につき $A\boldsymbol{x} = \boldsymbol{b}$ の一意解に収束する．

【証明】 反復（4.16）において，Gauss–Seidel 法は

$$M = D + L, \quad N = -U$$

により定義される．前定理の証明と同様に $\rho(M^{-1}N) < 1$ を示す．

(i) A が狭義優対角のとき，$M^{-1}N\boldsymbol{x} = \lambda\boldsymbol{x}$，$\|\boldsymbol{x}\|_\infty = |x_k| > 0$ とし，$N\boldsymbol{x} = \lambda M\boldsymbol{x}$ すなわち $-U\boldsymbol{x} = \lambda(D+L)\boldsymbol{x}$ の第 k 成分を書き下せば

$$-\sum_{j>k} a_{kj}x_j = \lambda a_{kk}x_k + \lambda\sum_{j<k} a_{kj}x_j$$

$$\therefore\ -\lambda a_{kk}x_k = \sum_{j>k} a_{kj}x_j + \lambda\sum_{j<k} a_{kj}x_j$$

ここで $|\lambda| \geqq 1$ とすれば，

$$|\lambda|\,|a_{kk}|\,|x_k| \leqq |\lambda| \left(\sum_{j>k} |a_{kj}|\,|x_j| + \sum_{j<k} |a_{kj}|\,|x_j| \right)$$

$$= |\lambda| \sum_{j\neq k} |a_{kj}|\,|x_j| \leqq |\lambda| \left(\sum_{j\neq k} |a_{kj}| \right) |x_k|$$

両辺を $|\lambda|\,|x_k|$ で割れば

$$|a_{kk}| \leqq \sum_{j\neq k} |a_{kj}|.$$

これは A の狭義優対角性に矛盾する．よって $|\lambda| < 1$，すなわち $\rho(M^{-1}N) < 1$.

(ii) A が既約優対角のとき (i) と同じく $M^{-1}N$ の固有値 λ と対応する固有ベクトル $\boldsymbol{x} \neq \mathbf{0}$ をとり，$|\lambda| \geqq 1$ として矛盾を導こう．そのために

$$||\boldsymbol{x}||_\infty = |x_k|, \quad J = \{j \mid |x_j| = |x_k|\}$$

とおく．$J = \{1, 2, \cdots, n\}$ すなわち $|x_1| = \cdots = |x_n|$ ならば (i) の証明と同様にして

$$|a_{ii}| \leqq \sum_{j\neq i} |a_{ij}|, \quad i = 1, 2, \cdots, n$$

を得て，A の既約優対角性の仮定に矛盾する．したがって $|x_k| > |x_j|$ なる x_j がある．このとき

$$|\lambda|\,|a_{kk}|\,|x_k| \leqq \sum_{j\neq k} |a_{kj}|\,|x_j| \leqq |\lambda| \left(\sum_{j\in J} |a_{kj}|\,|x_j| + \sum_{j\notin J} |a_{kj}|\,|x_j| \right) \tag{4.20}$$

しかし，$j \notin J$ ならば $a_{kj} = 0$ である．(もし $a_{kj} \neq 0$ なる $j \notin J$ があれば

$$\sum_{j\notin J} |a_{kj}|\,|x_j| < \sum_{j\notin J} |a_{kj}|\,|x_k|$$

よって (4.20) より

$$|\lambda|\,|a_{kk}|\,|x_k| < |\lambda| \left(\sum_{j\neq k} |a_{kj}| \right) |x_k|$$

これより $|a_{kk}| < \sum_{j\neq k} |a_{kj}|$ となって矛盾をひき起こす.)

ゆえに,

$$k \in J,\ j \notin J \quad \Rightarrow \quad a_{kj} = 0$$

が成り立ち，A は可約となる．これは再び矛盾であるから $|\lambda| < 1$ でなければならない．すなわち $\rho(M^{-1}N) < 1$ である．（証明終）

なお SOR 法に関し，次の結果が知られている．

定理 4.4 n 次行列 A が狭義優対角または既約優対角で，$0 < \omega < 1$ のとき SOR 法は収束する．

【証明】 読者の演習としよう（演習問題 3 および山本・北川 [7] 参照）．

定理 4.5（**Kahan**（カハン）） SOR 法において，$H_\omega = M^{-1}N$ とおくとき，任意の実数 $\omega \neq 0$ について

$$\rho(H_\omega) \geqq |\omega - 1|$$

したがって，SOR 法が収束するためには，$0 < \omega < 2$ でなければならない．

【証明】 H_ω の固有値を $\lambda_1, \lambda_2, \cdots, \lambda_n$ とすれば

$$\lambda_1\lambda_2\cdots\lambda_n = \det(H_\omega) = \det(M^{-1})\det(N) = (1-\omega)^n$$

ゆえに

$$\rho(H_\omega) \geqq |\lambda_1\lambda_2\cdots\lambda_n|^{\frac{1}{n}} = |1-\omega|$$

（証明終）

定理 4.6（**Ostrowski**） $A = [a_{ij}]$ は n 次実対称行列で $a_{ii} > 0$ $(1 \leqq i \leqq n)$ かつ $0 < \omega < 2$ とする．このとき，SOR 法が収束するための必要十分条件は A が正値であることである．また A が正値のとき，

$$\text{SOR 法が収束} \quad \Leftrightarrow \quad 0 < \omega < 2 \tag{4.21}$$

も成り立つ．

【証明】 前半部分の証明は付録Bに与えてある．ここでは，後半の部分，すなわち A の正値性を仮定して，(4.21) が成り立つことを示そう．以下の証明は Oswald（1994）によるものである．

$$H_\omega \boldsymbol{x} = \lambda \boldsymbol{x}, \quad \boldsymbol{x} \neq \boldsymbol{0}$$

（固有値 λ が複素数のとき，$\boldsymbol{x}$ は一般に複素ベクトル）

とすれば $A = D + L + L^t$（D：対角，L：狭義下3角）より

$$\{(1-\omega)\, D - \omega L^t\}\boldsymbol{x} = \lambda\, (D + \omega L)\boldsymbol{x}$$

$\boldsymbol{x}$ との内積をとり

$$(1-\omega)(D\boldsymbol{x},\, \boldsymbol{x}) - \omega\, (L^t\boldsymbol{x},\, \boldsymbol{x}) = \lambda\, (D\boldsymbol{x},\, \boldsymbol{x}) + \lambda\omega\, (L\boldsymbol{x},\, \boldsymbol{x}) \quad (4.22)$$

ここで

$$L^t = \frac{L^t + L}{2} + \frac{L^t - L}{2} = \frac{L^t + L}{2} + \frac{K}{2}, \quad L = \frac{L^t + L}{2} - \frac{K}{2}, \quad K = L^t - L$$

と書き表し，(4.22) に代入すれば

$$\begin{aligned} &2\,(1-\omega)(D\boldsymbol{x},\, \boldsymbol{x}) - \omega\, ((L^t + L)\boldsymbol{x},\, \boldsymbol{x}) - \omega\, (K\boldsymbol{x},\, \boldsymbol{x}) \\ &= 2\lambda\, (D\boldsymbol{x},\, \boldsymbol{x}) + \lambda\omega\, ((L + L^t)\, \boldsymbol{x},\, \boldsymbol{x}) - \lambda\omega\, (K\boldsymbol{x},\, \boldsymbol{x}), \end{aligned}$$

$$\begin{aligned} &(2-\omega)(D\boldsymbol{x},\, \boldsymbol{x}) - \omega\, ((D + L^t + L)\, \boldsymbol{x},\, \boldsymbol{x}) - \omega\, (K\boldsymbol{x},\, \boldsymbol{x}) \\ &= 2\lambda\, (D\boldsymbol{x},\, \boldsymbol{x}) - \lambda\omega\, (D\boldsymbol{x},\, \boldsymbol{x}) + \lambda\omega\, ((D + L + L^t)\, \boldsymbol{x},\, \boldsymbol{x}) - \lambda\omega\, (K\boldsymbol{x},\, \boldsymbol{x}) \end{aligned}$$

$$\therefore\ \lambda = \frac{(2-\omega)(D\boldsymbol{x},\, \boldsymbol{x}) - \omega\, (A\boldsymbol{x},\, \boldsymbol{x}) - \omega\, (K\boldsymbol{x},\, \boldsymbol{x})}{(2-\omega)(D\boldsymbol{x},\, \boldsymbol{x}) + \omega\, (A\boldsymbol{x},\, \boldsymbol{x}) - \omega\, (K\boldsymbol{x},\, \boldsymbol{x})}$$

$K^t = -K$ であるから，K は交代行列であり，$(K\boldsymbol{x},\, \boldsymbol{x})$ は純虚数または0である．

$$\left[\begin{array}{rcl} \because (K\boldsymbol{x},\, \boldsymbol{x}) + \overline{(K\boldsymbol{x},\, \boldsymbol{x})} & = & (K\boldsymbol{x},\, \boldsymbol{x}) + (\boldsymbol{x},\, K\boldsymbol{x}) \\ & = & (K\boldsymbol{x},\, \boldsymbol{x}) + (K^t\boldsymbol{x},\, \boldsymbol{x}) \\ & = & (K\boldsymbol{x},\, \boldsymbol{x}) + (-K\boldsymbol{x},\, \boldsymbol{x}) = 0 \end{array}\right]$$

よって

$$\lambda = \frac{\beta + i\kappa}{\alpha + i\kappa}, \quad i\kappa = (K\boldsymbol{x}, \boldsymbol{x}),$$
$$\alpha = (2-\omega)(D\boldsymbol{x},\, \boldsymbol{x}) + \omega\,(A\boldsymbol{x},\, \boldsymbol{x}), \quad \beta = (2-\omega)(D\boldsymbol{x},\, \boldsymbol{x}) - \omega\,(A\boldsymbol{x},\, \boldsymbol{x})$$

とかくことができ

$$\begin{aligned} |\lambda| < 1 \Leftrightarrow \frac{\beta^2 + \kappa^2}{\alpha^2 + \kappa^2} < 1 &\Leftrightarrow \beta^2 < \alpha^2 \\ &\Leftrightarrow 4\,(2-\omega)\,\omega\,(D\boldsymbol{x},\, \boldsymbol{x})(A\boldsymbol{x},\, \boldsymbol{x}) > 0 \\ &\Leftrightarrow (2-\omega)\,\omega > 0 \\ &\quad (\because \boldsymbol{x} \neq \boldsymbol{0} \text{ より } (D\boldsymbol{x},\, \boldsymbol{x}) > 0, \quad (A\boldsymbol{x},\, \boldsymbol{x}) > 0) \\ &\Leftrightarrow 0 < \omega < 2. \end{aligned}$$

（証明終）

●注意 2 SOR 法の収束速度を最大にするには，スペクトル半径 $\rho\,(H_\omega)$ を最小にすればよい．楕円型偏微分方程式を離散近似して生じるある種の行列に対し，この意味における ω の最適値 $\omega_{\rm opt}$ は，Young その他により求められている．

たとえば，A が正値対称なブロック 3 重対角行列

$$A = \begin{bmatrix} A_{11} & A_{12} & & & \\ A_{21} & A_{22} & A_{23} & & \\ & \ddots & \ddots & \ddots & \\ & & \ddots & \ddots & A_{m-1\,m} \\ & & & A_{m\,m-1} & A_{mm} \end{bmatrix}, A_{ij}^t = A_{ji}$$

ならば $D = {\rm diag}\,(A_{11}, \cdots, A_{mm})$，$B = D^{-1}\,(D-A)$（ブロック Jacobi 行列）とおくとき，$\rho\,(B) < 1$ でブロック SOR 法の最適パラメータは

$$\begin{aligned} \omega_{\rm opt} &= \frac{2}{1 + \sqrt{1 - \rho\,(B)^2}} & \text{(Varga [24])} \\ &= 1 + \left(\frac{\rho\,(B)}{1 + \sqrt{1 - \rho\,(B)^2}} \right)^2 & \text{(Young, 1950)} \end{aligned}$$

である．したがって $\omega_{\rm opt} > 1$．ただし，$\rho\,(B)$ を求めることはやっかいであり，実計算において $\omega_{\rm opt}$ を決定することは容易ではない．

4.5 共役勾配法（CG 法）

Hestenes–Stiefel（1952）により開発された共役勾配法（conjugate gradient method，以下略して CG 法）は次により定義される．

$$\boldsymbol{p}^{(0)} = \boldsymbol{r}^{(0)} = \boldsymbol{b} - A\boldsymbol{x}^{(0)}$$

$$\boldsymbol{x}^{(\nu+1)} = \boldsymbol{x}^{(\nu)} + \alpha_\nu \boldsymbol{p}^{(\nu)}$$

$$\boldsymbol{r}^{(\nu+1)} = \boldsymbol{r}^{(\nu)} - \alpha_\nu A\boldsymbol{p}^{(\nu)} \quad (= \boldsymbol{b} - A\boldsymbol{x}^{(\nu+1)})$$

$$\boldsymbol{p}^{(\nu+1)} = \boldsymbol{r}^{(\nu+1)} + \beta_\nu \boldsymbol{p}^{(\nu)}$$

$$\alpha_\nu = \frac{(\boldsymbol{r}^{(\nu)},\ \boldsymbol{r}^{(\nu)})}{(\boldsymbol{p}^{(\nu)},\ A\boldsymbol{p}^{(\nu)})},\ \beta_\nu = \frac{(\boldsymbol{r}^{(\nu+1)},\ \boldsymbol{r}^{(\nu+1)})}{(\boldsymbol{r}^{(\nu)},\ \boldsymbol{r}^{(\nu)})}, \quad \nu = 0,\ 1,\ 2,\ \cdots$$

この方法は次の性質をもつ（証明略）．

定理 4.7 $\mathcal{K}_\nu = \mathrm{span}(\boldsymbol{r}^{(0)},\ A\boldsymbol{r}^{(0)},\ \cdots,\ A^{(\nu-1)}\boldsymbol{r}^{(0)})$ ($\boldsymbol{r}^{(0)},\ A\boldsymbol{r}^{(0)},\ \cdots,\ A^{(\nu-1)}\boldsymbol{r}^{(0)}$ により張られる線形空間）($\nu \geqq 1$) とすれば，$\boldsymbol{x}^{(\nu)}$ は集合 $\boldsymbol{x}^{(\nu)} + \mathcal{K}_\nu$ の上で

$$f(\boldsymbol{x}) = \frac{1}{2}(A\boldsymbol{x},\ \boldsymbol{x}) - (\boldsymbol{b},\ \boldsymbol{x})$$

を最小にし，かつ

$$f(\boldsymbol{x}^{(\nu+1)}) = f(\boldsymbol{x}^{(\nu)}) - \frac{1}{2}\frac{(\boldsymbol{r}^{(\nu)},\ \boldsymbol{r}^{(\nu)})^2}{(\boldsymbol{p}^{(\nu)},\ A\boldsymbol{p}^{(\nu)})} \leqq f(\boldsymbol{x}^{(\nu)})$$

が成り立つ．$\mathcal{K}_\nu$ を Krylov（クリロフ）部分空間，$\boldsymbol{x}^{(0)}$，$A\boldsymbol{x}^{(0)}$，$\cdots$ を Krylov 列という．

定理 4.8 A が n 次実正値対称行列（$\boldsymbol{x}^t A\boldsymbol{x} > 0,\ \forall \boldsymbol{x} \neq \boldsymbol{0}$）ならば，任意の初期値 $\boldsymbol{x}^{(0)}$ に対し，CG 法は高々n 回の反復で $A\boldsymbol{x} = \boldsymbol{b}$ の一意解 $\boldsymbol{x}^*$ に収束する．もし A の相異なる固有値が k 個ならば，反復は高々k 回で終了（収束）する．

定理 4.9（**Axelsson - Barker**（アクセルソン・バーカー））　前定理の仮定の下で A の固有値を $\lambda_1 \geqq \cdots \geqq \lambda_n > 0$ とし，$\|\boldsymbol{x}\|_A = \sqrt{(A\boldsymbol{x},\ \boldsymbol{x})}$ とおくとき

$$\|\boldsymbol{x}^{(\nu)} - \boldsymbol{x}^*\|_A \leqq \frac{1}{T_\nu\left(\dfrac{\lambda_1 + \lambda_n}{\lambda_1 - \lambda_n}\right)}\|\boldsymbol{x}^{(0)} - \boldsymbol{x}^*\|_A$$
$$\leqq 2\left(\frac{\sqrt{\lambda_1} - \sqrt{\lambda_n}}{\sqrt{\lambda_1} + \sqrt{\lambda_n}}\right)^\nu \|\boldsymbol{x}^{(0)} - \boldsymbol{x}^*\|_A$$

ただし $T_\nu(x)$ は ν 次 Chebyshev（チェビシェフ）の多項式（§ 8.6 参照）である．

定理 4.8 の性質によって，CG 法は当初直接法とみなされていたが，大次元行列に適用するときは適当なところで反復を打ち切ることが多く，現在では反復法とみなされている．

CG 法の収束速度は係数行列 A の固有値の分布に依存するが，一般に分布の幅が広ければ

$$\frac{\sqrt{\lambda_1} - \sqrt{\lambda_n}}{\sqrt{\lambda_1} + \sqrt{\lambda_n}} \risingdotseq 1$$

であって，収束は速いとはいえない．しかし，$A\boldsymbol{x} = \boldsymbol{b}$ の両辺に左から適当な正則行列 S を乗じて $\boldsymbol{y} = (S^t)^{-1}\boldsymbol{x}$ に関する方程式

$$SAS^t\boldsymbol{y} = S\boldsymbol{b} \quad \text{（この方程式の解}\boldsymbol{y}^*\text{から}\boldsymbol{x}^* = S^t\boldsymbol{y}^*\text{をつくれば求める解）}$$

をつくり，係数行列 SAS^t の固有値の分布を密集させることができれば収束は速くなる．このような操作を（事）前処理（preconditioning），S を（事）前処理行列（preconditioner）という．

CG 法系統（CG 法とその変種）の解法は大次元の連立 1 次方程式が本格的に解かれはじめた 1980 年頃より注目を浴び，類似な解法が提案されて，現在では Jacobi 法，Gauss - Seidel 法，SOR 法等のオーソドックスな解法を完全に凌駕する状況になっている．また非対称行列への適用も試みられている．しかしながら，前処理行列 S の選び方は問題毎に異なり，決定版といえる解法はまだ存在していない．

4.6 解の評価

この節では，何らかの方法により $A\boldsymbol{x} = \boldsymbol{b}$ の近似解を求めたとき，その誤差を評価する基本的結果を述べる．

補題 4.1 $||I|| = 1$ をみたす行列ノルム $||\cdot||$ につき $||A|| < 1$ ならば，

$$\frac{1}{1+||A||} \leqq ||(I \pm A)^{-1}|| \leqq \frac{1}{1-||A||}$$

【証明】 系 3.4.2 によって $||A|| < 1$ ならば $I \pm A$ は正則である．さて，$I = (I-A)(I-A)^{-1}$ より，$(I-A)^{-1} = I + A(I-A)^{-1}$
両辺のノルムをとれば

$$||(I-A)^{-1}|| \leqq 1 + ||A|| \cdot ||(I-A)^{-1}||,$$

よって

$$||(I-A)^{-1}|| \leqq 1/(1-||A||) \tag{4.23}$$

一方

$$\begin{aligned} 1 = ||I|| = ||(I-A)(I-A)^{-1}|| &\leqq ||I-A|| \cdot ||(I-A)^{-1}|| \\ &\leqq (I + ||A||)||(I-A)^{-1}|| \end{aligned}$$

これより

$$1/(1+||A||) \leqq ||(I-A)^{-1}|| \tag{4.24}$$

を得る．残りの不等式を得るためには (4.23)，(4.24) において，A を $-A$ でおきかえればよい． (証明終)

補題 4.2 A, C は n 次行列で，$R = AC - I$ かつ $||R|| < 1$ とする．このとき，A, C は正則で

$$||A^{-1}|| \leqq ||C||/(I - ||R||)$$

【証明】 $AC = I + R$, $||R|| < 1$. ゆえに，AC は正則 (系 3.4.2)．したがって，A, C も正則である．よって

$$A = (I+R)C^{-1}, \quad A^{-1} = C\,(I+R)^{-1}$$

とかけて

$$||A^{-1}|| \leqq ||C|| \cdot ||(I+R)^{-1}|| \leqq ||C||/(1-||R||) \quad \text{（補題 4.1 による）}$$

（証明終）

定理 4.10 A を正則とする．$A\boldsymbol{x}=\boldsymbol{b}$ の近似解を $\tilde{\boldsymbol{x}}$, $\boldsymbol{r}=A\tilde{\boldsymbol{x}}-\boldsymbol{b}$（残差ベクトル）とすれば

$$||\boldsymbol{x}-\tilde{\boldsymbol{x}}|| \leqq ||\boldsymbol{r}|| \cdot ||A^{-1}|| \tag{4.25}$$

さらに，$R=AC-I$, $||R||<1$ をみたす行列 C をとれば

$$||\boldsymbol{x}-\tilde{\boldsymbol{x}}|| \leqq ||\boldsymbol{r}|| \cdot ||C||/(1-||R||) \tag{4.26}$$

【証明】 $\tilde{\boldsymbol{x}}=A^{-1}(\boldsymbol{b}+\boldsymbol{r})=\boldsymbol{x}+A^{-1}\boldsymbol{r}$ より（4.25）を得る．(4.26) は補題 4.2 による．

（証明終）

● 注意 1 この結果によれば，残差ベクトル $\boldsymbol{r}$ の大きさだけで，近似解の精度を判定することはできない．

■ 例 方程式 $A\boldsymbol{x}=\boldsymbol{b}$ と，その近似解 $\tilde{\boldsymbol{x}}$ とを次のようにおく．

$$\begin{cases} 10x_1+7x_2+8x_3+7x_4=32 \\ 7x_1+5x_2+6x_3+5x_4=23 \\ 8x_1+6x_2+10x_3+9x_4=33 \\ 7x_1+5x_2+9x_3+10x_4=31 \end{cases}, \qquad \tilde{\boldsymbol{x}}=\begin{bmatrix} 1.50 \\ 0.18 \\ 1.19 \\ 0.89 \end{bmatrix}$$

このとき，

$$\boldsymbol{r}=A\tilde{\boldsymbol{x}}-\boldsymbol{b}=[0.01,\ -0.01,\ -0.01,\ 0.01]^t$$

しかし，真の解は $x_1=x_2=x_3=x_4=1$.

● 注意 2 A が 0 に近い固有値 λ をもてば，対応する固有ベクトルを $\boldsymbol{u}$ ($||\boldsymbol{u}||=1$) とするとき，$\tilde{\boldsymbol{x}}=\boldsymbol{x}+\boldsymbol{u}$ は残差を小にする．

定理 4.11 反復（4.18）においては，仮定 $||H||<1$ の下で，

$$\frac{\varepsilon_\nu}{1+||H||} \leqq ||\boldsymbol{x}^{(\nu)}-\boldsymbol{x}|| \leqq \frac{\varepsilon_\nu}{1-||H||} \leqq \frac{||H||^\nu \varepsilon_0}{1-||H||}$$

ただし，$\varepsilon_\nu=||\boldsymbol{x}^{(\nu)}-\boldsymbol{x}^{(\nu+1)}||$ とおいた．

【証明】

$$\boldsymbol{x}^{(\nu+1)} - \boldsymbol{x} = (H\boldsymbol{x}^{(\nu)} + \boldsymbol{c}) - (H\boldsymbol{x} + \boldsymbol{c}) = H(\boldsymbol{x}^{(\nu)} - \boldsymbol{x})$$

であるから，

$$\begin{aligned}\varepsilon_\nu = ||\boldsymbol{x}^{(\nu+1)} - \boldsymbol{x}^{(\nu)}|| &\leqq ||\boldsymbol{x}^{(\nu+1)} - \boldsymbol{x}|| + ||\boldsymbol{x}^{(\nu)} - \boldsymbol{x}|| \\ &\leqq (||H|| + 1)||\boldsymbol{x}^{(\nu)} - \boldsymbol{x}||\end{aligned}$$

かつ

$$||\boldsymbol{x}^{(\nu)} - \boldsymbol{x}|| \leqq ||\boldsymbol{x}^{(\nu)} - \boldsymbol{x}^{(\nu+1)}|| + ||\boldsymbol{x}^{(\nu+1)} - \boldsymbol{x}|| \leqq \varepsilon_\nu + ||H||\ ||\boldsymbol{x}^{(\nu)} - \boldsymbol{x}||$$

また

$$\boldsymbol{x}^{(\nu+1)} - \boldsymbol{x}^{(\nu)} = (H\boldsymbol{x}^{(\nu)} + \boldsymbol{c}) - (H\boldsymbol{x}^{(\nu-1)} + \boldsymbol{c}) = H(\boldsymbol{x}^{(\nu)} - \boldsymbol{x}^{(\nu-1)})$$

より，

$$\varepsilon_\nu \leqq ||H||\varepsilon_{\nu-1} \leqq \cdots \leqq ||H||^\nu \varepsilon_0$$

これらの不等式を併せて定理4.11が従う． （証明終）

4.7 解きにくい方程式

最初に，次の例をみよう．

例1 方程式

$$\begin{cases} 0.4x_1 + \ \ 1.2x_2 \ \ = \ \ 5.2 & (4.27) \\ 3.5x_1 + 10.501x_2 = 45.504 & (4.28) \end{cases}$$

の解は $x_1 = 1$, $x_2 = 4$ である．一方，第2式の定数項を微小変化させた方程式

$$\begin{cases} 0.4x_1 + \ \ 1.2x_2 \ \ = \ \ 5.2 & (4.29) \\ 3.5x_1 + 10.501x_2 = 45.501 & (4.30) \end{cases}$$

の解は $x_1 = 10$, $x_2 = 1$ である（この解を（4.27），(4.28）に対する近似解とみなせば，その残差は $[0,\ -0.003]^t$ である）．

このように，方程式をわずかに変えたとき，解が大きく変化する方程式を，通常解きにくい方程式という．この事情は，次の定理によって，ある程度説明される．

定理 4.12　A は正則で，$A\boldsymbol{x}=\boldsymbol{b}$，$(A+\Delta A)(\boldsymbol{x}+\Delta\boldsymbol{x})=\boldsymbol{b}+\Delta\boldsymbol{b}$. $||\Delta A||\cdot||A^{-1}||<1$，$\kappa=||A^{-1}||\cdot||A||$（$\Delta A$ は行列，$\Delta\boldsymbol{x}$，$\Delta\boldsymbol{b}$ はベクトル）とすれば

$$\frac{||\Delta\boldsymbol{x}||}{||\boldsymbol{x}||}\leqq\frac{\kappa}{1-\kappa\cdot(||\Delta A||/||A||)}\left(\frac{||\Delta A||}{||A||}+\frac{||\Delta\boldsymbol{b}||}{||\boldsymbol{b}||}\right)\tag{4.31}$$

【証明】　$||A^{-1}\Delta A||\leqq||A^{-1}||\cdot||\Delta A||<1$ であるから，$I+A^{-1}\Delta A$ は正則で

$$||(I+A^{-1}\Delta A)^{-1}||\leqq 1/(1-||A^{-1}\Delta A||)\leqq 1/(1-||A^{-1}||\cdot||\Delta A||)$$

一方

$$A^{-1}(A+\Delta A)(\boldsymbol{x}+\Delta\boldsymbol{x})=A^{-1}(\boldsymbol{b}+\Delta\boldsymbol{b})$$

より

$$A^{-1}\cdot\Delta A\cdot\boldsymbol{x}+(I+A^{-1}\Delta A)\Delta\boldsymbol{x}=A^{-1}\Delta\boldsymbol{b}$$

ゆえに

$$\begin{aligned}||\Delta\boldsymbol{x}||&=||(I+A^{-1}\Delta A)^{-1}(A^{-1}\Delta\boldsymbol{b}-A^{-1}\cdot\Delta A\cdot\boldsymbol{x})||\\&\leqq\frac{1}{1-||A^{-1}||\,||\Delta A||}(||A^{-1}||\cdot||\Delta\boldsymbol{b}||+||A^{-1}||\cdot||\Delta A||\cdot||\boldsymbol{x}||),\end{aligned}$$

$$\frac{||\Delta\boldsymbol{x}||}{||\boldsymbol{x}||}\leqq\frac{||A^{-1}||}{1-||A^{-1}||\cdot||\Delta A||}\left(\frac{||\Delta\boldsymbol{b}||}{||\boldsymbol{x}||}+||\Delta A||\right)$$

ところで，$||\boldsymbol{b}||=||A\boldsymbol{x}||\leqq||A||\cdot||\boldsymbol{x}||$ より $1/||\boldsymbol{x}||\leqq||A||/||\boldsymbol{b}||$ である．これを上式に代入して変形すれば (4.31) が得られる．（証明終）

この定理から，解の変化について，次のことがわかる．

(i)　κ が小ならば，A，$\boldsymbol{b}$ の微小変化に対し解 $\boldsymbol{x}$ の相対変化も微小．したがって，この場合，解は安定である．

(ii)　κ が大ならば，A，$\boldsymbol{b}$ の微小変化に対して解 $\boldsymbol{x}$ の相対変化は大きくなり得る．(断定はできないが.) すなわち，解は不安定である可能性が高い．

そこで，$\kappa=||A||\cdot||A^{-1}||$ を A の**条件数**といい，κ が大きいとき，方程式は**悪条件である**という．以下，κ を cond (A) とかくことにしよう．上の考察から明らかなように，悪条件の方程式が必ずしも解きにくいわけではない．一種

の危険信号と考えるべきである（演習問題9をみよ）.

例2　例1の方程式においては，最大ノルム $||\cdot||_\infty$ を用いて，

$$||\Delta A||_\infty = 0,\ ||\Delta \boldsymbol{b}||_\infty = 0.003,\ ||\boldsymbol{b}||_\infty = 45.504,\ ||\boldsymbol{x}||_\infty = 4,\ ||\Delta \boldsymbol{x}||_\infty = 9$$

ゆえに，A^{-1} を計算するまでもなく，(4.31) より

$$\mathrm{cond}_\infty(A) \geqq \frac{9}{4} \times \frac{45.504}{0.003} = 34128.0$$

したがって，(4.27)，(4.28) は悪条件の方程式である.

例3　A が正則な実対称行列のとき，行列ノルムとしてスペクトル ノルムをとれば

$$\mathrm{cond}_2(A) = ||A||_2||A^{-1}||_2 = \frac{\max|\lambda_i|}{\min|\lambda_i|}$$

注意1　一般に，条件数の計算には逆行列または固有値に関する情報を要し，その評価は面倒である．逆行列を用いない評価法（簡便法）を演習問題10および11に記す.

注意2　「解きにくさ」の幾何学的意味　$\tilde{\boldsymbol{x}} = [\tilde{x}_1,\ \tilde{x}_2]^t$ を2元連立方程式

$$A\boldsymbol{x} = \boldsymbol{b}\ :\begin{cases} a_{11}x_1 + a_{12}x_2 = b_1 & (4.32) \\ a_{21}x_1 + a_{22}x_2 = b_2 & (4.33) \end{cases}$$

の近似解で，ある正数 ε につき $||A\tilde{\boldsymbol{x}} - \boldsymbol{b}||_\infty < \varepsilon$ をみたすものとすれば

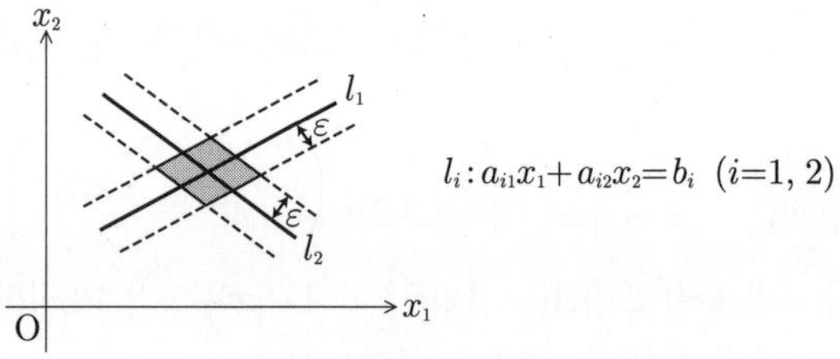

図 4.1

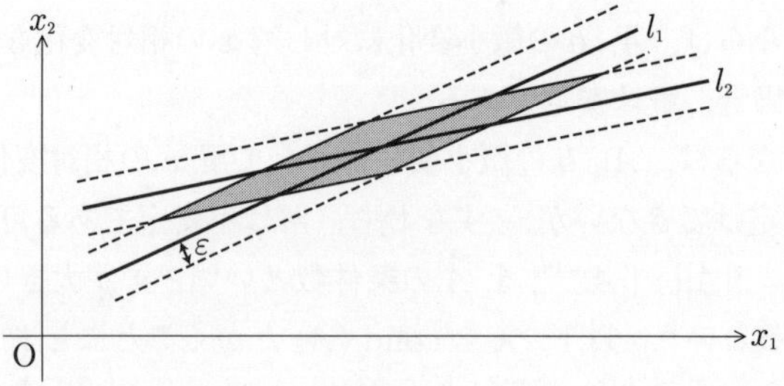

図 4.2

$$|a_{11}\tilde{x}_1 + a_{12}\tilde{x}_2 - b_1| < \varepsilon, \quad |a_{21}\tilde{x}_1 + a_{22}\tilde{x}_2 - b_2| < \varepsilon \tag{4.34}$$

(4.34) をみたす範囲は図 4.1 の陰影部分（内部）であるが，直線 (4.32)，(4.33) が平行に近い位置関係にあれば，この図形は図 4.2 のように細長く伸びる．ゆえに，近似解 $\tilde{\boldsymbol{x}}$ が，十分小なる ε に対し，(4.34) をみたしていても，真の解（2 直線 (4.32)，(4.33) の交点）からはるかに離れている可能性が生じる．これが「解きにくさ」の幾何学的意味である．一般の場合についていえば，n 個の超平面

$$\pi_i : a_{i1}x_1 + \cdots + a_{i1}x_n = b_i, \quad i = 1, 2, \cdots, n$$

の一部が，平行に近い位置関係にあることである．たとえば，π_i と π_j が平行に近いための条件は

$$\cos\theta_{ij} = \frac{a_{i1}a_{j1} + \cdots + a_{in}a_{jn}}{\sqrt{{a_{i1}}^2 + \cdots + {a_{in}}^2}\sqrt{{a_{j1}}^2 + \cdots + {a_{jn}}^2}} \fallingdotseq 1$$

ここに，θ_{ij} は π_i と π_j のなす角を表す．

●注意 3（**解の補正**）$A\boldsymbol{x} = \boldsymbol{b}$ の近似値 $\boldsymbol{x}^{(0)}$ を何らかの方法により求めたとする．$\boldsymbol{x}^{(0)}$ の精度をあげるのに，次のような逐次補正がしばしば有効である．

$$\left.\begin{array}{ll}
\text{(C1)} & 残差\ \boldsymbol{r}^{(\nu)} = \boldsymbol{b} - A\boldsymbol{x}^{(\nu)}\ を高精度（多倍長）計算する． \\
\text{(C2)} & 方程式\ A\boldsymbol{z} = \boldsymbol{r}^{(\nu)}\ を解きその解を\ \boldsymbol{z}^{(\nu)}\ とする． \\
\text{(C3)} & \boldsymbol{x}^{(\nu+1)} = \boldsymbol{x}^{(\nu)} + \boldsymbol{z}^{(\nu)}\ とおく．
\end{array}\right\} \quad (\nu = 0,\ 1,\ 2,\ \cdots)$$

これを**反復改良法**という．この反復は通常 1，2 回実行する．

演 習 問 題

1　$||A||_2 \leqq ||A||_E \leqq \sqrt{n}||A||_2$ であることを示せ．

2　β 進 t 桁のコンピュータを用い，2 元連立方程式

$$\begin{cases} \varepsilon x_1 + x_2 \ = 1 \\ \varepsilon x_1 + \varepsilon x_2 = 2\varepsilon \end{cases} \qquad (|\varepsilon| < \beta^{-t-1},\ fl\,(\varepsilon) = \varepsilon)$$

を解くとする．単純消去法，部分および完全ピボット選択法による解を求め，3 者を比較せよ．

3　行列 A が狭義優対角のとき，初期値 $\boldsymbol{x}^{(0)}$ の選択に関係なく，Gauss–Seidel 法，および $0 < \omega < 1$ の SOR 法は収束することを示せ．

4　次の方程式を並べかえて，Jacobi 法と Gauss–Seidel 法とが使えるようにせよ．

$$\begin{cases} 2x_1 + 12x_2 + x_3 - x_4 = 0.30 \\ 4x_1 - 2x_2 + x_3 + 20x_4 = 62.80 \\ x_1 + 3x_2 - 24x_3 + 2x_4 = -53.75 \\ 16x_1 - x_2 + x_3 + 2x_4 = 10.05 \end{cases}$$

次に，適当な初期値から出発して，これを解け．

5 n 次正則行列 A に対し $X^{(\nu+1)} = X^{(\nu)}(2I - AX^{(\nu)})$ とおく．行列の列 $\{X^{(\nu)}\}$ が A^{-1} に収束するための必要十分条件は $\rho(I - AX^{(0)}) < 1$ であることを示せ．

6 次の形の行列を 3 重対角行列という．

$$A = \begin{bmatrix} b_1 & c_1 & & & \\ a_1 & b_2 & c_2 & & \\ & \ddots & \ddots & \ddots & \\ & & & & c_{n-1} \\ & & & a_{n-1} & b_n \end{bmatrix}$$

仮定

$$b_1 \neq 0, \quad \begin{vmatrix} b_1 & c_1 \\ a_1 & b_2 \end{vmatrix} \neq 0, \ \cdots, \ \det(A) \neq 0$$

の下で，A は次の形に LU 分解できることを証明せよ．

$$A = \begin{bmatrix} 1 & & & \\ a_1/r_1 & 1 & & \\ & \ddots & \ddots & \\ & & a_{n-1}/r_{n-1} & 1 \end{bmatrix} \begin{bmatrix} r_1 & c_1 & & & \\ & r_2 & c_2 & & \\ & & \ddots & \ddots & \\ & & & & c_{n-1} \\ & & & & r_n \end{bmatrix},$$

$$r_1 = b_1, \quad r_{i+1} = b_{i+1} - \frac{a_i c_i}{r_i} \quad (i \geqq 1)$$

7 補題 4.2 の仮定の下で，次の不等式が成り立つことを示せ．

$$\|A^{-1} - C\| \leqq \|C\| \cdot \|R\| / (1 - \|R\|)$$

8 $\|I\| = 1$ をみたす任意の行列ノルムに対し $\mathrm{cond}(A) \geqq 1$ である．なぜか．

9 $$A = \begin{bmatrix} 1 & -1 & & & \\ -1 & 2 & -1 & & \\ & \ddots & \ddots & \ddots & \\ & & & & -1 \\ & & & -1 & 2 \end{bmatrix} \text{ならば}\quad A^{-1} = \begin{bmatrix} n & n-1 & \cdots & 2 & 1 \\ n-1 & n-1 & \cdots & 2 & 1 \\ \vdots & \vdots & & \vdots & \vdots \\ 2 & 2 & \cdots & 2 & 1 \\ 1 & 1 & \cdots & 1 & 1 \end{bmatrix}$$

であることを示せ．

n が大ならこの行列の条件数は大であるが，方程式 $A\boldsymbol{x} = \boldsymbol{b}$ は容易に解けることを示せ．

10 行列 $A = [a_{ij}]$ を狭義優対角とし，$d_i = |a_{ii}| - \sum_{j \neq i} |a_{ij}|$，$d = \min_i d_i$ とおけば

$$\|A^{-1}\|_\infty \leqq \frac{1}{d} \quad \text{したがって} \quad \mathrm{cond}_\infty(A) \leqq \frac{1}{d}\|A\|_\infty$$

であることを示せ.

11 正則でない n 次行列 B を任意にとれば

$$\mathrm{cond}\,(A) \geqq \frac{||A||}{||A-B||}$$

であることを示せ.

12 前問を用いて，$A=\begin{bmatrix} 1 & 10 \\ 10 & 101 \end{bmatrix}$ の条件数を評価せよ．また，方程式 $A\boldsymbol{x}=\boldsymbol{b}$, $b=[11,\ 111]^t$ を $\varDelta A=\begin{bmatrix} 0 & 0 \\ 0.1 & -1 \end{bmatrix}$ と変化させたときの，解の相対変化はどれだけか.

13 (**田辺の適応的加速法**) 反復 $\boldsymbol{x}^{(\nu+1)}=H\boldsymbol{x}^{(\nu)}+\boldsymbol{c}$ を，SOR 法と同じく

$$\begin{cases} \hat{\boldsymbol{x}}^{(\nu+1)}=H\boldsymbol{x}^{(\nu)}+\boldsymbol{c} \\ \boldsymbol{x}^{(\nu+1)}=\boldsymbol{x}^{(\nu)}+\omega\,(\hat{\boldsymbol{x}}^{(\nu+1)}-\boldsymbol{x}^{(\nu)}) \end{cases}$$

により加速する．上式をまとめて

$$\boldsymbol{x}^{(\nu+1)}=Q\,(\omega)\boldsymbol{x}^{(\nu)}+\omega\boldsymbol{c}, \quad Q\,(\omega)=I+\omega\,(H-I)$$

とかくとき，次のことを示せ.

(i) $\varphi\,(\omega)=||Q\,(\omega)\boldsymbol{d}^{(\nu)}||_2{}^2$ $(\boldsymbol{d}^{(\nu)}=\hat{\boldsymbol{x}}^{(\nu+1)}-\boldsymbol{x}^{(\nu)})$ は

$$\omega=\omega_\nu\equiv\frac{(\boldsymbol{d}^{(\nu)},\,\boldsymbol{d}^{(\nu)}-\boldsymbol{f}^{(\nu)})}{||\boldsymbol{f}^{(\nu)}-\boldsymbol{d}^{(\nu)}||_2{}^2} \quad (\boldsymbol{f}^{(\nu)}=H\boldsymbol{d}^{(\nu)})$$

のとき最小である．(ω_ν は

$$||\boldsymbol{x}^{(\nu+1)}-\boldsymbol{\alpha}||_2=||Q\,(\omega)\cdot(\boldsymbol{x}^{(\nu)}-\boldsymbol{\alpha})||_2 \quad (\boldsymbol{\alpha}\text{ は }\boldsymbol{x}=H\boldsymbol{x}+\boldsymbol{c}\text{ の解})$$

を最小にする ω の近似とみなせる.)

(ii) 各ステップで $\omega=\omega_\nu$ を選べば

$$||\boldsymbol{x}^{(\nu+1)}-\boldsymbol{\alpha}||_2\leqq||Q\,(\omega_\nu)\cdots Q\,(\omega_1)||_2\,||\boldsymbol{x}^{(1)}-\boldsymbol{\alpha}||_2$$

14 (**最小残差法**) $A\boldsymbol{x}=\boldsymbol{b}$ において A は n 次正則行列とするとき，反復

$$\boldsymbol{x}^{(\nu+1)}=\boldsymbol{x}^{(\nu)}+t_\nu\boldsymbol{r}^{(\nu)}, \quad \nu=0,1,2,\cdots$$

$$\boldsymbol{r}^{(\nu)}=\boldsymbol{b}-A\boldsymbol{x}^{(\nu)}, \quad t_\nu=\frac{(A\boldsymbol{r}^{(\nu)},\boldsymbol{r}^{(\nu)})}{(A\boldsymbol{r}^{(\nu)},A\boldsymbol{r}^{(\nu)})}$$

を**最小残差法** (method of minimum residual) (Krasnoselski–Krein (クラス

ノセルスキー・クライン），1952）という．次を示せ．

(i) $f(\boldsymbol{x}) = ||A\boldsymbol{x} - \boldsymbol{b}||_2{}^2 = (A\boldsymbol{x}, A\boldsymbol{x}) - 2(A\boldsymbol{x}, \boldsymbol{b}) + (\boldsymbol{b}, \boldsymbol{b})$ とおくとき，t_ν は $f(\boldsymbol{x}^{(\nu)} + t\boldsymbol{r}^{(\nu)})$ を最小にする t の値である．したがって

$$f(\boldsymbol{x}^{(0)}) \geqq f(\boldsymbol{x}^{(1)}) \geqq \cdots \geqq 0$$

(ii) A が実正値対称行列ならば最小残差法は方程式 $A\boldsymbol{x} = \boldsymbol{b}$ の解 $\boldsymbol{x}^*$ に収束して

$$||\boldsymbol{x}^{(\nu)} - \boldsymbol{x}^*||_2 \leqq \frac{1}{\lambda_n}\left(\frac{\lambda_1 - \lambda_n}{\lambda_1 + \lambda_n}\right)^\nu ||\boldsymbol{r}^{(0)}||_2, \quad \nu = 0, 1, 2, \cdots$$

ただし，λ_1, λ_n は A の最大，最小固有値である．

15 （**成分毎事後誤差評価法**） 行列 $A = [a_{ij}]$ とベクトル $\boldsymbol{x} = [x_1, \cdots, x_n]^t$ に対して $|A| = (|a_{ij}|), |x| = [|x_1|, \cdots, |x_n|]^t$ とおく．また $\boldsymbol{x}^{(0)}$ を $A\boldsymbol{x} = \boldsymbol{b}$ の近似解，L を A^{-1} の近似行列とし $K = I - LA = [\kappa_{ij}]$ とおく．$||\cdot||$ を任意の単調ベクトルノルム（$|\boldsymbol{x}| \geqq |\boldsymbol{y}| \Rightarrow ||\boldsymbol{x}|| \geqq ||\boldsymbol{y}||$）とし，すべての非負ベクトル $\boldsymbol{x}$ に対し

$$|K|\boldsymbol{x} \leqq ||\boldsymbol{x}||\boldsymbol{\kappa}$$

となるベクトル $\boldsymbol{\kappa}$ をとる（たとえば，最大ノルム $||\cdot||_\infty$ の場合には，$\boldsymbol{\kappa}$ の第 i 成分 κ_i を $\kappa_i = \sum_{j=1}^{n} |\kappa_{ij}|$ ととればよい）．さらに $||\boldsymbol{\kappa}|| < 1$ を仮定し

$$\boldsymbol{\varepsilon} = |L\,(A\boldsymbol{x}^{(0)} - \boldsymbol{b})|, \quad a = (1 - ||\boldsymbol{\kappa}||)^{-1}||\boldsymbol{\varepsilon}||, \quad \boldsymbol{\alpha} = \boldsymbol{\varepsilon} + a\boldsymbol{\kappa}$$

とおく．次を示せ．

(i)

$$|x_i^* - x_i^{(0)}| \leqq \alpha_i, \quad 1 \leqq i \leqq n$$

(ii) ベクトル列 $\{\boldsymbol{\alpha}^{(\nu)}\}$ を

$$\boldsymbol{\alpha}^{(0)} = \boldsymbol{\alpha}, \quad \boldsymbol{\alpha}^{(\nu+1)} = \boldsymbol{\varepsilon} + |K|\boldsymbol{\alpha}^{(\nu)}, \quad \nu = 0,\ 1,\ 2,\ \cdots$$

により定義すれば

$$\boldsymbol{\alpha}^{(0)} \geqq \boldsymbol{\alpha}^{(1)} \geqq \cdots \to \boldsymbol{\alpha}^* = (I - |K|)^{-1}\boldsymbol{\varepsilon} = [\alpha_1{}^*,\ \cdots,\ \alpha_n{}^*]^t$$

かつ

$$|x_i^* - x_i^{(0)}| \leqq \alpha_i^* \leqq \alpha_i^{(\nu)}, \quad 1 \leqq i \leqq n, \quad \nu \geqq 0.$$ （山本，1982）

5 単独非線形方程式

5.1 反　復　法

方程式

$$f(x) = 0 \tag{5.1}$$

が与えられたとしよう．$f(x) = 0$ が多項式のとき，(5.1) を**代数方程式**，そうでないとき，**超越方程式**という．これを数値的に解くには**反復法**を用いる．すなわち，適当な初期値 x_0 から出発して，(5.1) の 1 根 α に収束する列 $\{x_\nu\}$ をつくり，x_ν が α に十分近づいたとき計算を打ち切って，x_ν を近似解とするのである．収束判定は，通常，次のいずれかの条件による．

(i)　$|x_{\nu+1} - x_\nu| < \varepsilon$　(ii)　$|x_{\nu+1} - x_\nu| < \varepsilon |x_\nu|$　(iii)　$|f(x_\nu)| < \varepsilon$

ただし，ε は正数で，あらかじめ与えておく．

もちろん，上の条件がすべてみたされても，$|x_\nu - \alpha| < \varepsilon$ が成り立つとは限らない．それは図 5.1 から容易に理解されよう．

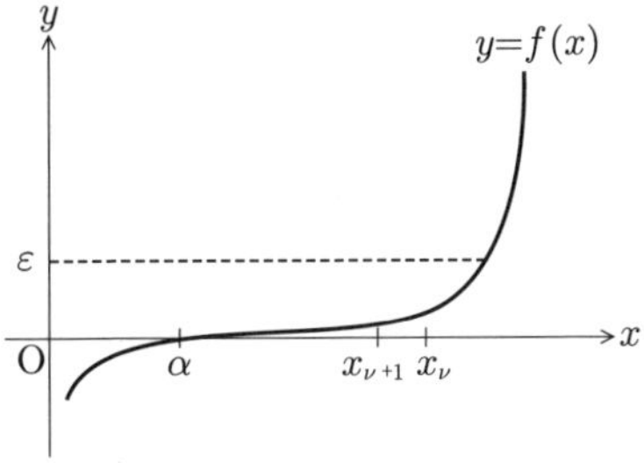

図 5.1

さて，上述の反復列 $\{x_\nu\}$ の多くは，次のようにしてつくられる．まず (5.1) を

$$x = g(x) \tag{5.2}$$

と同値変形する．たとえば，関数 $\varphi(x)$ を，求めたい根 α を含む適当な閉区間 I において $\varphi(x) \neq 0$ になるように選び

$$g(x) = x - \varphi(x) f(x) \tag{5.3}$$

とおく．次に，x_0 を適当に与えて

$$x_{\nu+1} = g(x_\nu) \quad (\nu = 0, 1, 2, \cdots) \tag{5.4}$$

とおく．$\varphi(x)$ を適当に選べば，次の反復法を得る．

(a)　**Newton**（ニュートン）**法**† （図 5.2）

$$x_{\nu+1} = x_\nu - \frac{f(x_\nu)}{f'(x_\nu)} \quad \left(\varphi(x) = \frac{1}{f'(x)}\right)$$

(b)　**線形逆補間法**　（図 5.3）

$$x_{\nu+1} = x_\nu - \frac{(x_\nu - x_0) f(x_\nu)}{f(x_\nu) - f(x_0)} \quad \left(\varphi(x) = \frac{x - x_0}{f(x) - f(x_0)}\right)$$

(c)　**von Mises**（フォンミーゼ）**法**　（図 5.4）

$$x_{\nu+1} = x_\nu - \frac{f(x_\nu)}{f'(x_0)} \quad \left(\varphi(x) = \frac{1}{f'(x_0)}\right)$$

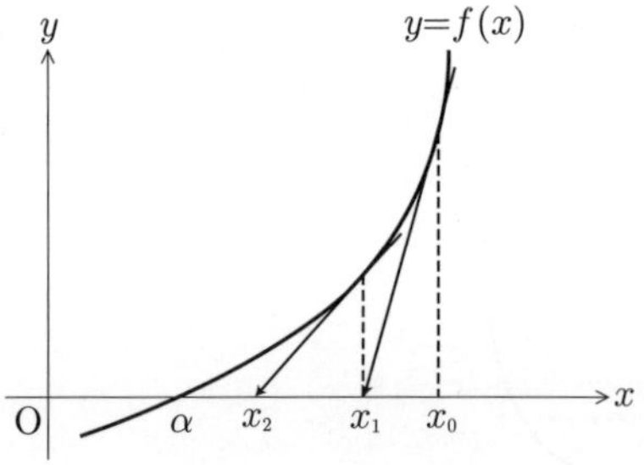

図 5.2　Newton 法

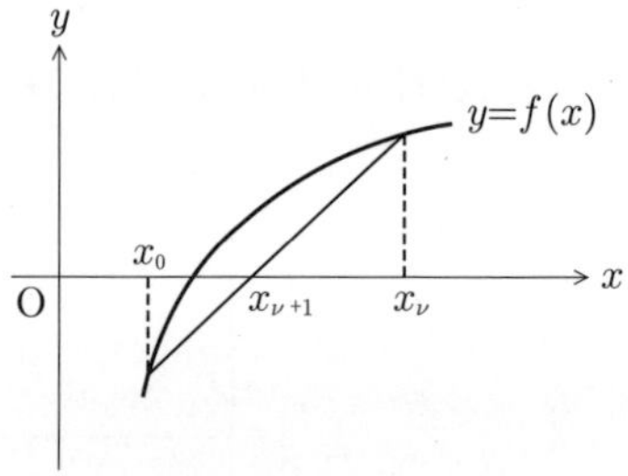

図 5.3　線形逆補間法

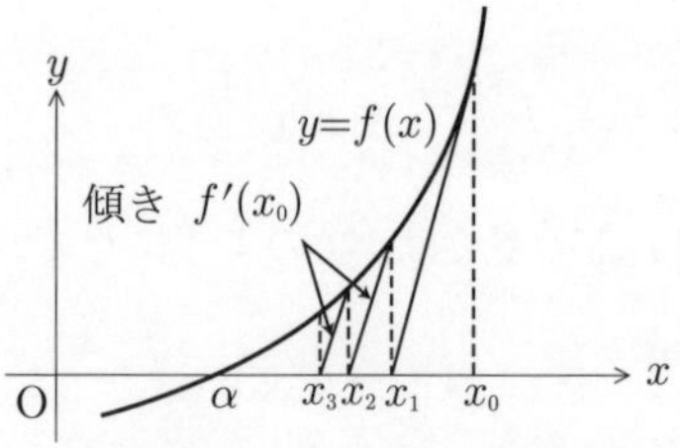

図 5.4　von Mises 法

† 英国流にいえば，Newton‐Raphson（ニュートン・ラフソン）法．

注意 1 (5.1) を (5.2) に変形する方法は，上記以外にもいろいろ考えられる．たとえば，$x > 0$ のとき

$$\begin{aligned} x^2 - 2x + \sin x = 0 \ &\Leftrightarrow\ x = \frac{1}{2}(x^2 + \sin x) \\ &\Leftrightarrow\ x = 2 - \frac{1}{x}\sin x \\ &\Leftrightarrow\ x = \sqrt{2x - \sin x} \end{aligned}$$

しかし，変形の仕方によって，反復列 $\{x_\nu\}$ の収束速度は異なる．場合によっては，発散するかもしれない．

注意 2 反復 (5.3)，(5.4) が意味をもつためには，$x_\nu \in I(\nu \geqq 1)$ かつ $x_\nu \to \alpha$ $(\nu \to \infty)$ を要する．そのための十分条件は次節以下に与える．

5.2 縮小写像の原理と収束定理

方程式

$$x = g(x) \tag{5.5}$$

に対する反復

$$x_{\nu+1} = g(x_\nu) \quad (\nu = 0, 1, 2, \cdots) \tag{5.6}$$

の収束を論じるとき，次の定理が基礎になる．

定理 5.1（縮小写像の原理） 区間 I は完備，すなわち，I の任意のコーシー列は I 内の点に収束すると仮定する（有限閉区間 $[a, b]$，半無限区間 $(-\infty, b]$，$[b, \infty)$，無限区間 $(-\infty, \infty)$ はそのような例である）．I で定義された関数 $g(x)$ が，次の条件をみたすならば，(5.5) の根は I 内にちょうど 1 つ存在し，反復列 (5.6) の極限として得られる．

(i) $x \in I$ なら $g(x) \in I$

(ii) $x, x' \in I$ なら

$$|g(x) - g(x')| \leqq \lambda|x - x'| \quad \text{(Lipschitz (リプシッツ) 条件)}$$

(iii) λ は定数（**Lipschitz 定数**という）で，$0 \leqq \lambda < 1$.

条件 (i)，(ii)，(iii) をみたす関数 g を**縮小写像**という．

【証明】 I 内の点 x_0 を任意に選び，(5.6) によって反復列 $\{x_\nu\}$ をつくれば

$$|x_{\nu+1} - x_\nu| = |g(x_\nu) - g(x_{\nu-1})| \leqq \lambda |x_\nu - x_{\nu-1}| \leqq \cdots \leqq \lambda^\nu |x_1 - x_0|$$

ゆえに，$\mu > \nu$ なら

$$\begin{aligned} |x_\nu - x_\mu| &\leqq |x_\nu - x_{\nu+1}| + |x_{\nu+1} - x_{\nu+2}| + \cdots + |x_{\mu-1} - x_\mu| \\ &\leqq (\lambda^\nu + \lambda^{\nu+1} + \cdots + \lambda^{\mu-1}) |x_1 - x_0| \\ &\leqq \frac{\lambda^\nu}{1-\lambda} |x_1 - x_0| \to 0 \quad (\nu \to \infty) \end{aligned} \tag{5.7}$$

よって，$\{x_\nu\}$ はコーシー列をなし，区間 I の完備性により，ある点 $\alpha \in I$ に収束する．α は (5.5) の根である．実際，(ii) によって g は連続で

$$\alpha = \lim_{\nu\to\infty} x_{\nu+1} = \lim_{\nu\to\infty} g(x_\nu) = g\left(\lim_{\nu\to\infty} x_\nu\right) = g(\alpha)$$

また，β を I 内における他の根とすれば

$$0 < |\alpha - \beta| = |g(\alpha) - g(\beta)| \leqq \lambda |\alpha - \beta| < |\alpha - \beta|$$

これは矛盾である．ゆえに I 内の根は α のみである．　　（証明終）

この定理から，次の一連の系を得る．なお演習問題 1 をみよ．

系 5.1.1　α を (5.5) の 1 つの根とし，$I = [\alpha - d, \alpha + d]$ $(d > 0)$ とする．I において $g(x)$ が定理 5.1 の条件 (ii)，(iii) をみたすならば

(i)　I 内の根は α のみ

(ii)　$x_0 \in I$，$x_{\nu+1} = g(x_\nu)$ ならば，$x_\nu \in I$ かつ $x_\nu \to \alpha$ $(\nu \to \infty)$.

【証明】 $x \in I$ のとき

$$|g(x) - \alpha| = |g(x) - g(\alpha)| \leqq \lambda |x - \alpha| \leqq \lambda d < d.$$

ゆえに $g(x) \in I$ となって，定理の仮定がみたされる．　　（証明終）

系 5.1.2　$g(x)$ が，区間 $I = [\alpha - d, \alpha + d]$ $(d > 0)$ において C^1 級[†]で

$$\max_{x \in I} |g'(x)| \leqq \lambda < 1$$

ならば，系 5.1.1 の結論が成り立つ．

---

† 関数 $g(x)$ が I において C^r 級であるとは，I において r 回微分可能かつ $g^{(r)}(x)$ が連続のときをいう．$g(x) \in C^r[I]$ とかくこともある．

【証明】　$x, x' \in I$ ならば，平均値定理によって

$$|g(x) - g(x')| = |g'(\xi)(x - x')| \leqq \lambda |x - x'|, \quad 0 \leqq \lambda < 1$$

ゆえに g は，I において縮小写像となる．　（証明終）

定理 5.2　定理 5.1 の仮定の下で，反復 (5.6) を行う．$\varepsilon_\nu = |x_\nu - x_{\nu+1}|$ とおき，α を (5.5) の根とすれば

$$\frac{\varepsilon_\nu}{1+\lambda} \leqq |x_\nu - \alpha| \leqq \frac{\varepsilon_\nu}{1-\lambda} \leqq \frac{\lambda^\nu \varepsilon_0}{1-\lambda} \quad (\nu \geqq 1)$$

【証明】　最初の 2 つの不等式は，次の 2 つの不等式より導かれる：

$$\varepsilon_\nu = |x_{\nu+1} - x_\nu| \leqq |x_{\nu+1} - \alpha| + |x_\nu - \alpha| \leqq (\lambda + 1)|x_\nu - \alpha|$$

$$|x_\nu - \alpha| \leqq |x_\nu - x_{\nu+1}| + |g(x_\nu) - g(\alpha)| \leqq \varepsilon_\nu + \lambda |x_\nu - \alpha|$$

また，$\varepsilon_\nu = |g(x_\nu) - g(x_{\nu-1})| \leqq \lambda \varepsilon_{\nu-1} \leqq \cdots \leqq \lambda^\nu \varepsilon_0$ より，第 3 の不等式を得る．　（証明終）

●**注意**　(5.5) の根は，直線 $y = x$ と曲線 $y = g(x)$ との交点の x 座標であるから，反復 (5.6) の幾何学的意味は図 5.5 のようになる．

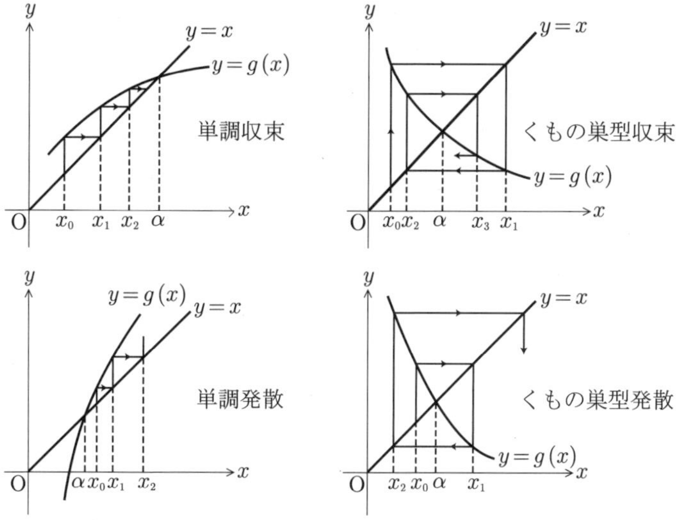

図 5.5

5.3 Newton 法

関数 $f(x)$ は微分可能であるとする．すでに述べたように，方程式

$$f(x) = 0 \tag{5.8}$$

を解く Newton 法

$$x_{\nu+1} = x_\nu - \frac{f(x_\nu)}{f'(x_\nu)} \tag{5.9}$$

は，(5.8) を $x = g(x)$，$g(x) = x - f(x)/f'(x)$ と変形して得られたものであった．幾何学的には，(5.9) の右辺は，点 $(x_\nu,\ f(x_\nu))$ における $f(x)$ の接線と x 軸との交点の x 座標を表す（図 5.2）．いま，(5.8) の根 α を含む適当な区間 $\tilde{I}$ において，$f(x)$ は C^2 級かつ $f'(x) \neq 0$ とすれば

$$g'(x) = 1 - \frac{[f'(x)]^2 - f(x)f''(x)}{[f'(x)]^2} = \frac{f(x)f''(x)}{[f'(x)]^2}, \quad g'(\alpha) = 0 \tag{5.10}$$

ゆえに，α を含む適当な区間 $I \subset \tilde{I}$ をとれば，系 5.1.2 の仮定がみたされて，Newton 法は (5.8) の根 α に収束する．しかも

$$0 = f(\alpha) = f(x_\nu) + (\alpha - x_\nu)f'(x_\nu) + \frac{1}{2}(\alpha - x_\nu)^2 f''(\xi) \quad (x_\nu \lesseqgtr \xi \lesseqgtr \alpha)$$

であるから，(5.9) によって

$$\begin{aligned} x_{\nu+1} - \alpha &= x_\nu - \alpha - \frac{f(x_\nu)}{f'(x_\nu)} = \frac{-[f(x_\nu) + (\alpha - x_\nu)f'(x_\nu)]}{f'(x_\nu)} \\ &= \frac{f''(\xi)}{2f'(x_\nu)}(x_\nu - \alpha)^2 \end{aligned}$$

ゆえに，区間 I において $0 < A \leqq |f'(x)|$，$|f''(x)| \leqq B$ とすれば

$$|x_{\nu+1} - \alpha| \leqq \frac{B}{2A}|x_\nu - \alpha|^2 \tag{5.11}$$

一般に，α に収束する反復列 $\{x_\nu\}$ が

$$x_{\nu+1} - \alpha = (\kappa + \varepsilon_\nu)(x_\nu - \alpha) \quad \left(0 < |\kappa| < 1,\ \lim_{\nu\to\infty} \varepsilon_\nu = 0\right)$$

をみたすとき，**線形収束**，または **1 次の収束**であるといい，

$$\lim_{\nu\to\infty} \frac{x_{\nu+1}-\alpha}{x_\nu-\alpha} = 0$$

のとき，**超 1 次収束**（super linear convergence）であるという．また

$$|x_{\nu+1}-\alpha| \leqq M|x_\nu-\alpha|^p \quad (p>1,\ 0<M<\infty\ (M \text{ は定数}))$$
$$(\text{このことを } x_{\nu+1}-\alpha = O(|x_\nu-\alpha|^p) \text{ とかく})$$

のとき，(少なくとも) **p 次収束**であるという．したがって，x_0 を α の十分近くに選べば，(5.11) によって Newton 法は 2 次収束する．ゆえに，最終段階における Newton 法の収束は非常に速い．さらに，適当な仮定の下で，$|x_{\nu+1}-x_\nu| \leqq \varepsilon$ のとき

$$|x_{\nu+1}-\alpha| \leqq \frac{1-2M\varepsilon-\sqrt{1-4M\varepsilon}}{2M} \fallingdotseq M\varepsilon^2, \quad M=\frac{B}{2A}$$

が成り立つ．この事実の証明を含めて，一般な解析を次章（§6.5）において与えよう．

●**注意**　$\alpha - x_\nu = h$ とおけば

$$0 = f(x_\nu+h) = f(x_\nu) + hf'(x_\nu) + \cdots$$

上式右辺を 1 次の項までとれば，

$$f(x_\nu) + hf'(x_\nu) \fallingdotseq 0, \quad h \fallingdotseq -f(x_\nu)/f'(x_\nu)$$

したがって

$$\alpha = x_\nu + h \fallingdotseq x_\nu - \frac{f(x_\nu)}{f'(x_\nu)}$$

ゆえに，Newton 法は，第 ν 近似 x_ν に対する補正量 h を，f のテイラー展開の最初の 2 項より求めたものでもある．

5.4 Aitken の加速法と Steffensen の反復法

$\{x_\nu\}$ を α に線形収束する任意の数列とすれば，$0<|\kappa|<1$ をみたす定数 κ と 0 に収束する数列 $\{\varepsilon_\nu\}$ が存在して

$$x_{\nu+1}-\alpha = (\kappa+\varepsilon_\nu)(x_\nu-\alpha) \fallingdotseq \kappa(x_\nu-\alpha) \tag{5.12}$$

$$x_{\nu+2}-\alpha = (\kappa+\varepsilon_{\nu+1})(x_{\nu+1}-\alpha) \fallingdotseq \kappa(x_{\nu+1}-\alpha) \tag{5.13}$$

(5.12), (5.13) より κ を消去すれば

$$\alpha \fallingdotseq x_\nu - \frac{(x_{\nu+1}-x_\nu)^2}{x_{\nu+2}-2x_{\nu+1}+x_\nu}$$

ゆえに，列 $\{y_\nu\}$ を

$$y_\nu = x_\nu - \frac{(x_{\nu+1}-x_\nu)^2}{x_{\nu+2}-2x_{\nu+1}+x_\nu} = x_{\nu+2} - \frac{(x_{\nu+2}-x_{\nu+1})^2}{x_{\nu+2}-2x_{\nu+1}+x_\nu} \tag{5.14}$$

により定義すれば，$\{y_\nu\}$ は $\{x_\nu\}$ より速く α に近づくと予想される．事実この推測は正しく，あとで示すように

$$\lim_{\nu\to\infty}\frac{y_\nu-\alpha}{x_{\nu+2}-\alpha}=0 \quad (\text{これを } y_\nu-\alpha=O\,(x_{\nu+2}-\alpha) \text{ とかく}) \tag{5.15}$$

が成り立つのである．(5.14) を **Aitken**（エイトケン）**の加速法**という．$\{x_\nu\}$ の収束が遅い場合に適用される．一般に，収束列 $\{x_\nu\}$ から，より速い収束列 $\{y_\nu\}$ をつくる方法を**加速法**という．

●**注意 1** 従来の書物には，(5.15) でなく

$$\lim_{\nu\to\infty}\frac{y_\nu-\alpha}{x_\nu-\alpha}=0 \tag{5.16}$$

を証明（ないし説明）してあるものが多いが，$x_{\nu+2}$ までの値を用いて y_ν を定義する以上，(5.16) のような比較は不合理である．また，あとで注意するように，(5.15) を示すことによって，従来，Aitken 加速は $p\,(>1)$ 次収束する列には適用すべきでない，とされている理由がはっきりする．この事実は Reich（レイチ，1970）により指摘された．注意 2 と問 1 をみよ．

> **定理 5.3** $\{x_\nu\}$ が線形収束ならば，Aitken 加速 $\{y_\nu\}$ は，(5.15) の意味で，$\{x_\nu\}$ を加速する．

【証明】 $e_\nu = x_\nu - \alpha$ とおけば，(5.12), (5.13) により

$$e_{\nu+1} = (\kappa+\varepsilon_\nu)e_\nu, \quad e_{\nu+2} = (\kappa+\varepsilon_{\nu+1})(\kappa+\varepsilon_\nu)e_\nu$$

ゆえに，(5.14) を用いて

$$y_\nu - \alpha = e_\nu - \frac{(e_{\nu+1} - e_\nu)^2}{e_{\nu+2} - 2e_{\nu+1} + e_\nu} = \frac{e_\nu e_{\nu+2} - {e_{\nu+1}}^2}{e_{\nu+2} - 2e_{\nu+1} + e_\nu}$$

$$\frac{y_\nu - \alpha}{e_{\nu+2}} = \frac{1 - (\kappa + \varepsilon_\nu)/(\kappa + \varepsilon_{\nu+1})}{(\kappa + \varepsilon_{\nu+1})(\kappa + \varepsilon_\nu) - 2(\kappa + \varepsilon_\nu) + 1} \tag{5.17}$$

$\kappa \neq 1$ であるから，上式右辺は，$\nu \to \infty$ のとき，0 に収束する．（証明終）

●注意 2 $\{x_\nu\}$ が超 1 次収束ならば $\kappa = 0$ で，このとき (5.17) より

$$\frac{y_\nu - \alpha}{e_{\nu+2}} = \frac{1 - (\varepsilon_\nu/\varepsilon_{\nu+1})}{\varepsilon_{\nu+1}\varepsilon_\nu - 2\varepsilon_\nu + 1}$$

$\nu \to \infty$ のとき右辺は必ずしも 0 に収束しない（例：$x_\nu = 2^{-\nu^2}$）．したがって，この場合，Aitken 加速は必ずしも有効でない．これは (5.16) から導けない結果である．

●注意 3 $\{x_\nu\}$ が線形収束のとき (5.17) より

$$\lim_{\nu\to\infty} \frac{y_{\nu+1} - \alpha}{y_\nu - \alpha} = \kappa \lim_{\nu\to\infty} \frac{\varepsilon_{\nu+2} - \varepsilon_{\nu+1}}{\varepsilon_{\nu+1} - \varepsilon_\nu}$$

ゆえに Aitken 加速の効果は，当然のことながら，列 $\{\varepsilon_\nu\}$ の挙動に左右される．上式右辺の極限 $c \neq 0$ が存在するとき，$\{y_\nu\}$ は線形収束である．また $c = 0$ ならば，**超 1 次収束**である．

■問 1 $\{x_\nu\}$ が超 1 次収束でも，(5.16) は成り立つことを示せ．

一方，Steffensen（ステファンセン）は，方程式 $x = g(x)$ の根 α を求めるために，反復

$$z_{\nu+1} = \frac{z_\nu g(g(z_\nu)) - g(z_\nu)^2}{g(g(z_\nu)) - 2g(z_\nu) + z_\nu} = g(g(z_\nu)) - \frac{[g(g(z_\nu)) - g(z_\nu)]^2}{g(g(z_\nu)) - 2g(z_\nu) + z_\nu} \tag{5.18}$$

を提案し，この方法は，$|g'(x)| > 1$ のときでも，α に急速に収束することを例示した．明らかに $z_{\nu+1}$ は，3 数

$${x_\nu}^* = z_\nu, \quad {x_{\nu+1}}^* = g({x_\nu}^*), \quad {x_{\nu+2}}^* = g({x_{\nu+1}}^*)$$

に対し，Aitken 加速を施したものに等しい．しかし，Steffensen 反復は単なる加速法ではない．反復列 $x_{\nu+1} = g(x_\nu)$ が発散する場合でも，初期値 z_0 を α の十分近くに選べば，$\{z_\nu\}$ は 1 次以上の収束をなす．すなわち，次の定理が成り立つ．

定理 5.4（**Ostrowski**[17]）　$g(x)$ が C^1 級で，$g'(\alpha) \neq 1$ ならば，α に十分近い z_0 から出発するとき

$$z_{\nu+1} - \alpha = o\left(|z_\nu - \alpha|\right) \quad (\text{超 1 次収束})$$

特に $g(x)$ が C^2 級ならば

$$z_{\nu+1} - \alpha = O\left(|z_\nu - \alpha|^2\right) \quad (\text{2 次収束})$$

【証明】

$$G(z) = \begin{cases} \dfrac{zg(g(z)) - g(z)^2}{g(g(z)) - 2g(z) + z} & (z \neq \alpha) \\ \alpha & (z = \alpha) \end{cases}$$

$$g^*(z) = g(z + \alpha) - \alpha$$

$$G^*(z) = \begin{cases} \dfrac{zg^*(g^*(z)) - g^*(z)^2}{g^*(g^*(z)) - 2g^*(z) + z} & (z \neq 0) \\ 0 & (z = 0) \end{cases}$$

とおけば $g^*(0) = 0$，かつ

$$g^*(g^*(z)) = g\left(g^*(z) + \alpha\right) - \alpha = g\left(g\left(z + \alpha\right)\right) - \alpha$$

したがって

$$G(z) - \alpha = G^*(z - \alpha)$$

ここで，$g^{*\prime}(0) = c \ (= g'(\alpha))$ とおけば，

$$\begin{aligned} & g^*(z) = cz + o\left(z\right) \\ & g^*(g^*(z)) = c\left(cz + o\left(z\right)\right) + o\left(cz + o\left(z\right)\right) = c^2 z + o\left(z\right) \\ & g^*(g^*(z)) - 2g^*(z) + z = (c-1)^2 z + o\left(z\right) \\ & g^*(z)^2 = c^2 z^2 + o\left(z^2\right) \\ & zg^*(g^*(z)) - g^*(z)^2 = o\left(z^2\right) \end{aligned}$$

ゆえに $c \neq 1$ ならば，$z \to 0$ のとき $G^*(z) = o(z)$，したがって，(5.18) より，

$$z_{\nu+1} - \alpha = G(z_\nu) - \alpha = G^*(z_\nu - \alpha) = o\left(z_\nu - \alpha\right)$$

特に g が C^2 級ならば，$g^*(z) = cz + O(z^2)$ とかけるから，全く同じ論法により，$G^*(z) = O(z^2)$，$z_{\nu+1} - \alpha = O((z_\nu - \alpha)^2)$ を得る．　（証明終）

注意 4　$g'(\alpha) = 1$ のときも，z_0 が α に十分近ければ，仮定

$$g'(x) - 1 = O(|x - \alpha|^{m-1}) \quad (x \uparrow \alpha \text{ または } x \downarrow \alpha,\ m > 1)$$

の下で，$z_\nu \to \alpha$ $(\nu \to \infty)$ を示すことができる．ゆえに，Steffensen 反復の収束は，系 5.1.2 のような条件に左右されない．

計算例　方程式 $x = ae^{-x}$（a は定数）の根を，反復 $x_{\nu+1} = a \cdot \exp(-x_\nu)$，Aitken 加速 y_ν，Steffensen 反復 z_ν，Newton 反復 w_ν を用いて求める．$a = 1.0$ および $a = 3.0$ に対する結果を表 5.1，表 5.2 に示す．ただし，初期値として，$x_0 = z_0 = w_0 = 1.0$ を採用した．この場合，$g(x) = ae^{-x}$ は C^∞ 級の関数であるから，各 a につき，Steffensen 反復と Newton 反復は 2 次収束する．$a = 3.0$ の場合，x_ν，y_ν は発散するにもかかわらず，z_ν，w_ν の収束は著しく速い．

表 5.1　$a = 1.0$

ν	x_ν	y_ν	z_ν	w_ν
0	1.0	0.58222608	1.0	1.0
1	0.36787944	0.57170575	0.58222608	0.53788284
2	0.69220060	0.56863877	0.56716639	0.56698694
3	0.50047351	0.56761696	0.56714324	0.56714324
4	0.60624345	0.56729671	0.56714325	0.56714325
5	0.54539579	0.56719238		
6	0.57961225	0.56715909		
7	0.56011545	0.56714833		
8	0.57114305	0.56714488		
9	0.56487932	0.56714377		
10	0.56842867	0.56714342		
11	0.56641469	0.56714330		
12	0.56755659	0.56714326		
13	0.56690887	0.56714325		
14	0.56727619			
⋮	⋮			
30	0.56714326			
31	0.56714324			
32	0.56714325			

表 5.2　$a = 3.0$

ν	x_ν	y_ν	z_ν	w_ν
0	1.0	1.05059539	1.0	1.0
1	1.10363832	1.05066465	1.05059539	1.04926622
2	0.99498655	1.05074231	1.04990898	1.04990875
3	1.10918525	1.05082622	1.04990885	1.04990885
4	0.98948270	1.05092048	1.04990885	1.04990885
5	1.11530686	1.05102209		
6	0.98344397	1.05113644		
7	1.12206228	1.05125941		
8	0.97682277	1.05139807		
9	1.12951631	1.05154679		
10	0.96956857	1.05171484		
⋮	くもの巣型発散	単調発散		

問2　$a = 2.0$，$x_0 = z_0 = w_0 = 1.0$ として，各種反復を実行し，収束の様子をみよ．

5.5 代数方程式の解法

実係数の n 次方程式

$$P(z) = z^n + a_1 z^{n-1} + \cdots + a_n = 0 \quad (a_n \neq 0) \tag{5.19}$$

を解く方法は種々知られている．原理的には何らかの方法，たとえば Newton 法により 1 根 α を求め，$z - \alpha$ または $(z-\alpha)(z-\bar{\alpha})$ で (5.19) を割り，方程式の次数を下げる．以下この操作を繰り返す．Newton 法は複素関数に対しても有効（第 6 章演習問題 3）であり，最近のコンピュータは複素演算が手軽にできるから，このようにして解けるはずであるが，初期値の推定が難しい場合には，事情はそう簡単でない．また，$z-\alpha$ 等による割り算を繰り返せば，丸め誤差のために，解は次第にくずれていく．ときに，全くでたらめの解が得られたりする．

ここでは，このような難点の比較的少ない **Durand - Kerner - Aberth**（デュラン・カーナー・アバース）**の方法**を紹介しよう．この方法の原理は付録 A にある．

まず，$z = w - a_1/n$ とおき，(5.19) を

$$P^*(w) = P(w - a_1/n) = w^n + c_2 w^{n-2} + \cdots + c_n = 0 \tag{5.20}$$

と変形する．このとき，$(c_2, \cdots, c_n) \neq (0, \cdots, 0)$ $(n \geqq 2)$ ならば

$$S(w) = w^n - |c_2| w^{n-2} - \cdots - |c_n| = 0$$

は 1 個の正根 r をもち，(5.19) の根 $\alpha_1, \cdots, \alpha_n$ は，すべて，閉円板 Γ : $|z + a_1/n| \leqq r$ に属する．そこで，$r \leqq r_0$ なる定数 r_0 を選んで，

$$z_k^{(0)} = -\frac{a_1}{n} + r_0 \exp\left[\sqrt{-1}\left(\frac{2(k-1)\pi}{n} + \frac{\pi}{2n}\right)\right] \quad (k = 1, 2, \cdots, n) \tag{5.21}$$

$$z_k^{(\nu+1)} = z_k^{(\nu)} - \frac{P(z_k^{(\nu)})}{\prod_{j \neq k}(z_k^{(\nu)} - z_j^{(\nu)})} \quad (1 \leqq k \leqq n) \quad (\nu = 0, 1, 2, \cdots) \tag{5.22}$$

とおく．もし，ある j につき $z_k^{(\nu)} = z_j^{(\nu)}$ となれば，$z_k^{(\nu)}$ は収束したものとみなし，以後 $z_k^{(\nu+1)} = z_k^{(\nu)}$ とおく．このようにして，

$$|z_k^{(\nu+1)} - z_k^{(\nu)}| < \varepsilon \cdot |z_k^{(\nu+1)}| \quad (1 \leqq k \leqq n)$$

となるまで反復する．反復 (5.22) を Weierstrass 法，あるいは Durand－Kerner 法（略して DK 法）という．初期値 (5.21) は Aberth (1973) の提案であって，(5.21)，(5.22) を Durand－Kerner－Aberth（DKA）法という．

簡単な計算によって次式を得る．

$$z_k^{(1)} + \frac{a_1}{n} = \left(1 - \frac{1}{n}\right)\left(z_k^{(0)} + \frac{a_1}{n}\right) + O\left(\left(z_k^{(0)} + \frac{a_1}{n}\right)^{-1}\right)$$

よって，r_0 が十分大ならば

$$\left|z_k^{(1)} + \frac{a_1}{n}\right| \fallingdotseq \left(1 - \frac{1}{n}\right) r_0$$

となり，$z_k^{(\nu)}$ $(1 \leqq k \leqq n)$ は，最初，円の中心 $(-a_1/n, 0)$ に向かって直進（1 次収束）するが，$\alpha_1, \cdots, \alpha_n$ が単根のとき，それらの付近で 2 次収束する．

求めた解の精度を調べるには，次の定理が役に立つ（他の方法も使える）．

定理 5.5（**Smith**（スミス），1970） $z_1, \cdots, z_n$ を相異なる複素数とすれば，(5.19) のすべての根は閉円板

$$\Gamma_k : |z - z_k| \leqq n \left| P(z_k) / \prod_{j \neq k}(z_k - z_j) \right| \quad (1 \leqq k \leqq n)$$

の合併に含まれる．その連結成分の 1 つが m 個の閉円板からなれば，その中にちょうど m 個の根がある．

$z_k^{(\nu)}$ が相異なれば，$z_k = z_k^{(\nu)}$ として，上の結果を適用する．もし，ある k と j につき $z_k^{(\nu)} = z_j^{(\nu)}$ ならば，十分小さい正数 δ を与えて，$z_j = z_k^{(\nu)} + \delta$ 等として適用する．(5.19) の根 $\alpha_1, \cdots, \alpha_n$ の一部に重根や近接根があっても，それらと離れた根がかなりあれば，$z_1, \cdots, z_n$ が良い近似のとき，Γ_k の半径は小さくなり，十分実用に耐える．もし Γ_k が互いに素ならば，各 Γ_k の半径が各近似根 z_k の誤差限界を与えるわけである．

計算例　5 次方程式

$$z^5 - 10z^4 + 43z^3 - 104z^2 + 150z - 100 = 0$$

に Durand‑Kerner‑Aberth 法と定理 5.5 を適用した結果を，図 5.6 と表 5.3 に示す．真の解は $1 \pm 2i$, 2, $3 \pm i$ であるが，定理 5.5 の効果を調べるために，故意に収束の一歩手前で停めてある．計算は FACOM230-28（複素倍精度）で行った．

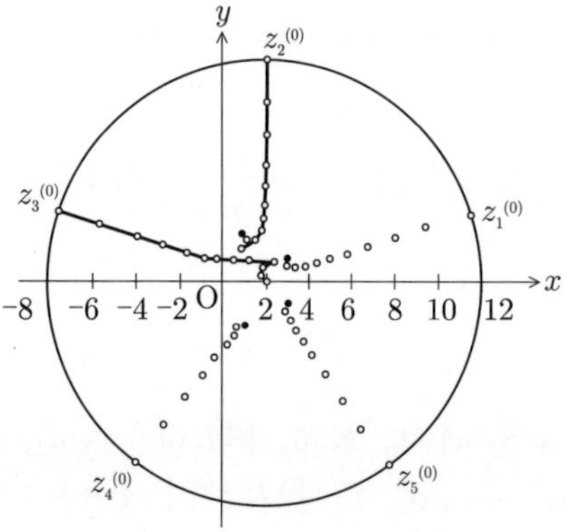

図 **5.6**　$\Gamma : |z - 2| \leqq 10$

表 **5.3**

k	Re $z_k^{(14)}$	Im $z_k^{(14)}$	Γ_k の半径
1	3.00000000032433	1.00000000019754	1.8×10^{-9}
2	0.99999999998512	1.99999999999150	8.5×10^{-11}
3	1.99999999969282	−0.00000000019096	1.8×10^{-9}
4	1.00000000000000	−2.00000000000000	2.4×10^{-15}
5	2.99999999999773	−0.99999999999807	1.4×10^{-11}

演習問題

1 $I_0 = [x_0 - d, x_0 + d]$ $(d > 0)$ とし，$g(x)$ は I_0 において定理 5.1 の条件 (ii)，(iii) をみたすとする．仮定 $|g(x) - x_0| \leqq (1 - \lambda)d$ の下で，次のことを示せ．

(i) 方程式 $x = g(x)$ は I_0 内にただ 1 つの根 α をもつ．

(ii) $x_{\nu+1} = g(x_\nu)$, $\nu = 0, 1, 2, \cdots$ とすれば，

$$x_\nu \in I_0 \ \ (\nu \geqq 0) \text{ かつ } x \to \alpha \quad (\nu \to \infty).$$

2 各種の反復法および加速法を用いて，方程式 $x = 1.2e^{-x}$ を解け．

3 方程式 $\cos x + (x + 1)e^x = 0$ の絶対値最小な実根を，小数第 3 位まで正しく求めよ．

4 $\sqrt[3]{a}$ を求める Newton の反復式をかけ．これを用いて，$\sqrt[3]{10}$ を求めよ．

5 α を $f(x) = 0$ の実根とし，$\{x_\nu\}$ を α に収束する反復列とする．$|f(x_\nu)| < \varepsilon$ ならば

$$|x_\nu - \alpha| < \frac{\varepsilon}{|f'(\xi)|} \quad (\xi \text{は } x_\nu \text{と} \alpha \text{との間の適当な数})$$

であることを示せ．

6 f が C^m 級で，$f(\alpha) = f'(\alpha) = \cdots = f^{(m-1)}(\alpha) = 0$, $f^{(m)}(\alpha) \neq 0$ とする．初期値 x_0 を α の十分近くに選べば，$m > 1$ でも Newton 法は収束することを示せ（ただし，実計算では，丸め誤差その他のために，最後は振動するであろう）．

7 列 $\{x_\nu\}$ を次式により定義する．

$$x_{\nu+1} = \frac{1}{16}{x_\nu}^4 - \frac{1}{2}{x_\nu}^3 + 8x_\nu - 12, \quad x_0 = 5$$

$\{x_\nu\}$ は $\alpha = 4$ に 3 次収束することを証明せよ．また $|x_\nu - \alpha| < 10^{-6}$ をみたす最小の ν を求めよ．

8 $\sqrt[3]{a}$ を求める反復

$$x_{\nu+1} = px_\nu + \frac{qa}{{x_\nu}^2} + \frac{ra^2}{{x_\nu}^5}$$

が，できるだけ高次収束するように，定数 p, q, r を定めよ．この p, q, r に対し，$x_{\nu+1} - \sqrt[3]{a}$ を $x_\nu - \sqrt[3]{a}$ を用いて評価せよ．

9 反復 $x_{\nu+1} = g(x_\nu)$ は，丸め誤差，および打ち切り誤差のために，実際には次の形をとる．

$$\tilde{x}_0 = x_0 + \delta_0, \quad \tilde{x}_{\nu+1} = g(\tilde{x}_\nu) + \delta_{\nu+1}, \quad |\delta_\nu| \leqq \delta \quad (\nu \geqq 0)$$

いま，系 5.1.1 の仮定が成り立つとし，$0 < d_0 \leqq d - \delta/(1-\lambda)$ をみたす d_0 を任意に選ぶ．初期値 x_0 を閉区間 $[\alpha - d_0,\ \alpha + d_0]$ から選べば，次のことがらが成り立つことを示せ．

(i) $\tilde{x}_\nu \in I = [\alpha - d, \alpha + d] \quad (\nu \geqq 0)$

(ii) $|\tilde{x}_\nu - \alpha| \leqq \lambda^\nu d_0 + \delta/(1-\lambda) \quad (\nu \geqq 0)$

(iii) $|\tilde{x}_{\nu+1} - \tilde{x}_\nu| \leqq \varepsilon$ なら $|\tilde{x}_\nu - \alpha| \leqq \dfrac{\delta + \varepsilon}{1-\lambda}, \quad |\tilde{x}_{\nu+1} - \alpha| \leqq \dfrac{\delta + \lambda\varepsilon}{1-\lambda}$

10 $f(x) = 0$ の 1 根 α を求める反復 $x_{\nu+1} = g(x_\nu) \cdots (1)$ において，g は C^1 級かつ

$$-1 < m \leqq g'(x) \leqq M < 1,\ x_0 \in I_0 \quad (\alpha\text{を含むある区間})$$

とする．

(i) $x_{\nu-1}, x_\nu \in I_0 \Rightarrow x_\nu - \alpha = \dfrac{g'(\xi)}{1-g'(\xi)}(x_{\nu-1} - x_\nu) \cdots (2)$ を示せ．ただし $\min(x_{\nu-1}, \alpha) < \xi < \max(x_{\nu-1}, \alpha)$

(ii) $f(x) = x^4 - 4x^3 + 6x^2 - 6$ は 2 つの実根と 2 つの共役複素根をもつ．

(a) 1 根は $[0, 2]$ に属することを示せ．

(b) $g(x) = -(x^4 - 4x^3 + 6x^2 - 4x - 6)/4 \cdots (3)$ ととれば，$0 < x_0 < 2$ のとき反復 (1) は収束することを示せ．

(iii) 下表は，$x_0 = 1$ として，反復 (1),(3) を実行した結果である．

ν	x_ν
0	1.0
1	1.75
2	1.6708984375
3	1.699351436735
4	1.690197148225
5	1.693267404771

(a) $x_4 \leqq \alpha \leqq x_5 \cdots (4)$ を示せ．

(b) (2) を用いて，(4) の評価を改良せよ．

11 $f(x) = 0$ の解 α の近傍で $f''(x) > 0$ とする．x_0 と y_0 を $f(x_0)f(y_0) < 0$ となるように選び，列

$$x_{\nu+1} = x_\nu - \frac{f(x_\nu)}{f'(x_\nu)}, \quad y_{\nu+1} = y_\nu - \frac{f(y_\nu)}{f'(x_\nu)}$$

をつくれば，x_ν, y_ν は共に α に収束し

$$y_1 < y_2 < \cdots < y_\nu < \cdots < \alpha < \cdots x_\nu < \cdots < x_2 < x_1$$

であることを示せ．この結果は連立方程式に対して一般化できる(第 6 章演習問題 6)．

12 6 次方程式

$$z^6 - 12z^5 + 63z^4 - 190z^3 + 358z^2 - 400z + 200 = 0$$

を Durand–Kerner–Aberth 法により解け．得られた解の精度を，Smith の定理により評価せよ．真の解は $1 \pm 2i$, 2 (重根), $3 \pm i$ である．

6 連立非線形方程式

6.1 反　復　法

この章では，前章の議論を一般化し，n 元連立非線形方程式

$$f_i(x_1, x_2, \cdots, x_n) = 0 \quad (i = 1, 2, \cdots, n) \tag{6.1}$$

に対する反復解法を扱う．ベクトル記号を導入すれば，その取り扱いは単独方程式の場合と同様である．すなわち，

$$\boldsymbol{x} = [x_1, x_2, \cdots, x_n]^t, \quad f_i(\boldsymbol{x}) = f_i(x_1, \cdots, x_n), \quad \boldsymbol{f}(\boldsymbol{x}) = \begin{bmatrix} f_1(\boldsymbol{x}) \\ \vdots \\ f_n(\boldsymbol{x}) \end{bmatrix}$$

とおき，(6.1) を $\boldsymbol{f}(\boldsymbol{x}) = \boldsymbol{0}$ とかく．これを $\boldsymbol{x} = \boldsymbol{g}(\boldsymbol{x})$ と書き直して，反復 $\boldsymbol{x}^{(\nu+1)} = \boldsymbol{g}(\boldsymbol{x}^{\nu})$，$\boldsymbol{x}^{(\nu)} = [x_1{}^{(\nu)}, \cdots, x_n{}^{(\nu)}]^t$ をつくる．たとえば，(6.1) の解 $\boldsymbol{\alpha}$ の近傍で正則な n 次行列 $A(\boldsymbol{x}) = [a_{ij}(\boldsymbol{x})]$ をとり

$$\boldsymbol{g}(\boldsymbol{x}) = \boldsymbol{x} - A(\boldsymbol{x}) \cdot \boldsymbol{f}(\boldsymbol{x}) \tag{6.2}$$

ととればよい．特に

$$A(\boldsymbol{x}) = [J(\boldsymbol{x})]^{-1}, \quad J(\boldsymbol{x}) = \begin{bmatrix} \dfrac{\partial f_1(\boldsymbol{x})}{\partial x_1} & \cdots & \dfrac{\partial f_1(\boldsymbol{x})}{\partial x_n} \\ \cdots & \cdots & \cdots \\ \dfrac{\partial f_n(\boldsymbol{x})}{\partial x_1} & \cdots & \dfrac{\partial f_n(\boldsymbol{x})}{\partial x_n} \end{bmatrix}$$

のとき **Newton 法**，$A(\boldsymbol{x}) = [J(\boldsymbol{x})^{(0)}]^{-1}$ のとき**簡易 Newton 法**という．後者は，単独方程式 ($n = 1$) の場合における，von Mises 法に相当する．

6.2 縮小写像の原理

方程式

$$\boldsymbol{x} = \boldsymbol{g}(\boldsymbol{x}), \quad \boldsymbol{g}(\boldsymbol{x}) = \begin{bmatrix} g_1(\boldsymbol{x}) \\ \vdots \\ g_n(\boldsymbol{x}) \end{bmatrix} \tag{6.3}$$

を解く反復

$$\boldsymbol{x}^{(\nu+1)} = \boldsymbol{g}(\boldsymbol{x}^{(\nu)}), \quad \nu = 0, 1, 2, \cdots \tag{6.4}$$

を考える．このとき，定理 5.1 は次のように再構成される．

定理 6.1（縮小写像の原理）　n 次元ユークリッド空間 $\boldsymbol{R}^n$ の閉集合を $\mathscr{D}$ とする．$\mathscr{D}$ で定義されたベクトル値関数 $\boldsymbol{g}(\boldsymbol{x})$ が次の条件をみたすならば $\mathscr{D}$ 内における (6.3) の解 $\boldsymbol{\alpha}$ はただ 1 つ存在して，反復 (6.4) の極限として得られる．

(i)　$\boldsymbol{x} \in \mathscr{D}$ なら $\boldsymbol{g}(\boldsymbol{x}) \in \mathscr{D}$

(ii)　適当なノルム $||\cdot||$ につき $||\boldsymbol{g}(\boldsymbol{x}) - \boldsymbol{g}(\boldsymbol{x}')|| \leqq \lambda ||\boldsymbol{x} - \boldsymbol{x}'||$ $(\boldsymbol{x}, \boldsymbol{x}' \in \mathscr{D})$

(iii)　λ は定数で $0 \leqq \lambda < 1$

条件 (i)，(ii)，(iii) をみたす関数 $\boldsymbol{g}(\boldsymbol{x})$ を，$\mathscr{D}$ における**縮小写像**という．

【証明】　定理 5.1 の証明中，絶対値記号 $|\cdot|$ をノルム記号 $||\cdot||$ でおきかえればよい．　（証明終）

この定理から，次のことが導かれる．なお演習問題 1 をみよ．

系 6.1.1　$\boldsymbol{\alpha}$ を (6.3) の 1 つの解とし，$\mathscr{D} = \{\boldsymbol{x} \in \boldsymbol{R}^n \mid ||\boldsymbol{x} - \boldsymbol{\alpha}|| \leqq d\}$, $d > 0$ とする．$\mathscr{D}$ において $\boldsymbol{g}(\boldsymbol{x})$ が定理 6.1 の条件 (ii)，(iii) をみたすならば

(i)　$\mathscr{D}$ 内の解は $\boldsymbol{\alpha}$ のみ

(ii)　$\boldsymbol{x}^{(0)} \in \mathscr{D}, \boldsymbol{x}^{(\nu+1)} = \boldsymbol{g}(\boldsymbol{x}^{(\nu)})$ なら $\boldsymbol{x}^{(\nu)} \in \mathscr{D}$ かつ $\boldsymbol{x}^{(\nu)} \to \boldsymbol{\alpha}$ $(\nu \to \infty)$

系 6.1.2（**Scarborough**（スカーボロウ））　$\boldsymbol{g}(\boldsymbol{x})$ は $\mathscr{D} = \{\boldsymbol{x} \mid ||\boldsymbol{x} - \boldsymbol{\alpha}||_\infty \leqq d\}$ $(d > 0)$ において C^1 級（すなわち各成分 $g_i(\boldsymbol{x})$ が $x_1, \cdots, x_n$ につき C^1 級）とし

$$G(\boldsymbol{x}) = \left(\frac{\partial g_i(\boldsymbol{x})}{\partial x_i}\right), \quad ||G(\boldsymbol{x})||_\infty \leqq \lambda < 1, \quad \boldsymbol{x} \in \mathscr{D}$$

とする．このとき系 6.1.1 の結論が成り立つ．

【証明】　念のため証明を与えよう．$\boldsymbol{x}, \boldsymbol{x}' \in \mathscr{D}$ なら

$$g_i(\boldsymbol{x}) - g_i(\boldsymbol{x}') = \sum_{j=1}^{n} \frac{\partial g_i(\boldsymbol{x}' + \theta_i(\boldsymbol{x} - \boldsymbol{x}'))}{\partial x_i} \cdot (x_j - x_j') \quad (0 < \theta_i < 1)$$

とかけて，$\boldsymbol{x}' + \theta_i(\boldsymbol{x} - \boldsymbol{x}') \in \mathscr{D}$（なぜか）であるから

$$|g_i(\boldsymbol{x}) - g_i(\boldsymbol{x}')| \leqq \lambda \max_j |x_j - x'_j| = \lambda||\boldsymbol{x} - \boldsymbol{x}'||_\infty$$

ゆえに

$$||\boldsymbol{g}(\boldsymbol{x}) - \boldsymbol{g}(\boldsymbol{x}')||_\infty = \max_i |g_i(\boldsymbol{x}) - g_i(\boldsymbol{x}')| \leqq \lambda||\boldsymbol{x} - \boldsymbol{x}'||_\infty$$

すなわち，$\boldsymbol{g}(\boldsymbol{x})$ は$\mathscr{D}$ において定理 6.1 の条件 (ii)，(iii) をみたす．よって最大ノルム $||\cdot||_\infty$ につき系 6.1.1 の仮定がみたされる．

6.3 Newton 法

n 元連立非線形方程式

$$\boldsymbol{f}(\boldsymbol{x}) = \boldsymbol{0} \tag{6.5}$$

を解く Newton 法は

$$\boldsymbol{x}^{(\nu+1)} = \boldsymbol{x}^{(\nu)} - [J(\boldsymbol{x}^{(\nu)})]^{-1} \cdot \boldsymbol{f}(\boldsymbol{x}^{(\nu)}), \quad J(\boldsymbol{x}^{(\nu)}) = \left[\frac{\partial f_i(\boldsymbol{x}^{(\nu)})}{\partial x_j}\right]$$

により定義される．以下，この方法の収束を調べよう．もし $\boldsymbol{f}$ が (6.5) の解 $\boldsymbol{\alpha}$ の近傍で C^2 級，かつ $J(\boldsymbol{\alpha})$ が正則ならば，行列式の連続性によって，十分小さい正数 d^* をとるとき，$\mathscr{D}^* = \{\boldsymbol{x} \in \boldsymbol{R}^n \mid ||\boldsymbol{x} - \boldsymbol{\alpha}||_\infty \leqq d^*\}$ において，$J(\boldsymbol{x})$ は正則となる．ゆえに

$$\boldsymbol{g}(\boldsymbol{x}) = \boldsymbol{x} - [J(\boldsymbol{x})]^{-1} \cdot \boldsymbol{f}(\boldsymbol{x})$$

は少なくとも $\mathscr{D}^*$ において意味をもつ．上式の両辺を x_j に関して微分すれば

$$\frac{\partial \boldsymbol{g}(\boldsymbol{x})}{\partial x_j} = \frac{\partial \boldsymbol{x}}{\partial x_j} - \frac{\partial}{\partial x_j}([J(\boldsymbol{x})]^{-1}) \cdot \boldsymbol{f}(\boldsymbol{x}) - [J(\boldsymbol{x})]^{-1} \cdot \frac{\partial \boldsymbol{f}(\boldsymbol{x})}{\partial x_j} \tag{6.6}$$

ところで，

$$\frac{\partial \boldsymbol{f}(\boldsymbol{x})}{\partial x_j} = \begin{bmatrix} \dfrac{\partial f_1(\boldsymbol{x})}{\partial x_j} \\ \vdots \\ \dfrac{\partial f_n(\boldsymbol{x})}{\partial x_j} \end{bmatrix}$$

は $J(\boldsymbol{x})$ の第 j 列にほかならないから，(6.6) の右辺第 3 項は，第 j 成分のみ 1，その他の成分はすべて 0 の n 次元列ベクトルに等しい．後者はまた $\dfrac{\partial \boldsymbol{x}}{\partial x_j}$ にも

等しいから，結局

$$\frac{\partial \boldsymbol{g}(\boldsymbol{x})}{\partial x_i} = -\frac{\partial}{\partial x_j}([J(\boldsymbol{x})]^{-1}) \cdot \boldsymbol{f}(\boldsymbol{x}),$$
$$\frac{\partial \boldsymbol{g}(\boldsymbol{\alpha})}{\partial x_j} = -\frac{\partial}{\partial x_j}([J(\boldsymbol{x})]^{-1})|_{\boldsymbol{x}=\boldsymbol{a}} \cdot \boldsymbol{f}(\boldsymbol{\alpha}) = 0$$

となって，$G(\boldsymbol{x})$ を系 6.1.2 のように定義するとき $G(\boldsymbol{\alpha}) = O$（ゼロ行列）である．

したがって，$\boldsymbol{\alpha}$ の十分小さい近傍 $\mathscr{D} = \{\boldsymbol{x} \mid ||\boldsymbol{x} - \boldsymbol{a}||_\infty \leqq d\} \subset \mathscr{D}^*$ をとれば，ノルムの連続性（命題 3.3）により，$||G(\boldsymbol{x})||_\infty \leqq \lambda < 1$ $(\boldsymbol{x} \in \mathscr{D})$ となる正定数 λ がある．ゆえに，系 6.1.2 が使えて，$\{\boldsymbol{x}^{(\nu)}\}$ は (6.5) の解 $\boldsymbol{\alpha} = [\alpha_1, \cdots, \alpha_n]^t$ に収束する．さらに

$$\begin{aligned} 0 = f_i(\boldsymbol{\alpha}) =\ & f_i(\boldsymbol{x}^{(\nu)}) + \sum_{j=1}^{n} \frac{\partial f_i(\boldsymbol{x}^{(\nu)})}{\partial x_j} \cdot (\alpha_j - {x_j}^{(\nu)}) \\ & + \frac{1}{2!} \sum_{j,k=1}^{n} \frac{\partial^2 f_i(\boldsymbol{x}^{(\nu)} + \theta_i(\boldsymbol{\alpha} - \boldsymbol{x}^{(\nu)}))}{\partial x_j \partial x_k} \cdot (\alpha_j - {x_j}^{(\nu)})(\alpha_k - {x_k}^{(\nu)}) \\ & \qquad (0 < \theta_i < 1) \end{aligned}$$

と展開できるから，$M = \max_{j,k} \max_{\boldsymbol{x} \in \mathscr{D}} \left| \dfrac{\partial^2 f_i(\boldsymbol{x})}{\partial x_j \partial x_k} \right|$ とおけば

$$\left| f_i(\boldsymbol{x}^{(\nu)}) + \sum_{j=1}^{n} \frac{\partial f_i(\boldsymbol{x}^{(\nu)})}{\partial x_j} \cdot (\alpha_j - {x_j}^{(\nu)}) \right| \leqq \frac{n^2}{2} M ||\boldsymbol{\alpha} - \boldsymbol{x}^{(\nu)}||_\infty{}^2$$

ゆえに

$$||\boldsymbol{f}(\boldsymbol{x}^{(\nu)}) + J(\boldsymbol{x}^{(\nu)})(\boldsymbol{\alpha} - \boldsymbol{x}^{(\nu)})||_\infty \leqq \frac{n^2}{2} M ||\boldsymbol{\alpha} - \boldsymbol{x}^{(\nu)}||_\infty{}^2,$$

$$\begin{aligned} ||\boldsymbol{x}^{(\nu+1)} - \boldsymbol{\alpha}||_\infty &= ||\boldsymbol{x}^{(\nu)} - \boldsymbol{\alpha} - [J(\boldsymbol{x}^{(\nu)})]^{-1} \cdot \boldsymbol{f}(\boldsymbol{x}^{(\nu)})||_\infty \\ &= ||-[J(\boldsymbol{x}^{(\nu)})]^{-1}\{J(\boldsymbol{x}^{(\nu)})(\boldsymbol{\alpha} - \boldsymbol{x}^{(\nu)}) + \boldsymbol{f}(\boldsymbol{x}^{(\nu)})\}||_\infty \\ &\leqq ||[J(\boldsymbol{x}^{(\nu)})]^{-1}||_\infty \cdot ||J(\boldsymbol{x}^{(\nu)})(\boldsymbol{\alpha} - \boldsymbol{x}^{(\nu)}) + \boldsymbol{f}(\boldsymbol{x}^{(\nu)})||_\infty \\ &= O(||\boldsymbol{x}^{(\nu)} - \boldsymbol{\alpha}||_\infty{}^2) \end{aligned}$$

結局，次の定理が得られた．

定理 6.2　$f_i(\boldsymbol{x})$ $(1 \leqq i \leqq n)$ が C^2 級で，$J(\boldsymbol{\alpha})$ が正則ならば，(6.5) の解 $\boldsymbol{\alpha}$ の十分近くから出発する Newton 法は $\boldsymbol{\alpha}$ に 2 次収束する．

●注意 1　実際の計算は次の手順で行う．各 $\nu = 0, 1, 2, \cdots$ につき

(N1)　$\boldsymbol{h} = [h_1, \cdots, h_n]^t$ に関する連立 1 次方程式

$$J(\boldsymbol{x}^{(\nu)}) \cdot \boldsymbol{h} = -\boldsymbol{f}(\boldsymbol{x}^{(\nu)}) \tag{6.7}$$

を解く．解を $\boldsymbol{h} = \boldsymbol{h}^{(\nu)}$ とする．

(N2)　$\boldsymbol{x}^{(\nu+1)} = \boldsymbol{x}^{(\nu)} + \boldsymbol{h}^{(\nu)}$ とおく．

(N3)　$\nu + 1$ を新しい ν として，(N1) に戻る．

このようにすれば，各ステップにおける逆行列 $[J(\boldsymbol{x}^{(\nu)})]^{-1}$ の計算は要らない．

●注意 2　(Newton 法の原理)　$\boldsymbol{\alpha} - \boldsymbol{x}^{(\nu)} = \boldsymbol{h}$ とおけば

$$\boldsymbol{0} = \boldsymbol{f}(\boldsymbol{x}^{(\nu)} + \boldsymbol{h}) = \boldsymbol{f}(\boldsymbol{x}^{(\nu)}) + J(\boldsymbol{x}^{(\nu)}) \cdot \boldsymbol{h} + \cdots$$

ゆえに，この展開の最初の 2 項をとって得られる式が (6.7) である．

●注意 3　n が大きいとき，解 $\boldsymbol{\alpha}$ の存在範囲を局所的に確定することは難しい問題である．まして，初期値 $\boldsymbol{x}^{(0)}$ を "$\boldsymbol{\alpha}$ の十分近く" に選ぶことはきわめて困難なことであって，実際問題の場合，(6.5) を解く努力のほとんどは，解 $\boldsymbol{\alpha}$ の局所的存在範囲を見い出すことに費やされる．Newton 法はその仕上げとして用いられるのである．なお，演習問題 7 をみよ．

●注意 4　定理 6.2 では，(6.5) の解 $\boldsymbol{\alpha}$ の存在を仮定し，初期値 $\boldsymbol{x}^{(0)}$ を $\boldsymbol{\alpha}$ の十分近くに選ぶことを要求している．このような定理は局所的収束定理と呼ばれる．一方，解の存在を仮定せず，初期値 $\boldsymbol{x}^{(0)}$ がある条件をみたすとき，(6.5) の解の存在と反復の収束を主張する定理を半局所的収束定理という．このような定理として最も有名な定理は，Kantorovich（1948，1951）により Newton 法に対して与えられたものであって，現在では Newton–Kantorovich の定理と呼ばれる．この定理の決定版を付録 C に与えておく．

■計算例　Scarborough の例（[18]208 頁）を少し変えて，次の 2 元連立方程式に Newton 法を適用してみよう．

$$\begin{cases} f(x, y) \equiv 2x - y^2 + \log x = 0 & (6.8) \\ g(x, y) \equiv x^2 - xy - x + 1 = 0 & (6.9) \end{cases} \quad (x > 0)$$

この場合

$$J(\boldsymbol{x}) = \begin{bmatrix} f_x & f_y \\ g_x & g_y \end{bmatrix} = \begin{bmatrix} 2+1/x & -2y \\ 2x-y-1 & -x \end{bmatrix}$$

ゆえに，$\boldsymbol{x}^{(\nu)} = [x_\nu, y_\nu]^t$，$\boldsymbol{h} = [h_\nu, k_\nu]^t$ として，(N1)，(N2) を行えば

(N1)′ $$\begin{bmatrix} 2+x_\nu^{-1} & -2y_\nu \\ 2x_\nu - y_\nu - 1 & -x_\nu \end{bmatrix} \begin{bmatrix} h_\nu \\ k_\nu \end{bmatrix} = -\begin{bmatrix} f(x_\nu, y_\nu) \\ g(x_\nu, y_\nu) \end{bmatrix}$$

(N2)′ $$x_{\nu+1} = x_\nu + h_\nu, \qquad y_{\nu+1} = y_\nu + k_\nu \quad (\nu \geqq 0)$$

(6.8)，(6.9) のグラフは図 6.1 のようであり，解 P, Q と 2 つある．出発値 $\boldsymbol{x}^{(0)} = [x_0, y_0]^t$ として，$1 \leqq x \leqq 7$，$-2 \leqq y \leqq 7$ における格子点をとり，各々につき上記反復を行った結果を図 6.1 に示す．図中，○印および●印は，その点から出発したとき，それぞれ解 P, Q に収束することを示し，×印は発散する（$x_\nu < 0$ となる）ことを示す．なお参考までに，解 Q に十分近い点 $(x_0, y_0) = (4, 3)$ から出発したときの挙動を，表 6.1 に示してある．2 次収束している様子がよくわかるであろう．

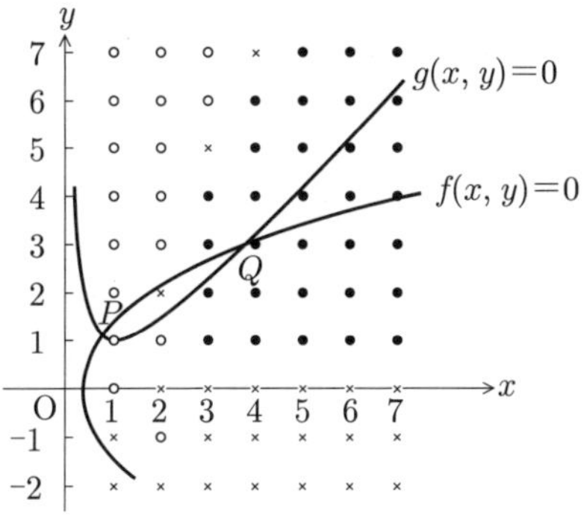

図 **6.1**

表 **6.1**

ν	x_ν	y_ν	$f(x_\nu, y_\nu)$	$g(x_\nu, y_\nu)$
0	4.0000000	3.0000000	3.8×10^{-1}	1.0
1	3.7030118	2.9530118	-5.1×10^{-3}	-7.4×10^{-2}
2	3.6648536	2.9374802	-2.9×10^{-4}	-8.6×10^{-4}
3	3.6643232	2.9372249	-5.9×10^{-7}	-1.5×10^{-7}
4	3.6643231	2.9372248	0.0	-1.1×10^{-8}

■**問** $(x_0, y_0) = (1, 1)$ から出発して解 P を求めよ．

6.4 反復法の誤差解析

ある閉領域 $\mathscr{D} = \{\boldsymbol{x} \in \boldsymbol{R}^n \mid ||\boldsymbol{x} - \boldsymbol{\alpha}||_\infty \leqq d\}$ $(d > 0)$ において，n 元連立方程式 $\boldsymbol{x} = \boldsymbol{g}(\boldsymbol{x})$ の 1 つの解 $\boldsymbol{\alpha}$ を求める反復

$$\boldsymbol{x}^{(\nu+1)} = \boldsymbol{g}(\boldsymbol{x}^{(\nu)}) \quad (\nu \geqq 0) \tag{6.10}$$

を考える．実際には，(6.10) は次の形で行われるであろう．

$$\tilde{\boldsymbol{x}}^{(\nu+1)} = \boldsymbol{g}(\tilde{\boldsymbol{x}}^{(\nu)}) + \boldsymbol{\delta}^{(\nu+1)}, \quad \tilde{\boldsymbol{x}}^{(0)} = \boldsymbol{x}^{(0)} + \boldsymbol{\delta}^{(0)}, \quad ||\boldsymbol{\delta}^{(\nu)}||_\infty \leqq \delta \quad (\nu \geqq 0) \tag{6.11}$$

ここに，δ は (6.10) の右辺を計算するときの誤差限界を表す（丸め誤差，打ち切り誤差等をすべて $\boldsymbol{\delta}^{(\nu)}$ に繰り入れてある）．この節では，収束判定条件 $||\tilde{\boldsymbol{x}}^{(\nu+1)} - \tilde{\boldsymbol{x}}^{(\nu)}|| \leqq \varepsilon$ により (6.11) を打ち切ったときの誤差 $||\tilde{\boldsymbol{x}}^{(\nu)} - \boldsymbol{\alpha}||_\infty$ および $||\tilde{\boldsymbol{x}}^{(\nu+1)} - \boldsymbol{\alpha}||_\infty$ を評価しよう（この節の結果は，任意のノルムにつき，そのまま成り立つ）．以下，$\boldsymbol{g}(\boldsymbol{x})$ は定理 6.1 の条件 (ii)，(iii) をみたすものとする．このとき，次のことがいえる．

$$||\tilde{\boldsymbol{x}}^{(0)} - \boldsymbol{\alpha}||_\infty \leqq d - \frac{\delta}{1-\lambda} \;\Rightarrow\; \tilde{\boldsymbol{x}}^{(\nu)} \in \mathscr{D} \quad (\nu \geqq 0)$$

実際，ν に関する帰納法によって

$$||\tilde{\boldsymbol{x}}^{(\nu+1)} - \boldsymbol{\alpha}||_\infty \leqq \frac{\delta}{1-\lambda} + \lambda^\nu \left(d - \frac{\delta}{1-\lambda}\right) \quad (\leqq d) \tag{6.12}$$

が成り立つからである（演習問題 4）．さらに，次のことが成り立つ．

定理 6.3　$\varepsilon_\nu = ||\tilde{\boldsymbol{x}}^{(\nu)} - \tilde{\boldsymbol{x}}^{(\nu+1)}||_\infty$ とおけば

$$\frac{\varepsilon_\nu - \delta}{1+\lambda} \leqq ||\tilde{\boldsymbol{x}}^{(\nu)} - \boldsymbol{\alpha}||_\infty \leqq \frac{\varepsilon_\nu + \delta}{1-\lambda}, \quad ||\tilde{\boldsymbol{x}}^{(\nu+1)} - \boldsymbol{\alpha}||_\infty \leqq \frac{\delta + \lambda\varepsilon_\nu}{1-\lambda}$$

【証明】

$$\begin{aligned}||\tilde{\boldsymbol{x}}^{(\nu)} - \boldsymbol{\alpha}||_\infty &\leqq ||\tilde{\boldsymbol{x}}^{(\nu)} - \tilde{\boldsymbol{x}}^{(\nu+1)}||_\infty + ||\boldsymbol{\delta}^{(\nu+1)}||_\infty + ||\boldsymbol{g}(\tilde{\boldsymbol{x}}^{(\nu)}) - \boldsymbol{g}(\boldsymbol{\alpha})||_\infty \\ &\leqq \varepsilon_\nu + \delta + \lambda||\tilde{\boldsymbol{x}}^{(\nu)} - \boldsymbol{\alpha}||_\infty\end{aligned}$$

よって

$$
\begin{aligned}
||\tilde{\boldsymbol{x}}^{(\nu)} - \boldsymbol{\alpha}||_\infty &\leqq \frac{\varepsilon_\nu + \delta}{1-\lambda} \\
||\tilde{\boldsymbol{x}}^{(\nu+1)} - \boldsymbol{\alpha}||_\infty &\leqq ||\boldsymbol{\delta}^{(\nu+1)}||_\infty + ||\boldsymbol{g}(\tilde{\boldsymbol{x}}^{(\nu)}) - \boldsymbol{g}(\boldsymbol{\alpha})||_\infty \\
&\leqq \delta + \frac{\lambda(\varepsilon_\nu + \delta)}{1-\lambda} = \frac{\delta + \lambda\varepsilon_\nu}{1-\lambda}
\end{aligned}
$$

また

$$
\begin{aligned}
||\tilde{\boldsymbol{x}}^{(\nu+1)} - \tilde{\boldsymbol{x}}^{(\nu)}||_\infty &\leqq ||\tilde{\boldsymbol{x}}^{(\nu+1)} - \boldsymbol{\alpha}||_\infty + ||\tilde{\boldsymbol{x}}^{(\nu)} - \boldsymbol{\alpha}||_\infty \\
&\leqq \delta + \lambda||\tilde{\boldsymbol{x}}^{(\nu)} - \boldsymbol{\alpha}||_\infty + ||\tilde{\boldsymbol{x}}^{(\nu)} - \boldsymbol{\alpha}||_\infty
\end{aligned}
$$

より

$$
||\tilde{\boldsymbol{x}}^{(\nu)} - \boldsymbol{\alpha}||_\infty \geqq \frac{\varepsilon_\nu - \delta}{1+\lambda}
$$

（証明終）

上記定理は次のように改良される．

定理 6.4 (6.10) が $p\ (>1)$ 次収束

$$
||\boldsymbol{x}^{(\nu+1)} - \boldsymbol{\alpha}||_\infty \leqq M||\boldsymbol{x}^{(\nu)} - \boldsymbol{\alpha}||_\infty{}^p
$$

ならば，仮定 $\varepsilon_\nu > \delta,\ 0 < \mu \leqq \lambda$ および

$$
M(\varepsilon_\nu + \delta)^{p-1} < \min\{\lambda(1-\lambda)^{p-1},\ \mu(1-\mu)^{p-1}\} \tag{6.13}
$$

の下で，次の不等式が成り立つ．

$$
\frac{\varepsilon_\nu - \delta}{1 + M(\varepsilon_\nu - \delta)^{p-1}} < ||\tilde{\boldsymbol{x}}^{(\nu)} - \boldsymbol{\alpha}||_\infty < \frac{\varepsilon_\nu + \delta}{1 - M\left(\dfrac{\varepsilon_\nu + \delta}{1-\mu}\right)^{p-1}} \quad (p > 1) \tag{6.14}
$$

特に $p = 2$ のとき，仮定 $\varepsilon_\nu > \delta$ および $M(\varepsilon_\nu + \delta) < \lambda(1-\lambda)$ の下で，(6.14) より精密な次の不等式が成り立つ．

$$
\frac{2(\varepsilon_\nu - \delta)}{1 + \sqrt{1 + 4M(\varepsilon_\nu - \delta)}} \leqq ||\tilde{\boldsymbol{x}}^{(\nu)} - \boldsymbol{\alpha}||_\infty \leqq \frac{2(\varepsilon_\nu + \delta)}{1 + \sqrt{1 - 4M(\varepsilon_\nu + \delta)}} \quad (p = 2) \tag{6.15}
$$

【証明】 $$||\tilde{\boldsymbol{x}}^{(\nu+1)}-\tilde{\boldsymbol{x}}^{(\nu)}||_\infty \leqq ||\boldsymbol{g}(\tilde{x}^{(\nu)})-\boldsymbol{\alpha}||_\infty+||\boldsymbol{\delta}^{(\nu+1)}||_\infty+||\tilde{\boldsymbol{x}}^{(\nu)}-\boldsymbol{\alpha}||_\infty$$
$$\leqq M||\tilde{\boldsymbol{x}}^{(\nu)}-\boldsymbol{\alpha}||_\infty{}^p+\delta+||\tilde{\boldsymbol{x}}^{(\nu)}-\boldsymbol{\alpha}||_\infty$$

$$\therefore \quad M||\tilde{\boldsymbol{x}}^{(\nu)}-\boldsymbol{\alpha}||_\infty{}^p+||\tilde{\boldsymbol{x}}^{(\nu)}-\boldsymbol{\alpha}||_\infty-(\varepsilon_\nu-\delta)\geqq 0$$

また

$$||\tilde{\boldsymbol{x}}^{(\nu)}-\boldsymbol{\alpha}||_\infty \leqq ||\tilde{\boldsymbol{x}}^{(\nu)}-\tilde{\boldsymbol{x}}^{(\nu+1)}||_\infty+||\boldsymbol{\delta}^{(\nu+1)}||_\infty+||\boldsymbol{g}(\tilde{\boldsymbol{x}}^{(\nu)})-\boldsymbol{\alpha}||_\infty$$
$$\leqq \varepsilon_\nu+\delta+M||\tilde{\boldsymbol{x}}^{(\nu)}-\boldsymbol{\alpha}||_\infty{}^p$$

$$\therefore \quad M||\tilde{\boldsymbol{x}}^{(\nu)}-\boldsymbol{\alpha}||_\infty{}^p-||\tilde{\boldsymbol{x}}^{(\nu)}-\boldsymbol{\alpha}||_\infty+\varepsilon_\nu+\delta\geqq 0$$

ここで

$$\varphi_p(t)=Mt^p+t-(\varepsilon_\nu-\delta), \quad \psi_p(t)=Mt^p-t+\varepsilon_\nu+\delta$$

とおき，不等式 (6.14) の左・右両側の値をそれぞれ σ,τ とおけば

$$\varphi_p(\sigma)<0 \quad \text{かつ} \quad \psi_p(\tau)<0$$

が成り立つ（直接代入して検証せよ．第 2 の不等式を導くために，仮定 (6.13) を使え）．ゆえに，$\varphi_p(t)=0$ の正根（1 個しかない）を ξ_p，$\psi_p(t)=0$ の最小正根を η_p とすれば

$$\varphi_p((\varepsilon_\nu-\delta)/(1+\lambda))<0, \quad \psi_p((\varepsilon_\nu+\delta)/(1-\lambda))<0$$

に注意して

$$\sigma<\xi_p\leqq ||\tilde{\boldsymbol{x}}^{(\nu)}-\boldsymbol{\alpha}||_\infty\leqq \eta_p<\tau$$

を得る．特に $p=2$ ならば，ξ_p,η_p を直接書き下すことができて，不等式 (6.15) を得る． （証明終）

系 6.4.1 $p>1$ かつ $M(\varepsilon_\nu+\delta)$ が十分小ならば

$$\varepsilon_\nu-\delta \mathrel{\dot{\leqq}} ||\tilde{\boldsymbol{x}}^{(\nu)}-\boldsymbol{\alpha}||_\infty \mathrel{\dot{\leqq}} \varepsilon_\nu+\delta$$

●**注意 1** (6.14) が定理 6.3 を改良していることは明らかである．実際

$$M(\varepsilon_\nu-\delta)^{p-1}\leqq M(\varepsilon_\nu+\delta)^{p-1}<\mu\leqq\lambda$$

かつ

$$M\left(\frac{\varepsilon_\nu+\delta}{1-\mu}\right)^p < \mu \leqq \lambda$$

であるから．

次に，特別な場合として，$\boldsymbol{f}(\boldsymbol{x})=\boldsymbol{0}$ を解く Newton 型反復

$$\boldsymbol{x}^{(\nu+1)}=\boldsymbol{x}^{(\nu)}-A(\boldsymbol{x}^{(\nu)})\boldsymbol{f}(\boldsymbol{x}^{(\nu)}), \quad \boldsymbol{g}(\boldsymbol{x})=\boldsymbol{x}-A(\boldsymbol{x})\boldsymbol{f}(\boldsymbol{x}) \tag{6.16}$$

を考える．ここに，$A(\boldsymbol{x})$ は，$\boldsymbol{f}(\boldsymbol{x})=\boldsymbol{0}$ の解 $\boldsymbol{\alpha}$ を含む閉領域 $\mathscr{D}$（§6.4 冒頭において定義）において正則な，n 次行列を表す．$\boldsymbol{f}$（の各成分）が C^2 級ならば，§6.3 でみたように

$$\boldsymbol{0}=\boldsymbol{f}(\boldsymbol{\alpha})=\boldsymbol{f}(\boldsymbol{x})+J(\boldsymbol{x})(\boldsymbol{\alpha}-\boldsymbol{x})+\frac{1}{2}\boldsymbol{r}$$

$$J(\boldsymbol{x})=(\partial f_i(\boldsymbol{x})/\partial x_j), \quad ||\boldsymbol{r}||_\infty \leqq M_0||\boldsymbol{x}-\boldsymbol{\alpha}||_\infty{}^2$$

$$M_0=n^2\max_{i,j,k}\max_{\boldsymbol{x}\in\mathscr{D}}\left|\frac{\partial^2 f_i(\boldsymbol{x})}{\partial x_j\partial x_k}\right|$$

とかけて

$$\boldsymbol{g}(\boldsymbol{x})-\boldsymbol{g}(\boldsymbol{\alpha})=[I-A(\boldsymbol{x})J(\boldsymbol{x})](\boldsymbol{x}-\boldsymbol{\alpha})+\frac{1}{2}A(\boldsymbol{x})\boldsymbol{r}$$

ここで

$$\kappa=\max_{\boldsymbol{x}\in\mathscr{D}}||I-A(\boldsymbol{x})J(\boldsymbol{x})||_\infty, \quad M=\frac{1}{2}M_0\max_{\boldsymbol{x}\in\mathscr{D}}||A(\boldsymbol{x})||_\infty, \quad \lambda=\kappa+Md$$

とおけば

$$||\boldsymbol{g}(\boldsymbol{x})-\boldsymbol{g}(\boldsymbol{\alpha})||_\infty \leqq \kappa||\boldsymbol{x}-\boldsymbol{\alpha}||_\infty+M||\boldsymbol{x}-\boldsymbol{\alpha}||_\infty{}^2 \leqq \lambda||\boldsymbol{x}-\boldsymbol{\alpha}||_\infty$$

以下，$A(\boldsymbol{x})$ を $J(\boldsymbol{x})^{-1}$ に十分近く，また，$d>0$ を十分小さく選んで，$\lambda<1$ が成り立つものとすれば，(6.16) の実際の形 (6.11) において

$$\begin{aligned}||\tilde{\boldsymbol{x}}^{(\nu)}-\boldsymbol{\alpha}||_\infty &\leqq ||\tilde{\boldsymbol{x}}^{(\nu)}-\tilde{\boldsymbol{x}}^{(\nu+1)}||_\infty+||\boldsymbol{\delta}^{(\nu+1)}||_\infty+||\boldsymbol{g}(\tilde{\boldsymbol{x}}^{(\nu)})-\boldsymbol{g}(\boldsymbol{\alpha})||_\infty \\ &\leqq \varepsilon_\nu+\delta+\kappa||\tilde{\boldsymbol{x}}^{(\nu)}-\boldsymbol{\alpha}||_\infty+M||\tilde{\boldsymbol{x}}^{(\nu)}-\boldsymbol{\alpha}||_\infty{}^2\end{aligned}$$

$$M||\tilde{\boldsymbol{x}}^{(\nu)}-\boldsymbol{\alpha}||_\infty{}^2-(1-\kappa)||\tilde{\boldsymbol{x}}^{(\nu)}-\boldsymbol{\alpha}||_\infty+\varepsilon_\nu+\delta \geqq 0$$

いま

$$\psi(t)=Mt^2-(1-\kappa)t+\varepsilon_\nu+\delta$$

とおけば,

$$\psi((\varepsilon_\nu+\delta)/(1-\lambda))<0 \iff M(\varepsilon_\nu+\delta)<(1-\lambda)(\lambda-\kappa)$$

この条件が成り立つときは，定理 6.3 により

$$\begin{aligned}||\tilde{\boldsymbol{x}}^{(\nu)}-\boldsymbol{\alpha}||_\infty &\leqq (\psi(t)=0 \text{ の最小正根})\\ &= \frac{1-\kappa-\sqrt{(1-\kappa)^2-4M(\varepsilon_\nu+\delta)}}{2M} \quad (=\tau \text{とおく})\end{aligned}$$

したがって

$$\begin{aligned}||\tilde{\boldsymbol{x}}^{(\nu+1)}-\boldsymbol{\alpha}||_\infty &\leqq ||\boldsymbol{\delta}^{(\nu+1)}||+||\boldsymbol{g}(\tilde{\boldsymbol{x}}^{(\nu)})-\boldsymbol{g}(\boldsymbol{\alpha})||\\ &\leqq \delta+\kappa||\tilde{\boldsymbol{x}}^{(\nu)}-\boldsymbol{\alpha}||_\infty+M||\tilde{\boldsymbol{x}}^{(\nu)}-\boldsymbol{\alpha}||_\infty{}^2\\ &\leqq \delta+\kappa\tau+M\tau^2=\tau-\varepsilon_\nu \quad (\because\ \psi(\tau)=0)\\ &= \left[\frac{\varepsilon_\nu+\delta}{1-\kappa}+\frac{M(\varepsilon_\nu+\delta)^2}{(1-\kappa)^3}+\cdots\right]-\varepsilon_\nu \qquad (2\text{ 項展開による})\end{aligned}$$

以上まとめて，次の結果を得る．

定理 6.5　Newton 型反復 (6.16) の実際形 (6.11) においては，仮定

$$\varepsilon_\nu=||\tilde{\boldsymbol{x}}^{(\nu)}-\tilde{\boldsymbol{x}}^{(\nu+1)}||_\infty,\quad M(\varepsilon_\nu+\delta)<(\lambda-\kappa)(1-\lambda) \qquad (6.17)$$

の下で

$$\begin{aligned}||\tilde{\boldsymbol{x}}^{(\nu+1)}-\boldsymbol{\alpha}||_\infty &\leqq \frac{1-\kappa-2M\varepsilon_\nu-\sqrt{(1-\kappa)^2-4M(\varepsilon_\nu+\delta)}}{2M}\\ &= \frac{\delta+\kappa\varepsilon_\nu}{1-\kappa}+\frac{M(\varepsilon_\nu+\delta)^2}{(1-\kappa)^3}+\cdots \qquad (6.18)\end{aligned}$$

● **注意 2**　初期値 $\tilde{\boldsymbol{x}}^{(0)}$ に関する仮定は本書とやや異なるが，同じ条件 (6.17) の下で，占部 [27] の導いた結論は次の形である（我々の記号に翻訳してある）．

$$||\tilde{\boldsymbol{x}}^{(\nu+1)}-\boldsymbol{\alpha}||_\infty \leqq \frac{\delta+K\varepsilon_\nu}{1-K},\quad K=\frac{1}{2}(1+\kappa-\sqrt{(1-\kappa)^2-4M(\varepsilon_\nu+\delta)}) \qquad (6.19)$$

しかし

$$\frac{\delta + K\varepsilon_\nu}{1-K} = \frac{\delta + \varepsilon_\nu}{1-K} - \varepsilon_\nu, \quad \frac{1}{1-K} = \frac{1-\kappa-\sqrt{(1-\kappa)^2 - 4M(\varepsilon_\nu + \delta)}}{2M(\varepsilon_\nu + \delta)}$$

であるから，(6.18) と (6.19) とに差異はない．ゆえに，定理 6.5 は占部の定理とみなせる．

● **注意 3**　収束判定条件として

$$|x_i^{(\nu+1)} - x_i^{(\nu)}| < \varepsilon |x_i^{(\nu)}| \quad (x_i^{(\nu)} \text{は} \boldsymbol{x}^{(\nu)} \text{の第} \, i \, \text{成分})$$

を用いたときの評価は，占部 [33] に詳しい．

演習問題

1　$\mathscr{D}_0 = \{\boldsymbol{x} \in \boldsymbol{R}^n \mid ||\boldsymbol{x} - \boldsymbol{x}^{(0)}||_\infty \leqq d\}$ $(d > 0)$ とおく．仮定

$$||\boldsymbol{g}(\boldsymbol{x}) - \boldsymbol{g}(\boldsymbol{x}')||_\infty \leqq \lambda ||\boldsymbol{x} - \boldsymbol{x}'||_\infty \quad (\boldsymbol{x}, \boldsymbol{x}' \in \mathscr{D}_0, \ 0 < \lambda < 1)$$
$$||\boldsymbol{g}(\boldsymbol{x}^{(0)}) - \boldsymbol{x}^{(0)}||_\infty \leqq (1-\lambda)d$$

の下で，方程式 $\boldsymbol{x} = \boldsymbol{g}(\boldsymbol{x})$ は $\mathscr{D}_0$ 内にただ 1 つの解 $\boldsymbol{\alpha}$ をもち，$\boldsymbol{x}^{(\nu)} = \boldsymbol{g}(\boldsymbol{x}^{(\nu-1)})$ $(\nu \geqq 1)$ は $\boldsymbol{\alpha}$ に収束することを示せ．

2　$\sin(xy) = 0.51x + 0.32y$ $(0 < x < 1.2)$ により定義される関数 $y(x)$ は，$1.0 < x < 1.2$ において最小値をとる．

(i)　y が最小値をとる点 x とそのときの最小値 y は，次の 2 元連立方程式の解であることを示せ．

$$\begin{cases} \sin(xy) - 0.51x - 0.32y = 0 \\ y\cos(xy) - 0.51 = 0 \end{cases}$$

(ii)　この方程式を Newton 法により解け．答えを小数第 2 位まで求めよ．

3　複素正則関数 $f(z) = u(x,y) + iv(x,y)$ $(z = x + iy)$ の零点を求める Newton 法

$$z_{\nu+1} = z_\nu - \frac{f(z_\nu)}{f'(z_\nu)}$$

は，2 元連立方程式 $u(x,y) = 0$，$v(x,y) = 0$ を解く Newton 法と同じであることを示せ．

4　不等式 (6.12) を示せ．

5　前問において，列 $\{\tilde{\boldsymbol{x}}^{(\nu)}\}$ は，高々有限回の反復の後，振動状態に達し，その状態内にある $\tilde{\boldsymbol{x}}^{(\nu)}$ は，いずれも

$$||\tilde{\boldsymbol{x}}^{(\nu)} - \boldsymbol{\alpha}||_\infty \leqq \frac{\delta}{1-\lambda}$$

をみたすことを示せ (占部).

6 ベクトル $\boldsymbol{x} = [x_1, \cdots, x_n]^t$, $\boldsymbol{y} = [y_1, \cdots, y_n]^t$ と，行列 $A = [a_{ij}]$, $B = [b_{ij}]$ に対し，$x_i \geqq y_i$ $(1 \leqq i \leqq n)$ のとき $\boldsymbol{x} \geqq \boldsymbol{y}$, $a_{ij} \geqq b_{ij}$ $(1 \leqq i, j \leqq n)$ のとき $A \geqq B$ とかくことにする．次のことを示せ $(0 < \theta < 1)$.

(i) $\boldsymbol{f}(\theta\boldsymbol{x} + (1-\theta)\boldsymbol{y}) \leqq \theta\boldsymbol{f}(\boldsymbol{x}) + (1-\theta)\boldsymbol{f}(\boldsymbol{y})$

$$(\boldsymbol{x}, \boldsymbol{y} \in \mathscr{D} = \{\boldsymbol{x} \mid ||\boldsymbol{x} - \boldsymbol{\alpha}||_\infty \leqq d\})$$

$\Leftrightarrow \boldsymbol{f}(\boldsymbol{x}) - \boldsymbol{f}(\boldsymbol{y}) \geqq J(\boldsymbol{y})(\boldsymbol{x} - \boldsymbol{y})$　$(\boldsymbol{x}, \boldsymbol{y} \in \mathscr{D})$　　$J(\boldsymbol{x}) = [\partial f_i(\boldsymbol{x})/\partial x_j]$

(ii) 条件 (i) に加えて，$J(\boldsymbol{x})$ の正則性と $J(\boldsymbol{x})^{-1} \geqq O$ $(\boldsymbol{x} \in \boldsymbol{R}^n)$ とを仮定する．もし $\boldsymbol{f}(\boldsymbol{x}) = \boldsymbol{0}$ が解 $\boldsymbol{\alpha}$ をもてば，$\boldsymbol{\alpha}$ は一意に定まり，任意の初期値 $\boldsymbol{x}^{(0)}$ から出発する Newton 法 $\boldsymbol{x}^{(\nu+1)} = \boldsymbol{x}^{(\nu)} - J(\boldsymbol{x}^{(\nu)})^{-1}\boldsymbol{f}(\boldsymbol{x}^{(\nu)})$ は $\boldsymbol{\alpha}$ に収束して，

$$\boldsymbol{\alpha} \leqq \boldsymbol{x}^{(\nu+1)} \leqq \boldsymbol{x}^{(\nu)} \quad (\nu \geqq 1)$$

(iii) さらに，$J(\boldsymbol{x})$ の単調性（$\boldsymbol{x} \leqq \boldsymbol{y}$ なら $J(\boldsymbol{x}) \leqq J(\boldsymbol{y})$）を仮定する．もし $\boldsymbol{f}(\boldsymbol{y}^{(1)}) \leqq \boldsymbol{0}$ となる $\boldsymbol{y}^{(1)}$ があれば，列

$$\boldsymbol{y}^{(\nu+1)} = \boldsymbol{y}^{(\nu)} - J[\boldsymbol{x}^{(\nu)}]^{-1}\boldsymbol{f}(\boldsymbol{y}^{(\nu)})$$

は $\boldsymbol{\alpha}$ に収束して

$$\boldsymbol{y}^{(\nu)} \leqq \boldsymbol{y}^{(\nu+1)} \leqq \boldsymbol{\alpha} \quad (\nu \geqq 1)$$

7 (**Davidenko**（ダビデンコ）**の方法**)　$J(x)$ は正則として，n 元連立常微分方程式の初期値問題

$$\boldsymbol{x}'(t) = -\left[J(\boldsymbol{x}(t))\right]^{-1}\boldsymbol{f}(\boldsymbol{x}^{(0)}), \quad 0 \leqq t \leqq 1 \quad \boldsymbol{x}(0) = \boldsymbol{x}^{(0)}$$

を解けば，$\boldsymbol{x}(1)$ は方程式 $\boldsymbol{f}(\boldsymbol{x}) = \boldsymbol{0}$ の解であることを示せ．したがって，第 10 章の方法（たとえば Runge–Kutta 法）により，上の微分方程式を解き，得られた近似解 $\tilde{x}(1)$ を $\boldsymbol{f}(\boldsymbol{x}) = \boldsymbol{0}$ に対する Newton 法の初期値として採用することができる．

(ヒント：方程式 $\boldsymbol{f}(\boldsymbol{x}(t)) - (1-t)\boldsymbol{f}(\boldsymbol{x}^{(0)}) = \boldsymbol{0}$ を t につき微分せよ．)

7 行列の固有値問題

7.1 固有値と固有ベクトル

$A=[a_{ij}]$ を n 次実行列とするとき，$A\boldsymbol{x}=\lambda\boldsymbol{x}$ をみたす数 λ（一般に複素数）とベクトル $\boldsymbol{x}\neq\boldsymbol{0}$ を，それぞれ A の**固有値**，**固有ベクトル**という．固有値問題とは，A を与えて，そのような λ と $\boldsymbol{x}$ を決定することである．

よく知られているように，固有値は特性方程式

$$p(\lambda)=\det(\lambda I-A)=\lambda^n-(a_{11}+\cdots+a_{nn})\lambda^{n-1}+\cdots=0 \tag{7.1}$$

の根として特徴づけられる．しかし，代数方程式の根は，一般に，係数の変化に対して敏感であるから，λ を（7.1）の根として定めるのは賢明な方法ではない．現在用いられている多くの方法は，次の 3 種に大別される．

(i) 対称行列 A に直交変換を施して，列 $A_\nu=T_\nu^{-1}AT_\nu$（T_ν：直交行列）をつくり，$\nu\to\infty$ のとき対角行列に近づけるもの（Jacobi 法等）．このとき，A_ν の対角要素が近似固有値，直交行列 T_ν の各列が近似固有ベクトルを与える．

(ii) 同じく相似変換を繰り返して，任意の行列 A を 3 角行列に近づけるもの（QR 法，LR 法等）．

(iii) 有限回の相似変換によって，A を 3 重対角行列に変換するもの (Householder (ハウスホルダー) 法，Givens (ギブンス) 法，Lanczos (ランチョス) 法等)．3 重対角行列の固有値・固有ベクトルは別な方法により求める．

注意 1 上の 3 種に属さない方法ももちろんある（累乗法等）が，有限回の代数的操作で真の固有値を求める方法は存在しない．すなわち，固有値解法は反復法に限られる．実際，有限回の操作で厳密解を得る方法があれば，任意の n 次代数方程式 $\lambda^n+a_1\lambda^{n-1}+\cdots+a_n=0$ の根 $\lambda_1,\cdots,\lambda_n$ は，行列

$$\begin{bmatrix} 0 & & & -a_n \\ 1 & 0 & \cdots\cdots & -a_{n-1} \\ & \ddots & \ddots & \vdots \\ & \ddots & \ddots & -a_2 \\ & & 1 & -a_1 \end{bmatrix} \quad \text{（コンパニオン行列という）}$$

の固有値として，有限回の代数的操作により，常に求まることになる．これは，$n \geqq 5$ のとき，ガロア理論に矛盾する（高々4次の行列ならば話は別である）．

注意2　A が対角化可能，すなわち，適当な正則行列 S により，$S^{-1}AS = D$ が対角行列となれば，D の対角要素は A の固有値で，S の各列が対応する固有ベクトルを与える．このとき，固有ベクトルの全体は全空間

$$\boldsymbol{C}^n = \{\boldsymbol{x} = [x_1, \cdots, x_n]^t \mid x_i \text{は複素数}\}$$

を張る．A が対角化可能でなければ，このことはいえない．しかし固有ベクトルの概念を一般化し，適当な正整数 k をとれば $(A - \lambda I)^k \boldsymbol{y} = \boldsymbol{0}$ となるベクトル $\boldsymbol{y} \neq \boldsymbol{0}$ を，固有値 λ に対応する**広義固有ベクトル**，$\boldsymbol{y}$ の張る空間 W_λ を λ に対応する**広義固有空間**と呼ぶことにすれば，全空間 $\boldsymbol{C}^n$ は広義固有空間 W_λ の直和に等しい．すなわち，複素数を成分とする任意の n 次元ベクトル $\boldsymbol{x}$ は

$$\boldsymbol{x} = \boldsymbol{v}_1 + \boldsymbol{v}_2 + \cdots + \boldsymbol{v}_m, \quad \boldsymbol{v}_i \in W_{\lambda i} \quad (\lambda_i\,(1 \leqq i \leqq m) \text{は} A \text{の相異なる固有値})$$

の形で一意に表される．

7.2 包含定理と摂動定理

n 次行列 $A = [a_{ij}]$ が与えられたとき，要素 a_{ij} を用いて，固有値の存在範囲を定める定理を**包含定理**という．また，2つの n 次行列 A, B の固有値の違いを評価する定理を**摂動定理**という．固有値問題の解法を述べる前に，この方面における代表的な結果をいくつか挙げておく．

定理 7.1（Gerschgorin（ゲルシュゴリン））　n 次行列 $A = [a_{ij}]$ に対し

$$r_i = \sum_{\substack{j=1 \\ j \neq i}}^{n} |a_{ij}|, \quad R_i = \{z \in \boldsymbol{C} \mid |z - a_{ii}| \leqq r_i\}$$

とおけば，$A = [a_{ij}]$ のすべての固有値は閉円板 R_i の合併 $R = \bigcup_{i=1}^{n} R_i$ に属す．集合 R を連結な領域にわけるとき，その1つ（連結成分）C が m 個の R_i からなれば，重複度もこめてちょうど m 個の固有値が C 内にある．

【証明】　λ を A の固有値，$\boldsymbol{x} = [x_1, \cdots, x_n]^t$ を対応する固有ベクトル，

$\|\boldsymbol{x}\|_\infty = |x_k| > 0$ とする．$(A - \lambda I)\boldsymbol{x} = \boldsymbol{0}$ の第 k 成分を考えれば

$$|a_{kk} - \lambda|\ |x_k| = |(a_{kk} - \lambda)x_k| = \left|\sum_{\substack{j=1 \\ j\neq k}}^{n} a_{kj}x_j\right| \leqq r_k|x_k|$$

ゆえに $|a_{kk} - \lambda| \leqq r_k$，すなわち $\lambda \in R_k \subset R$.

次に後半を示すために A を対角部分 $D = \mathrm{diag}(a_{11}, \cdots, a_{nn})$ と非対角部分 $E = A - D$ に分解して，$A(t) = D + tE$，$0 \leqq t \leqq 1$ とおく．$A(t)$ に対応する Gerschgorin 円板は $R_i(t) = \{z \in \boldsymbol{C} \mid |z - a_{ii}| \leqq tr_i\}$，$1 \leqq i \leqq n$ である．パラメータ t が 0 から 1 まで連続的に変化するとき，$A(t)$ は D から A に連続的に変化し，その固有値 $\lambda_1(t), \cdots, \lambda_n(t)$ はそれぞれ $\lambda_1(0) = a_{11}, \cdots, \lambda_{nn}(0) = a_{nn}$ から出発して A の固有値 $\lambda_1, \cdots, \lambda_n$ に至る連続曲線 $\Gamma_1, \cdots, \Gamma_n$ を描く．一般性を失うことなく，R の連結成分の 1 つを $C = R_1 \cup \cdots \cup R_m$ とすれば，$R_i(t) \subseteqq R_i$ であるから，各 t につき $C(t) = R_1(t) \cup \cdots \cup R_m(t)$ は $\tilde{C} = R_{m+1} \cup \cdots \cup R_n$ と交わることはない．したがって，m 個の連続曲線 $\Gamma_1, \cdots, \Gamma_m$ は $C = C(1)$ をこえて外部に出ることはなく，同様に $\Gamma_{m+1}, \cdots, \Gamma_n$ も C 内に入ることはない．ゆえに A の固有値は重複度もこめて，ちょうど m 個が C 内にある．（証明終）

■例　3 次行列

$$A = \begin{bmatrix} 1 & 0 & 1 \\ -1 & -2 & -0.5 \\ 0.5 & -1 & 3 \end{bmatrix}$$

の固有値は，図 7.1 の R_2 内に 1 個，$R_1 \cup R_3$ 内に 2 個存在する．

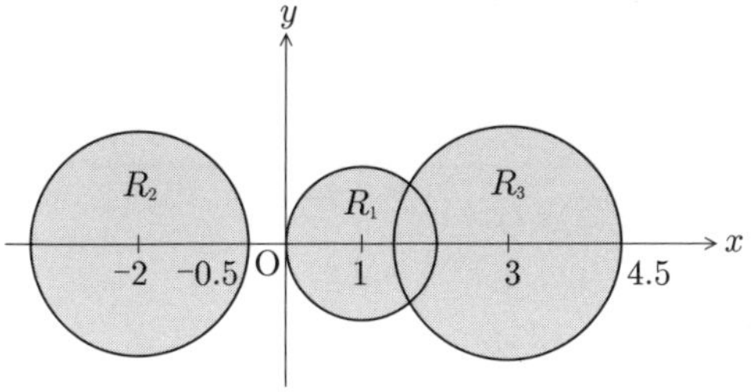

図 7.1

定理 7.2（**Courant－Fischer**（クーラン・フィッシャー）のミニ・マックス定理） A を実対称行列，その固有値を $\lambda_1 \leqq \lambda_2 \leqq \cdots \leqq \lambda_n$ とする．V_k を実 n 次元空間 $\boldsymbol{R}^n$ の，任意の k 次元部分空間として

$$\lambda_k = \min_{V_k} \max_{\mathbf{0} \neq \boldsymbol{x} \in V_k} \frac{(A\boldsymbol{x}, \boldsymbol{x})}{(\boldsymbol{x}, \boldsymbol{x})} \quad (1 \leqq k \leqq n)$$

●**注意 1**　定理 7.2 は次の形に述べてもよい．
$\lambda_1 \geqq \lambda_2 \geqq \cdots \geq \lambda_n$ が A の固有値ならば

$$\lambda_k = \min_{V_{k-1}} \max_{\mathbf{0} \neq \boldsymbol{x} \in V_{k-1}^{\perp}} \frac{(A\boldsymbol{x}, \boldsymbol{x})}{(\boldsymbol{x}, \boldsymbol{x})} \quad (1 \leqq k \leqq n)$$

定理 7.3（**摂動定理**） $A = [a_{ij}]$，$B = [b_{ij}]$ は共に実対称行列で，それぞれ固有値を $\lambda_1 \leqq \cdots \leqq \lambda_n$，　$\mu_1 \leqq \cdots \leqq \mu_n$ をもつものとすれば

$$|\lambda_i - \mu_i| \leqq ||A - B||_2 \leqq \sqrt{\sum_{j,k=1}^{n} |a_{jk} - b_{jk}|^2} \quad (i = 1, 2, \cdots, n)$$

定理 7.4（**分離定理**） A を n (> 1) 次実対称行列，B を A の第 n 行 n 列を除いて得られる $n-1$ 次行列とする．A, B の固有値をそれぞれ $\lambda_1 \leqq \cdots \leqq \lambda_n$，　$\mu_1 \leqq \cdots \leqq \mu_{n-1}$ とすれば

$$\lambda_1 \leqq \mu_1 \leqq \lambda_2 \leqq \mu_2 \leqq \cdots \leqq \lambda_{n-1} \leqq \mu_{n-1} \leqq \lambda_n$$

これらの定理の証明は付録 D をみよ．

●**注意 2**　定理 7.3 の一般化として次の結果が知られている（Hoffman－Wielandt（ホフマン・ウィーラント），1953）．

$$\sum_{i=1}^{n} |\lambda_i - \mu_i|^2 \leqq ||A - B||_E{}^2 = \sum_{i=1}^{n} \nu_i{}^2,$$

ここに $\{\nu_i\}$ は $A - B$ の固有値を表す．また $||\cdot||_E$ はユークリッドノルムを表す．

7.3 累 乗 法

必ずしも対称でない行列の絶対値最大な固有値を求める方法として，累乗法がある．これは次の原理に基づく．

定理 7.5 n 次行列 A の固有値を $|\lambda_1| = \cdots = |\lambda_m| > |\lambda_{m+1}| \geqq \cdots \geqq |\lambda_n|$ と並べるとき，$\lambda_1 = \cdots = \lambda_m$，かつ λ_1 は実数であるとする．さらに，λ_1 に対応する m 個の 1 次独立な固有ベクトルが存在するものと仮定する．(ほとんど) 任意の初期ベクトル $\boldsymbol{x}^{(0)}$ から出発して

$$\boldsymbol{x}^{(\nu+1)} = A\boldsymbol{x}^{(\nu)}, \quad \boldsymbol{x}^{(\nu)} = [x_1{}^{(\nu)}, \cdots, x_n{}^{(\nu)}]^t, \quad r_i{}^{(\nu+1)} = \frac{x_i{}^{(\nu+1)}}{x_i{}^{(\nu)}} \tag{7.2}$$

をつくれば

$$\lim_{\nu\to\infty} r_i{}^{(\nu)} = \lambda_1 \, (1 \leqq i \leqq n) \quad \text{かつ} \quad \lim_{\nu\to\infty} \frac{\boldsymbol{x}^{(\nu)}}{\lambda_1{}^{\nu}} = \boldsymbol{u} \quad \left(\begin{matrix}\lambda_1 \text{に対応する} \\ \text{固有ベクトル}\end{matrix}\right) \tag{7.3}$$

【証明】 λ_1 に対応する固有空間を U，$\lambda_{m+1}, \cdots, \lambda_n$ に対応する広義固有空間の直和を V とすれば

$$\boldsymbol{x}^{(0)} = \boldsymbol{u} + \boldsymbol{v}, \quad \boldsymbol{u} \in U, \quad \boldsymbol{v} \in V$$

と一意に表される（§ 7.1 の注意 2）．このとき

$$\boldsymbol{x}^{(\nu)} = A\boldsymbol{x}^{(\nu)} = \cdots = A^{\nu}\boldsymbol{x}^{(0)} = A^{\nu}\boldsymbol{u} + A^{\nu}\boldsymbol{v} = \lambda_1{}^{\nu}\boldsymbol{u} + A^{\nu}\boldsymbol{v} \tag{7.4}$$

線形代数学において既習のごとく，行列 A を線形変換とみなし，変換 A の V 上への制限を A_V により表せば，A_V の固有値は $\lambda_{m+1}, \cdots, \lambda_n$ であるから

$$\rho\left(\frac{A_V}{\lambda_1}\right) = \left|\frac{\lambda_{m+1}}{\lambda_1}\right| < 1$$

したがって

$$\lim_{\nu\to\infty} \left(\frac{A_V}{\lambda_1}\right)^{\nu} = O \quad (\text{定理 } 2.3)$$

よって (7.4) より

$$\frac{\boldsymbol{x}^{(\nu)}}{{\lambda_1}^{\nu}} = \boldsymbol{u} + \left(\frac{A}{\lambda_1}\right)^{\nu} \boldsymbol{v} = \boldsymbol{u} + \left(\frac{A_V}{\lambda_1}\right)^{\nu} \boldsymbol{v} \to \boldsymbol{u} \quad (\nu \to \infty)$$

次に，$\boldsymbol{u}$，$A^{\nu}\boldsymbol{v}$ の第 i 成分をそれぞれ u_i，$(A^{\nu}\boldsymbol{v})_i$ とおけば，仮定 $u_i \neq 0$ の下で

$$r_i^{(\nu)} = \frac{x_i^{(\nu)}}{x_i^{(\nu-1)}} = \lambda_1 \frac{u_i + \left\{\left(\frac{A}{\lambda_1}\right)^{\nu} \boldsymbol{v}\right\}_i}{u_i + \left\{\left(\frac{A}{\lambda_1}\right)^{\nu-1} \boldsymbol{v}\right\}_i} \to \lambda_1 \quad (\nu \to \infty)$$

初期ベクトル $\boldsymbol{x}^{(0)}$ は，$u_i \neq 0$ をみたす限り，任意に選べる． (証明終)

(7.2)，(7.3) により，絶対値最大な実固有値 λ_1 と対応する固有ベクトルを求める方法を**累乗法**という．

●注意 1 定理 7.5 において，仮定 $\dim U = m$ は本質的ではない．実際，$m > 1$ かつ $\dim U < m$ でも，(7.2)，(7.3) は成り立つ（演習問題 5）．なお，一松 [1] をみよ．

●注意 2 定理 7.5 の仮定の下で，累乗法の λ_1 への収束のオーダーは $O(|\lambda_{m+1}/\lambda_1|^{\nu-1})$ である．しかし，注意 1 の仮定の下では，収束はかなり遅くなる．

●注意 3 実際の計算では，オーバーフロー ($\|\boldsymbol{x}^{(\nu)}\|_\infty \to \infty$) およびアンダーフロー ($\|\boldsymbol{x}^{(\nu)}\| \to 0$) をふせぐため，次のようにする．

$$\boldsymbol{y}^{(\nu+1)} = A\boldsymbol{x}^{(\nu)}, \quad \boldsymbol{y}^{(\nu+1)} = \left[{y_1}^{(\nu+1)}, \cdots, {y_n}^{(\nu+1)}\right]^t, \quad \max_i |{y_i}^{(\nu+1)}| = |{y_k}^{(\nu+1)}|$$

$$\boldsymbol{x}^{(\nu+1)} = \boldsymbol{y}^{(\nu+1)}/|{y_k}^{(\nu+1)}| \quad (\text{または簡便に } \boldsymbol{x}^{(\nu+1)} = \boldsymbol{y}^{(\nu+1)}/|{y_1}^{(\nu+1)}|)$$

$$r^{(\nu+1)} = {y_k}^{(\nu+1)}/{x_k}^{(\nu)} \quad (\text{または簡便に } r^{(\nu+1)} = {y_1}^{(\nu+1)}/{x_1}^{(\nu)})$$

ただし，かっこ内の便法は，固有ベクトルの第 1 成分がゼロでないときに限り有効である．収束判定は $|r^{(\nu+1)} - r^{(\nu)}| < \varepsilon |r^{(\nu)}|$ 等により行う．

7.4 Jacobi 法

この方法は，n 次実対称行列 $A = [a_{ij}]$ の n 個の固有値，固有ベクトルを同時に求めるものである．まず，直交行列 $U = [u_{ij}]$ を次式により定義する．

$$U = \begin{bmatrix} 1 & & & & & & & & \\ & \ddots & & & & & & & \\ & & 1 & & & & & & \\ & & & \cos\theta & & & \sin\theta & & \\ & & & & 1 & & & & \\ & & & & & \ddots & & & \\ & & & & & & 1 & & \\ & & & -\sin\theta & & & \cos\theta & & \\ & & & & & & & 1 & \\ & & & & & & & & \ddots \\ & & & & & & & & & 1 \end{bmatrix} \begin{matrix} \\ \\ \\ (p\text{ 行} \\ \\ \\ \\ (q\text{ 行} \\ \\ \\ \\ \end{matrix}$$

（$\cos\theta$, $-\sin\theta$ は p 列，$\sin\theta$, $\cos\theta$ は q 列）

幾何学的には，行列 U は平面の回転を表すから，これを Jacobi の**回転行列**という．$B = U^t AU = [b_{ij}]$ の要素は次のようになる．

$$\left.\begin{aligned} b_{pk} &= a_{pk}\cos\theta - a_{qk}\sin\theta && (7.5)\\ b_{qk} &= a_{pk}\sin\theta + a_{qk}\cos\theta && (7.6)\\ b_{ip} &= a_{ip}\cos\theta - a_{iq}\sin\theta && (7.7)\\ b_{iq} &= a_{ip}\sin\theta + a_{iq}\cos\theta && (7.8)\\ b_{ik} &= a_{ik} && (7.9) \end{aligned}\right\} \quad \begin{pmatrix} i \neq p, q \\ k \neq p, q \end{pmatrix}$$

$$b_{pp} = a_{pp}\cos^2\theta + a_{qq}\sin^2\theta - 2a_{pq}\sin\theta\cos\theta \tag{7.10}$$

$$b_{qq} = a_{pp}\sin^2\theta + a_{qq}\cos^2\theta + 2a_{pq}\sin\theta\cos\theta = a_{pp} + a_{qq} - b_{pp} \tag{7.11}$$

$$b_{pq} = (1/2)(a_{pp} - a_{qq})\sin 2\theta + a_{pq}\cos 2\theta \tag{7.12}$$

(7.5)，(7.6)，(7.7)，(7.8) より，容易に

$${b_{pk}}^2 + {b_{qk}}^2 = {b_{kp}}^2 + {b_{kq}}^2 = {a_{pk}}^2 + {a_{qk}}^2 \quad (k \neq p, q) \tag{7.13}$$

$${b_{ip}}^2 + {b_{iq}}^2 = {b_{pi}}^2 + {b_{qi}}^2 = {a_{ip}}^2 + {a_{iq}}^2 \quad (i \neq p, q) \tag{7.14}$$

一方，行列 A のトレース（対角成分の和）$\mathrm{Tr}(A)$ は相似変換により不変であるから，A, B の対称性を用いて，

$$\sum_{i,j=1}^{n} {b_{ij}}^2 = \mathrm{Tr}(B^2) = \mathrm{Tr}(U^t A^2 U) = \mathrm{Tr}(A^2) = \sum_{i,j=1}^{n} {a_{ij}}^2 \tag{7.15}$$

(7.9)，(7.13)，(7.14)，(7.15) より，

$${b_{pp}}^2 + {b_{qq}}^2 + 2{b_{pq}}^2 = {a_{pp}}^2 + {a_{qq}}^2 + 2{a_{pq}}^2 \tag{7.16}$$

さて，回転角 θ を

$$\tan 2\theta = \frac{-2a_{pq}}{a_{pp} - a_{qq}} \quad \left(-\frac{\pi}{4} \leqq \theta \leqq \frac{\pi}{4}\right) \tag{7.17}$$

と選べば，(7.12) により $b_{pq} = 0$．したがって，(7.16) と (7.9) とにより

$$\sum_{i=1}^{n} {b_{ii}}^2 = \sum_{i=1}^{n} {a_{ii}}^2 + 2{a_{pq}}^2 \tag{7.18}$$

(7.15) と (7.18) は，B が A よりも対角行列に一歩近づいたことを示す．

定理 7.6（**Jacobi**） $A = A_0 = [a_{ij}]$ を与えられた実対称行列とする．非対角要素のうちで絶対値最大な要素 a_{pq} に対し，(7.17) により回転角 θ と回転行列 U_1 を定め，

$$A_1 = {U_1}^t A U_1$$

とおく．以下

$$A_{\nu-1} = {U_{\nu-1}}^t A_{\nu-2} U_{\nu-1} = {U_{\nu-1}}^t \cdots {U_1}^t A U_1 \cdots U_{\nu-1}$$

の非対角要素のうち，絶対値最大なものに対し，順次同じ操作を行い，回転行列 U_ν を定める．このとき，A_ν は $\nu \to \infty$ のとき，対角行列 D に収束する．D の対角要素が A の固有値，$\prod_{i=1}^{\infty} U_i$ の各列が固有ベクトルを与える．

【証明】 $A = [a_{ij}]$，$A_\nu = [a_{ij}^{(\nu)}]$，$\max_{i \neq j} |a_{ij}^{(\nu-1)}| = |a_{pq}^{(\nu-1)}|$ とおき，$\sum_{\substack{i,j=1 \\ i \neq j}}^{n}$ を $\sum_{i \neq j}$ と略記すれば

$$\sum_{i \neq j} {a_{ij}}^{(\nu-1)2} \leqq (n^2 - n) {a_{pq}}^{(\nu-1)2}$$

ゆえに，(7.15)，(7.18) によって

$$\sum_{i \neq j} {a_{ij}}^{(\nu)2} = \sum_{i \neq j} {a_{ij}}^{(\nu-1)2} - 2{a_{pq}}^{(\nu-1)2} \leqq \left(1 - \frac{2}{n^2 - n}\right) \sum_{i \neq j} {a_{ij}}^{(\nu-1)2}$$
$$\leqq \left(1 - \frac{2}{n^2 - n}\right)^{\nu} \sum_{i \neq j} {a_{ij}}^2 \to 0 \quad (\nu \to \infty)$$

よって，A_ν の非対角要素は 0 に近づく．A_ν の固有値は A の固有値 $\lambda_1, \cdots, \lambda_n$ に等しいから，摂動定理を A_ν と対角行列 $D_\nu = \mathrm{diag}(a_{11}{}^{(\nu)}, \cdots, a_{nn}{}^{(\nu)})$ に適用して，$\{\lambda_i\}$ と $\{a_{ii}{}^{(\nu)}\}$ をそれぞれ大きさの順に並べ，$a_{ii}{}^{(\nu)}$ に対応する A の固有値を $\lambda_i{}'$ とすれば

$$|\lambda_i{}' - a_{ii}{}^{(\nu)}| \leqq \sqrt{\sum_{i \neq j} a_{ij}{}^{(\nu)2}} \to 0 \quad (\nu \to \infty) \quad (1 \leqq i \leqq n).$$

したがって，ν が十分大きいとき，D_ν の対角成分は A の固有値をもれなく近似する．実用上はこれで十分であるが,「A_ν は A の固有値からなる対角行列 $D = \mathrm{diag}(\lambda_1, \cdots, \lambda_n)$ に近づく」とはまだいえない（D_ν が振動するかもしれない）．この事実の証明は付録 E に記す．$\prod_{i=1}^{\nu} U_i$ の各列が固有ベクトルへ収束することの証明は省略する．　(証明終)

この定理に基づき，A_ν が対角行列に十分近づいたとき，計算を打ち切り，A の近似固有値として $a_{11}{}^{(\nu)}, \cdots, a_{nn}{}^{(\nu)}$，それらに対応する近似固有ベクトルとして行列 $V_\nu = \prod_{i=1}^{\nu} U_i$ の各列を採用する．これを**古典 Jacobi 法**という．

●**注意 1**　回転を実行するとき，θ の値を決定する必要はない．変換式 (7.5)～(7.11) において，必要なのは $\sin\theta$，$\cos\theta$ の値であるから，たとえば，次の手順による．

$$z = \sqrt{4a_{pq}{}^2 + (a_{pp} - a_{qq})^2} \quad (a_{pq} \neq 0)$$

$$\cos 2\theta = \frac{|a_{pp} - a_{qq}|}{z}, \quad \cos\theta = \sqrt{\frac{1}{2}(1 + \cos 2\theta)}$$

$$\sin\theta = \mathrm{sgn}\{-a_{pq}(a_{pp} - a_{qq})\}\sqrt{\frac{1}{2}(1 - \cos 2\theta)} \quad (\mathrm{sgn}(x) \text{ は } x \text{ の符号})$$

他に Rutishauser（ルティスハウザー）によるすぐれた公式もある（演習問題 6 参照）．

●**注意 2**　絶対値最大な非対角要素を毎回求めるのは能率が悪い．ゆえに，あるしきい値 $\varepsilon_\nu > 0$ を $\varepsilon_1 \geqq \varepsilon_2 \geqq \cdots$ と選び，$|a_{pq}{}^{(\nu)}| > \varepsilon_\nu$ なる $a_{pq}{}^{(\nu)}$ に対して回転を施す**しきい値 Jacobi 法**や，$(1,2), (1,3), \cdots, (1,n)$; $(2,3), (2,4), \cdots, (n-1,n)$ の各要素に対し，この順に回転を行い，これを 1 回の掃き出しとして掃き出し操作を繰り返す**特別巡回 Jacobi 法**等いろいろな変形が考えられている．

●**注意 3**　古典 Jacobi 法と特別巡回 Jacobi 法は最終的に 2 次収束することが知られている．しかし，30×30 程度の行列でも，数千回の回転を要するのが普通で，次数の大きい行列に対しては，計算時間および精度の点で，次節以下に述べる Householder－Givens 法，QR 法の方がすぐれている（表 7.1 参照）．しかし，固有値・固有ベクトルがすべて同時に求まる点で，この方法は捨て難い．特に，固有ベクトルの直交性はよく保た

れる．実際，近年，国外で Jacobi 法の安定性が再評価されはじめているのは興味深いことである．

計算例　特別巡回法としきい値法とを併用して，第 k 回目の掃き出しを，絶対値が ε_k より大きい各非対角要素につき行う．掃き出し終了後の非対角要素の平方和を S_k とし

$$\varepsilon_k = \frac{\sqrt{S_{k-1}}}{n} \quad (k \geqq 1), \quad S_0 = \sum_{\substack{i,j=1 \\ i \neq j}}^{n} {a_{ij}}^2$$

とおいて，次の掃き出しへ進む．この方法を 4 次行列

$$A = \begin{bmatrix} 5 & 4 & 1 & 1 \\ 4 & 5 & 1 & 1 \\ 1 & 1 & 4 & 2 \\ 1 & 1 & 2 & 4 \end{bmatrix} \quad (\text{固有値 } 1, 2, 5, 10)$$

に適用すれば，2 回の掃き出し操作で，次の行列 $A^{(2)}$ と対応する直交行列 $V^{(2)}$ を得る．

$$A^{(2)} = \begin{bmatrix} 9.99999997 & 0 & 0 & -0.166600046 \times 10^{-8} \\ 0 & 0.999999993 & 0 & 0 \\ 0 & 0 & 4.99999998 & 0.833000236 \times 10^{-9} \\ -0.166600046 \times 10^{-8} & 0 & 0.833000236 \times 10^{-9} & 1.99999999 \end{bmatrix}$$

$$V^{(2)} = \begin{bmatrix} 0.632455531 & -0.707106781 & -0.316227767 & 0 \\ 0.632455531 & 0.707106781 & -0.316227767 & 0 \\ 0.316227767 & 0 & 0.632455531 & -0.707106781 \\ 0.316227767 & 0 & 0.632455531 & 0.707106781 \end{bmatrix}$$

$A^{(2)}$ の対角要素が A の近似固有値であり，$V^{(2)}$ の各列が，$A^{(2)}$ の各対角要素に対応する近似固有ベクトルを与える．

7.5 Householder – Givens 法

この方法は，実対称行列 A の固有値・固有ベクトルを，次の順序で求める．

(a)　有限回の操作により，A と相似な 3 重対角行列 B をつくる（Householder 法）．

(b) B の固有値を，2分法（Givens 法）によって，逐次，狭い区間に追いつめる．

(c) 固有ベクトルを求めるには Wielandt の逆反復法を用いる．

以下，これらの方法を述べよう．

7.5.1 3重対角化（Householder 法）

長さ1の n 次元列ベクトル $\boldsymbol{v}$ に対し

$$P = I - 2\boldsymbol{v} \cdot \boldsymbol{v}^t$$

とおけば，$P^t = P$ かつ $P^2 = I$ が成り立つ．ゆえに，P は実対称直交行列であって $P^{-1} = P$ である．これを**基本直交行列**，または Householder 行列という．任意の n 次元列ベクトル $\boldsymbol{x}$ に対し，$(\boldsymbol{v}^t\boldsymbol{x})\boldsymbol{v}$ は $\boldsymbol{x}$ の $\boldsymbol{v}$ 方向への成分を表すから，

$$P\boldsymbol{x} = \boldsymbol{x} - 2(\boldsymbol{v}^t\boldsymbol{x})\boldsymbol{v}$$

は $\boldsymbol{v}$ と直交する平面 Π に関し，$\boldsymbol{x}$ を折り返したものに等しい（図 7.2）．

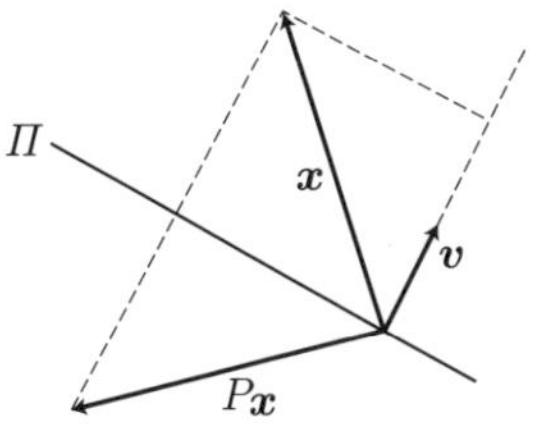

図 7.2

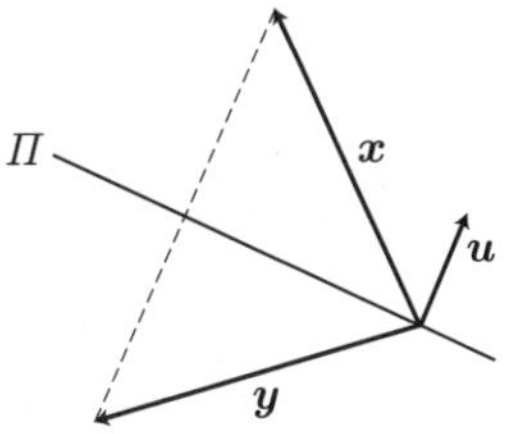

図 7.3

補題 7.1 $\boldsymbol{x} \neq \boldsymbol{y}$ かつ $||\boldsymbol{x}||_2 = ||\boldsymbol{y}||_2$ ならば，$||\boldsymbol{u}||_2 = 1$ なるベクトル $\boldsymbol{u}$ を適当に選んで

$$(I - 2\boldsymbol{u} \cdot \boldsymbol{u}^t)\boldsymbol{x} = \boldsymbol{y}$$

とできる．しかも，このような $\boldsymbol{u}$ は符号を除いて

$$\boldsymbol{u} = \frac{\boldsymbol{x} - \boldsymbol{y}}{||\boldsymbol{x} - \boldsymbol{y}||_2}$$

と一意に定まる．

【証明】 $\boldsymbol{x}$ と $\boldsymbol{y}$ とから等距離にある平面 Π をとり，Π に垂直な，長さ1のベクトル（の1つ）を $\boldsymbol{u}$ とすればよい（図 7.3）． （証明終）

問1 上の補題を代数的に証明せよ．

> **定理 7.7**（**Householder**） A を n 次実対称行列とすれば，高々$n-2$ 個の基本直交行列 $P_1, P_2, \cdots, P_{n-2}$ を選んで
>
> $$A_{n-2} = P_{n-2} \cdots P_2 P_1 A P_1 P_2 \cdots P_{n-2}$$
>
> を 3 重対角行列にできる．

【証明】 すでに，$A = [a_{ij}]$ の第 1 列〜第 $k-1$ 列が，$P_1, \cdots, P_{k-1}$ により，3 重対角化されているものとし

$$\begin{aligned} A_{k-1} &= P_{k-1} \cdots P_1 A P_1 \cdots P_{k-1} \\ &= \left[\begin{array}{c:c:c} B_{k-1} & \begin{matrix} 0 \\ \vdots \\ 0 \\ c_k \end{matrix} & \\ \hdashline 0 \cdots 0 \ \ c_k & b_k & \boldsymbol{z}^t \\ \hdashline & \boldsymbol{z} & H_{k-1} \end{array}\right], \\ B_{k-1} &= \begin{bmatrix} b_1 & c_2 & & \\ c_2 & b_2 & c_3 & \\ & \ddots & \ddots & \ddots \\ & & & c_{k-1} \\ & & c_{k-1} & b_{k-1} \end{bmatrix}, \end{aligned} \quad (k \geqq 2) \qquad (7.19)$$

$$A_0 = A = \begin{bmatrix} b_1 & \boldsymbol{z}^t \\ \boldsymbol{z} & H_0 \end{bmatrix}, \quad b_1 = a_{11} \qquad (7.20)$$

とおく（A_{k-1} は対称行列であることに注意せよ）．このとき，

$$\boldsymbol{u} = \frac{\boldsymbol{z} - s\boldsymbol{e}_1}{||\boldsymbol{z} - s\boldsymbol{e}_1||_2}, \quad |s| = ||\boldsymbol{z}||_2, \quad \boldsymbol{e}_1 = [1, 0, \cdots, 0]^t \quad (n-k \text{ 次元}) \qquad (7.21)$$

とおけば，$\boldsymbol{u}$ は長さ 1 の $n-k$ 次元ベクトルで，補題 7.1 により

$$(I_{n-k} - 2\boldsymbol{u} \cdot \boldsymbol{u}^t)\boldsymbol{z} = s\boldsymbol{e}_1$$

よって

$$v = \begin{bmatrix} 0 \\ \vdots \\ 0 \\ \boldsymbol{u} \end{bmatrix}, \quad P_k = I - 2\boldsymbol{v} \cdot \boldsymbol{v}^t = \begin{bmatrix} I_k & \\ & Q_k \end{bmatrix}, \quad Q_k = I_{n-k} - 2\boldsymbol{u} \cdot \boldsymbol{u}^t$$

とおけば

$$A_k = P_k A_{k-1} P_k = \left[\begin{array}{ccccc|cccc} b_1 & c_2 & & & & & & & \\ c_2 & b_2 & c_3 & & & & & & \\ & \ddots & \ddots & \ddots & & & & & \\ & & & & c_k & & & & \\ & & & c_k & b_k & s & 0 & \cdots & 0 \\ \hline & & & & s & & & & \\ & & & & 0 & & & & \\ & & & & \vdots & & Q_k H_{k-1} Q_k & & \\ & & & & 0 & & & & \end{array}\right]$$

を得て，第 k 行 k 列，まで 3 重対角化される．(7.19) または (7.20) において，$\boldsymbol{z}$ がすでに $\pm\|\boldsymbol{z}\|_2 \boldsymbol{e}_1$ の形であれば，変換は不要であるから，上記操作は高々 $n-2$ 回で完了する． （証明終）

●**注意 1**　(7.21) において，桁落ちをさけるために，$s = -\mathrm{sgn}(z_1)\|\boldsymbol{z}\|_2$（$z_1$ は $\boldsymbol{z}$ の第 1 成分）ととる．その他計算手順の詳細は [27] をみよ．

●**注意 2**　非対称行列 A に上の操作を施せば，A_{n-2} は

$$\begin{bmatrix} * & \cdots\cdots & * \\ * & * & \vdots \\ & \ddots \ddots & \vdots \\ & * & * \end{bmatrix} \quad (\text{上 } \textbf{Hessenberg}（ヘッセンベルグ）\text{行列})$$

の形になる．

■**問 2**　実対称行列に対する Householder 法は，乗除算 $2n^3/3 + O(n^2)$ 回を要することを示せ．加減算は何回か．

7.5.2 3 重対角行列の固有値の計算（2 分法）

前述の方法により得られた実対称 3 重対角行列

$$B_n = \begin{bmatrix} b_1 & c_2 & & \\ c_2 & b_2 & c_3 & \\ \ddots & & \ddots & \ddots \\ & c_{n-1} & b_{n-1} & c_n \\ & & c_n & b_n \end{bmatrix} \quad (= A_{n-2})$$

の固有値を求めよう．もし，ある i につき $c_i = 0$ であれば，B_n の固有値問題はさらに低次の 2 つの行列の固有値問題に帰するから，以下，一般性を失うことなく，$c_i \neq 0$ $(2 \leqq i \leqq n)$ と仮定する．このとき，付録 F において示すように

補題 7.2 B_ν $(1 \leqq \nu \leqq n)$ の固有値はすべて相異なる．

さらに

補題 7.3 B_ν の固有値は $B_{\nu+1}$ の固有値を完全に分離する．すなわち，B_ν の固有値を ${\lambda_1}^{(\nu)} < {\lambda_2}^{(\nu)} < \cdots < {\lambda_\nu}^{(\nu)}$ とすれば

$$
{\lambda_1}^{(\nu+1)} < {\lambda_1}^{(\nu)} < {\lambda_2}^{(\nu+1)} < {\lambda_2}^{(\nu)} < \cdots < {\lambda_\nu}^{(\nu+1)} < {\lambda_\nu}^{(\nu)} < {\lambda_{\nu+1}}^{(\nu+1)}
$$

【証明】 分離定理（定理 7.4）によって

$$
{\lambda_1}^{(\nu+1)} \leqq {\lambda_1}^{(\nu)} \leqq {\lambda_2}^{(\nu+1)} \leqq \cdots \leqq {\lambda_\nu}^{(\nu)} \leqq {\lambda_{\nu+1}}^{(\nu+1)} \qquad (7.22)
$$

いま，B_ν の特性多項式を $p_\nu(\lambda)$ とし，便宜上，$p_0(\lambda) = 1$ とおく．行列式 $\det(\lambda I - B_{\nu+1})$ を第 $\nu + 1$ 行に関して展開すれば

$$
\begin{aligned}
&p_{\nu+1}(\lambda) = (\lambda - b_{\nu+1})p_\nu(\lambda) - {c_{\nu+1}}^2 p_{\nu-1}(\lambda) \quad (1 \leqq \nu \leqq n-1) \qquad (7.23)\\
&p_1(\lambda) = \lambda - b_1, \quad p_0(\lambda) = 1
\end{aligned}
$$

ゆえに，$p_\nu(\lambda) = 0$ と $p_{\nu+1}(\lambda) = 0$ とは共通根をもたない（なぜか）．結局，(7.22) において等号が成り立つことはない． （証明終）

定理 7.8 $p_\nu(\lambda) = \lambda^\nu + \cdots$ を B_ν の特性多項式とする．α を任意の実数とし，列

$$
p_0(\alpha), p_1(\alpha), \cdots, p_\nu(\alpha)
$$

における符号変化の個数を $m_\nu(\alpha)$ により表す．ただし，$p_i(\alpha) = 0$ ならば，$p_{i-1}(\alpha)$ と $p_i(\alpha)$，および $p_i(\alpha)$ と $p_{i+1}(\alpha)$ とはそれぞれ同符号とみなす.（したがって $+\ 0\ -$ の場合，符号変化 1 回と勘定する.）このとき，α より大きい B_ν の固有値は $m_\nu(\alpha)$ 個存在する．

【証明】 ν に関する帰納法を用いる．$\nu = 1$ のときは明らかである．ν のとき成り立つとし，$p_\nu(\lambda) = 0$ の根を $y_\nu < \cdots < y_1$ とすれば，α より大きい根 y_j は $q = m_\nu(\alpha)$ 個存在する．ゆえに

$$y_\nu < y_{\nu-1} < \cdots < y_{q+1} \leqq \alpha < y_q < \cdots < y_1$$

また，$p_{\nu+1}(\lambda) = 0$ の根を $z_{\nu+1} < \cdots < z_1$ とすれば，補題 7.3 により

$$z_{\nu+1} < y_\nu < \cdots < y_{q+2} < z_{q+2} < y_{q+1} \leqq \alpha < y_q < z_q < \cdots < z_2 < y_1 < z_1$$

以下，場合をわけて考える．

I) $y_{q+1} < \alpha < z_{q+1}$ のとき，

$$p_\nu(\alpha)p_{\nu+1}(\alpha) = \prod_{i=1}^{\nu}(\alpha - y_i) \cdot \prod_{i=1}^{\nu+1}(\alpha - z_i) < 0$$

ゆえに

$$m_{\nu+1}(\alpha) = m_\nu(\alpha) + 1 = q + 1$$

II) $z_{q+1} < \alpha < y_q$ のとき，I) と同様に $p_\nu(\alpha)p_{\nu+1}(\alpha) > 0$.
ゆえに

$$m_{\nu+1}(\alpha) = m_\nu(\alpha) = q$$

III) $y_{q+1} < \alpha = z_{q+1}$ のとき，$p_\nu(\alpha) \neq 0$，$p_{\nu+1}(\alpha) = 0$ であるから，約束によって，$p_\nu(\alpha)$ と $p_{\nu+1}(\alpha)$ との間には符号変化はない．すなわち，

$$m_{\nu+1}(\alpha) = m_\nu(\alpha) = q$$

IV) $y_{q+1} = \alpha < z_{q+1}$ のとき，$p_\nu(\alpha) = 0$. ゆえに，$p_\nu(\alpha)$ と $p_{\nu+1}(\alpha)$ とは同符号であるが，漸化式 (7.23) によって，

$$p_{\nu-1}(\alpha)p_{\nu+1}(\alpha) = -{c_{\nu+1}}^2 p_{\nu-1}(\alpha)^2 < 0$$

ゆえに，$p_{\nu-1}(\alpha)$, $p_\nu(\alpha)$, $p_{\nu+1}(\alpha)$ の間には符号変化が 1 回あり，次式が成り立つ

$$m_{\nu+1}(\alpha) = m_\nu(\alpha) + 1 = q + 1$$

以上，いずれの場合にも，$m_{\nu+1}(\alpha)$ は α より大きい根 z_j の個数を表している．ゆえに，帰納法によって，定理はすべての ν につき正しい． （証明終）

Givens はこの結果と補題 7.3 とを用いて，現在 **2 分法**と呼ばれる解法を提案した．既約 3 重対角行列 B_n の固有値を $\lambda_n < \cdots < \lambda_2 < \lambda_1$ とおくとき，第 k 固有値 λ_k を求めるアルゴリズムは次のようになる．

(G1) $\alpha_0 < -||B_n||_\infty$, $\beta_0 = ||B_n||_\infty$ とおく（$\rho(B_n) \leqq ||B_n||_\infty$ に注意）．

(G2)　$i = 0, 1, 2, \cdots$ に対し $\mu_i = (\alpha_i + \beta_i)/2$ とおくとき

$$\left.\begin{array}{l} m_n(\mu_i) < k \text{ なら } \alpha_{i+1} = \alpha_i,\ \beta_{i+1} = \mu_i \\ m_n(\mu_i) \geqq k \text{ なら } \alpha_{i+1} = \mu_i,\ \beta_{i+1} = \beta_i \end{array}\right\} \text{ とすれば } \lambda_k \in (\alpha_{i+1},\ \beta_{i+1}]$$

半開区間 $(\alpha_i, \beta_i]$ の長さは $(\beta_0 - \alpha_0)/2^i$ であるから，$(\beta_0 - \alpha_0)/2^i < \varepsilon$ となるまで上記反復を繰り返せば，第 k 固有値 λ_k が誤差限界 ε をもって確定する．

7.5.3 固有ベクトルの計算（逆反復法）

2 分法により，近似固有値 $\tilde{\lambda}_k \neq \lambda_k$ を得たとしよう．このとき，B_n の対応する固有ベクトルを次のようにして求める．まず，初期ベクトル $\boldsymbol{b}$ を任意に与えて，連立 1 次方程式 $(B_n - \tilde{\lambda}_k I)\boldsymbol{x} = \boldsymbol{b}$ を解く（たとえば，行交換 Gauss 消去法を用いよ）．次に，その解 $\boldsymbol{x}^{(1)}$ を定数項とする方程式

$$(B_n - \tilde{\lambda}_k I)\boldsymbol{x} = \boldsymbol{x}^{(1)}$$

を解く．その解を $\boldsymbol{x}^{(2)}$ とする．

一般に，$\boldsymbol{x}^{(\nu)}$ を方程式

$$(B_n - \tilde{\lambda}_k I)\boldsymbol{x} = \boldsymbol{x}^{(\nu-1)}$$

の解とすれば，$\nu \to \infty$ のとき，$\boldsymbol{x}^{(\nu)}$ は λ_k に対応する B_n の固有ベクトルに収束する．なぜなら，上記操作は，$(B_n - \tilde{\lambda}_k I)^{-1}$ に対し，初期ベクトル $\boldsymbol{b}$ をもって適用された累乗法にほかならないからである．いまの場合，B_n の固有値はすべて相異なり，対応する固有ベクトル $\boldsymbol{v}_1, \cdots, \boldsymbol{v}_n$ を正規直交系にとれるから，$\boldsymbol{b}$ を

$$\boldsymbol{b} = \sum_{i=1}^{n} \beta_i \boldsymbol{v}_i$$

と展開すれば

$$\begin{aligned} \boldsymbol{x}^{(\nu)} &= (B_n - \tilde{\lambda}_k I)^{-1} \boldsymbol{x}^{(\nu-1)} \\ &= (B_n - \tilde{\lambda}_k I)^{-\nu} \cdot \boldsymbol{b} \\ &= \sum_{i=1}^{n} \frac{\beta_i}{(\lambda_i - \tilde{\lambda}_k)^{\nu}} \boldsymbol{v}_i \end{aligned}$$

ゆえに，$\beta_k \neq 0$ かつ $|\lambda_k - \tilde{\lambda}_k| \ll |\lambda_i - \tilde{\lambda}_k|$ $(i \neq k)$ であれば，ν が十分大のとき

$$\boldsymbol{x}^{(\nu)} \fallingdotseq \frac{\beta_k}{(\lambda_k - \tilde{\lambda}_k)} \boldsymbol{v}_k$$

となる．これを **Wielandt の逆反復法**，または単に**逆反復法**という．

●**注意 3**　§7.3 において注意したように，実際の計算では，各 $\boldsymbol{x}^{(\nu)}$ を正規化する必要がある．また，$\boldsymbol{b}$ は直接与えず，Gauss 消去によって，$B_n - \tilde{\lambda}_k I$ を上半 3 角行列 U に変形したとき，$U\boldsymbol{x} = \boldsymbol{e} = [1, 1, \cdots, 1]^t$ となるように選ぶ（そのように $\boldsymbol{b}$ を与えたと考える）．多くの場合，逆反復は 2 回ないし 3 回で目的を達する．

●**注意 4**　B_n の近似固有ベクトル $\boldsymbol{v}$ が決定すれば，$P_1 \cdots P_{n-2}\boldsymbol{v}$ が A の固有ベクトルを与える．精度よく求めたければ，直接 $A - \tilde{\lambda}_k I$ に逆反復法を適用すればよい．

7.6 QR 法

補題 7.1 によれば，必ずしも対称でない n 次実行列 A に，適当な基本直交行列 P_1 を左からかけて

$$P_1 A = \begin{bmatrix} r_{11} & \\ 0 & * \\ \vdots & \\ 0 & \end{bmatrix}, \quad r_{11} = \sqrt{\sum_{i=1}^{n} {a_{i1}}^2}$$

とできる．A の第 1 列がもともと右辺第 1 列の形であれば，$P_1 = I$ とする．

以下，適当な基本直交行列 $P_2, \cdots, P_{n-1}$ を順次左からかけて

$$P_{n-1} \cdots P_2 P_1 A = \begin{bmatrix} r_{11} & r_{12} & \cdots & r_{1n} \\ & r_{22} & & \vdots \\ & & \ddots & \vdots \\ O & & & r_{nn} \end{bmatrix}, \quad r_{ii} \geqq 0 \quad (1 \leqq i \leqq n)$$

とできる（定理 7.7 の証明参照）．右辺の行列を R とおき，$P_1 P_2 \cdots P_{n-1} = Q$ とおけば，上式より，A の **QR 分解**

$$A = QR, \quad r_{ii} \geqq 0 \tag{7.24}$$

を得る．ここに Q は直交行列，$R = [r_{ij}]$ は上 3 角行列である．

■**問**　A が正則ならば，分解 (7.24) は一意的であることを示せ．（ヒント：$A = QR = Q_1 R_1$ を 2 通りの QR 分解とすれば ${Q_1}^{-1} Q = R_1 R^{-1}$ で左辺は直交行列，右辺は対角要素が正の上 3 角行列である．）

必要なら，A の代わりに $A+cI$（c は定数）を考えることにより，以下 A は正則と仮定する．Francis（フランシス）および Kublanovskaya（クブラノフスカヤ）による **QR 法**とは

$$A_1 = A, \quad A_\nu = Q_\nu R_\nu, \quad A_{\nu+1} \equiv R_\nu Q_\nu = Q_{\nu+1} R_{\nu+1} \tag{7.25}$$

として，各 A_ν の QR 分解を繰り返すことによって，A_ν を上 3 角行列またはブロック上 3 角行列に近づけようとするものである．A は正則と仮定しているから，Q_ν も正則で

$$\begin{aligned} A_{\nu+1} \equiv {Q_\nu}^{-1} A_\nu Q_\nu &= {Q_\nu}^{-1} \cdots {Q_1}^{-1} A Q_1 \cdots Q_\nu \\ &= (Q_1 \cdots Q_\nu)^{-1} A (Q_1 \cdots Q_\nu) \end{aligned}$$

ゆえに，各 A_ν は A と相似である．

7.6.1 上 Hessenberg 行列への変換

A がゼロ要素の少ない，いわゆる密行列ならば，各 ν につき QR 分解 (7.25) を行うことは計算量が多すぎて実際的でない．このため，QR 法を適用する前に，A を上 Hessenberg 行列

$$H = \begin{bmatrix} h_{11} & \cdots\cdots & h_{1n} \\ h_{21} & \ddots & \vdots \\ & \ddots \quad \ddots & \vdots \\ O & h_{nn-1} & h_{nn} \end{bmatrix} \tag{7.26}$$

に変換しておくのが普通である．A がこの形ならば，引き続く $A_1, A_2, \cdots$ も同じくこの形になることは容易に確かめられる．((7.24) を得る過程における $P_1, \cdots, P_{n-1}$ の形を調べてみよ)．A を (7.26) の形に相似変換するには，たとえば，Householder 法を用いればよい（3 重対角行列も (7.26) の特別な場合である．なお，前節注意 2 をみよ）．しかし，非対称行列の場合には，この方法は一般的に計算量が多すぎる．Wilkinson は

$$M = \begin{bmatrix} 1 & & & & \\ 0 & 1 & & & \\ 0 & * & 1 & & \\ \vdots & \vdots & \ddots & \ddots & \\ 0 & * & \cdots & * & 1 \end{bmatrix}, \quad AM = MH$$

とおき，H, M の要素を順次定めていく方法をすすめている（[27] 参照）．

7.6.2 QR 法の収束

最も簡単な場合における QR 法の収束を示そう.

補題 7.4 QR 法 (7.25) において

$$A_1{}^{\nu} = Q_1Q_2\cdots Q_\nu R_\nu \cdots R_2R_1 \qquad (\nu \geqq 1) \tag{7.27}$$

$$A_\nu = (Q_1Q_2\cdots Q_{\nu-1})^t A_1(Q_1Q_2\cdots Q_{\nu-1}) \quad (\nu \geqq 2) \tag{7.28}$$

【証明】 まず, (7.27) を ν に関する帰納法により示す. $\nu = 1$ のときは明らかである. $\nu - 1$ のとき成り立つと仮定すれば

$$\begin{aligned} A_1{}^{\nu} = A_1(A_1{}^{\nu-1}) &= Q_1R_1(Q_1Q_2\cdots Q_{\nu-1}R_{\nu-1}\cdots R_2R_1) \\ &= Q_1(R_1Q_1)Q_2\cdots Q_{\nu-1}R_{\nu-1}\cdots R_2R_1 \\ &= Q_1(Q_2R_2)Q_2\cdots Q_{\nu-1}R_{\nu-1}\cdots R_2R_1 \\ &= \cdots \\ &= Q_1Q_2\cdots Q_{\nu-1}Q_\nu R_\nu R_{\nu-1}\cdots R_2R_1 \end{aligned}$$

ゆえに, (7.27) はすべての自然数 ν につき成り立つ. (7.28) は次の漸化式により明らかであろう.

$$\begin{aligned} A_\nu &= R_{\nu-1}Q_{\nu-1} \\ &= Q_{\nu-1}{}^t(Q_{\nu-1}R_{\nu-1})Q_{\nu-1} \\ &= Q_{\nu-1}{}^t A_{\nu-1}Q_{\nu-1} \end{aligned}$$

（証明終）

補題 7.5 $\nu \to \infty$ のとき $A_\nu = Q_\nu R_\nu \to I$ ならば, $Q_\nu \to I, R_\nu \to I$.

【証明】 仮定により $R_\nu{}^t R_\nu = A_\nu{}^t A_\nu \to I$.　$R_\nu = [r_{ij}{}^{(\nu)}]$ は上 3 角行列であるから, $R_\nu{}^t R_\nu$ の第 1 行を比較して

$$r_{11}{}^{(\nu)} \to 1, \quad r_{1j}{}^{(\nu)} \to 0 \quad (j \neq 1)$$

が従う. 次に, この結果を用いて第 2 行を比較すれば,

$$r_{22}{}^{(\nu)} \to 1, \quad r_{2j}{}^{(\nu)} \to 0 \quad (j \neq 2)$$

が従う. 等々. このようにして, $R_\nu \to I$ を得る. このとき, 逆行列の連続性によって, $R_\nu{}^{-1} \to I$ でもあるから,

$$Q_\nu = R_\nu^{-1}A_\nu \to I$$

も成り立つ.　（証明終）

定理 7.9　A は対角化可能な n 次実行列で実固有値 λ_i をもち，かつ次の条件をみたすとする．

(i)　$|\lambda_1| > |\lambda_2| > \cdots > |\lambda_n| > 0$

(ii)　$X^{-1}AX = \Lambda = \begin{bmatrix} \lambda_1 & & \\ & \ddots & \\ & & \lambda_n \end{bmatrix}$ とするとき，$Y = X^{-1}$ は LU 分解可能，すなわち

$$Y = LU$$

（$L = [l_{ij}]$ は下 3 角で $l_{ii} = 1$ $(1 \leqq i \leqq n)$，$U = [u_{ij}]$ は上 3 角）とかける．

このとき，QR 法は本質的に収束する．すなわち，$A_\nu = [{a_{ij}}^{(\nu)}]$ とおけば

$$\lim_{\nu \to \infty} {a_{ij}}^{(\nu)} = \begin{cases} 0 & (i > j) \\ \lambda_i & (i = j) \\ \text{振動} & (i < j) \end{cases}$$

【証明】　$A = X\Lambda X^{-1}$．したがって

$${A_1}^\nu = A^\nu = X\Lambda^\nu X^{-1} = X\Lambda^\nu(LU) = X(\Lambda^\nu L \Lambda^{-\nu})(\Lambda^\nu U)$$

L は下 3 角行列であるから，$B_\nu = \Lambda^\nu L \Lambda^{-\nu} - I = [{b_{ij}}^{(\nu)}]$ も下 3 角で，$i > j$ のとき

$${b_{ij}}^{(\nu)} = l_{ij}\left(\frac{\lambda_i}{\lambda_j}\right)^\nu \to 0 \quad (\nu \to \infty) \quad \text{かつ} \quad {b_{ii}}^{(\nu)} = 0 \quad (1 \leqq i \leqq n)$$

ゆえに $B_\nu \to 0$ $(\nu \to \infty)$．さて，$X = Q_x R_x$ と QR 分解すれば

$${A_1}^\nu = Q_x R_x (I + B_\nu)\Lambda^\nu U = Q_x(I + R_x B_\nu {R_x}^{-1})(R_x \Lambda^\nu U)$$

ν が十分大きければ $I + R_x B_\nu {R_x}^{-1}$ は正則（系 2.3.1），したがって，一意な QR 分解 $\tilde{Q}_\nu \tilde{R}_\nu$ をもつ．補題 7.5 を $I + R_x B_\nu {R_x}^{-1} = \tilde{Q}_\nu \tilde{R}_\nu$ に適用すれば，$\tilde{Q}_\nu \to I$，$\tilde{R}_\nu \to I$．ここで

$$D_1 = \begin{bmatrix} \mathrm{sgn}(\lambda_1) & & \\ & \ddots & \\ & & \mathrm{sgn}(\lambda_n) \end{bmatrix}, \quad D_2 = \begin{bmatrix} \mathrm{sgn}(u_{11}) & & \\ & \ddots & \\ & & \mathrm{sgn}(u_{nn}) \end{bmatrix}$$

とおけば，$D_1\Lambda, D_2U$ の対角要素は正で

$$A_1{}^\nu = (Q_x\tilde{Q}_\nu D_2{}^{-1}D_1{}^{-\nu})(D_1{}^\nu D_2\tilde{R}_\nu R_x\Lambda^\nu U)$$

は $A_1{}^\nu$ の QR 分解を与える（分解の一意性により，右辺最初のかっこ内が Q 部分である）．ゆえに，補題 7.4 により，$\nu \to \infty$ のとき

$$A_{\nu+1} = (Q_x\tilde{Q}_\nu D_2{}^{-1}D_1{}^{-\nu})^t A_1(Q_x\tilde{Q}_\nu D_2{}^{-1}D_1{}^{-\nu})$$

$$\to (Q_xD_2{}^{-1}D_1{}^{-\nu})^t A_1(Q_xD_2{}^{-1}D_1{}^{-\nu}) = D_1{}^{-\nu}(D_2{}^{-1}R_x\Lambda R_x{}^{-1}D_2{}^{-1})D_1{}^{-\nu}$$

よって，A_ν は上 3 角行列に近づき，対角要素は λ_i に収束する．しかし，対角要素より上方に位置する非対角要素は振動する．（証明終）

●**注意 1**　上の証明によれば，QR 法は 1 次の収束である．したがって，収束を加速する工夫がいろいろとなされている．A が複素固有値をもつ場合等も含めて，詳細は [27] をみよ．

●**注意 2**　固有ベクトルの決定には，Householder–Givens 法と同様，逆反復法を用いる．

■**計算例**　実対称行列に対する Jacobi 法と H–QR 法（Householder 法により 3 重対角化し，QR 法により固有値を求める）との計算時間を比較した，興味ある報告が [31] にある（名取・栃木・国井：ヤコビ法とハウスホルダー法の比較）．発表者の許可を得て，その一部を表 7.1 に挙げる．ただし，コンピュータは HITAC5020E を用いている．なお，固有ベクトルは求めていない．

表 7.1　計算時間（単位：秒）

次　　元	Jacobi 法	H–QR 法
4	0.004	0.014
5	0.027	0.033
8	0.114	0.092
10	0.271	0.060
50	98.560	8.849
100	1065.917	60.308
140	2367.461	150.876

7.7 解の評価

いままで，固有値問題を解く主要な方法を説明した．これらの解法により求めた固有値 λ，固有ベクトル $\boldsymbol{x}$ の精度を評価する一例を示そう．

定理 7.10 n 次実対称行列 A の固有値を $\lambda_1, \cdots, \lambda_n$ とする．
$\boldsymbol{r} = A\boldsymbol{x} - \lambda\boldsymbol{x}$，$||\boldsymbol{x}||_2 = 1$ ならば

$$\min_i |\lambda - \lambda_i| \leqq ||\boldsymbol{r}||_2$$

【証明】 $A\boldsymbol{v}_i = \lambda_i \boldsymbol{v}_i$ をみたす正規直交系 $\{\boldsymbol{v}_i\}_{i=1}^{n}$ をとり，$\boldsymbol{x} = \sum_{i=1}^{n} \xi_i \boldsymbol{v}_i$ とかく．

$$A\boldsymbol{x} = \sum_{i=1}^{n} \xi_i \lambda_i \boldsymbol{v}_i, \quad \boldsymbol{r} = A\boldsymbol{x} - \lambda\boldsymbol{x} = \sum_{i=1}^{n} \xi_i (\lambda_i - \lambda) \boldsymbol{v}_i$$

$$||\boldsymbol{x}||_2 = {\xi_1}^2 + \cdots + {\xi_n}^2 = 1$$

であるから，$\{\boldsymbol{v}_i\}$ の正規直交性によって

$$||\boldsymbol{r}||_2{}^2 = \sum_{i=1}^{n} \xi_i^2 (\lambda_i - \lambda)^2 \geqq \min_i (\lambda_i - \lambda)^2$$

（証明終）

●注意 $\mu = (A\boldsymbol{x}, \boldsymbol{x})$，$||\boldsymbol{x}||_2 = 1$，$|\mu - \lambda_i| \geqq d > 0 \ (\lambda_i \neq \lambda_k)$ かつ $||A\boldsymbol{x} - \mu\boldsymbol{x}||_2 = \delta$ ならば

$$|\lambda_k - \mu| \leqq \frac{\delta^2}{d}\left(1 - \frac{\delta^2}{d^2}\right) = O\left(\delta^2\right)$$

が成り立つ（Wilkinson, 1965）．

定理 7.11 前定理の仮定に加えて

$$|\lambda_i - \lambda| \geqq d > 0 \quad (i = q+1, \cdots, n)$$

$$M_q = \mathrm{span}\{\boldsymbol{v}_1, \cdots, \boldsymbol{v}_q\} \quad (\boldsymbol{v}_1, \cdots, \boldsymbol{v}_q \text{により張られる部分空間})$$

とするとき

$$||\boldsymbol{x} - M_q||_2 \equiv \inf_{y \in M_q} ||\boldsymbol{x} - \boldsymbol{y}||_2 \leqq \frac{||\boldsymbol{r}||_2}{d}$$

【証明】 $\boldsymbol{x} = \xi_i \boldsymbol{v}_i + \cdots + \xi_n \boldsymbol{v}_n$ と表すとき

$$||\boldsymbol{r}||_2{}^2 = ||A\boldsymbol{x} - \lambda\boldsymbol{x}||_2{}^2 = \sum_{i=1}^{n} \xi_i^2 (\lambda_i - \lambda)^2 \geqq \sum_{i=q+1}^{n} \xi_i^2 (\lambda_i - \lambda)^2 \geqq d^2 \sum_{i=q+1}^{n} \xi_i^2$$

$$\left\|\boldsymbol{x} - \sum_{i=1}^{q} \xi_i \boldsymbol{v}_i\right\|_2^2 = \left\|\sum_{i=q+1}^{n} \xi_i \boldsymbol{v}_i\right\|_2^2 = \sum_{i=q+1}^{n} \xi_i^2 \leqq \frac{1}{d^2} ||\boldsymbol{r}||_2{}^2$$

ゆえに

$$||\boldsymbol{x} - M_q||_2 \leqq \frac{1}{d}||\boldsymbol{r}||_2 \qquad \text{(証明終)}$$

定理 7.12（事後評価法） n 次実対称行列 A の近似固有値 $\tilde{\lambda}_1, \cdots, \tilde{\lambda}_n$ と近似固有ベクトル $\tilde{\boldsymbol{v}}_1, \cdots, \tilde{\boldsymbol{v}}_n$ が求まったとし

$$|\tilde{\lambda}_i - \tilde{\lambda}_j| \geqq \tilde{d} > 0 \quad (i \neq j) \quad \text{かつ} \quad ||A\tilde{\boldsymbol{v}}_i - \tilde{\lambda}_i\tilde{\boldsymbol{v}}_i||_2 \leqq \varepsilon \quad (1 \leqq i \leqq n)$$

とする．もし $\tilde{d} > 2\varepsilon$ ならば，

$$\tilde{\lambda}_i - \varepsilon \leqq \lambda_i \leqq \tilde{\lambda}_i + \varepsilon,\ ||\tilde{\boldsymbol{v}}_i - \boldsymbol{v}_i||_2 \leqq \varepsilon/(\tilde{d} - \varepsilon) \quad (1 \leqq i \leqq n)$$

ただし，λ_i，$\boldsymbol{v}_i$ はそれぞれ真の固有値，固有ベクトルを表す．

【証明】 定理 7.10 と仮定 $\tilde{d} > 2\varepsilon$ とによって，各区間 $[\tilde{\lambda}_i - \varepsilon,\ \tilde{\lambda}_i + \varepsilon]$ に A の固有値が 1 つずつ存在する．さらに，$j \neq i$ なら

$$|\lambda_j - \tilde{\lambda}_i| \geqq |\tilde{\lambda}_i - \tilde{\lambda}_j| - |\tilde{\lambda}_j - \lambda_j| \geqq \tilde{d} - \varepsilon > 0$$

であるから，定理 7.11 により，適当な固有ベクトル $\boldsymbol{v}_i$ が存在して

$$||\tilde{\boldsymbol{v}}_i - \boldsymbol{v}_i||_2 \leqq \varepsilon/(\tilde{d} - \varepsilon)$$

となる．$\tilde{d}$ にくらべて ε が小さいほど，この評価は有効となる． （証明終）

演 習 問 題

1 n 次行列 $A = [a_{ij}]$ の固有値を $\lambda_1, \cdots, \lambda_n$ とするとき，次のことを示せ．

$$\lambda_1 + \cdots + \lambda_n = a_{11} + \cdots + a_{nn}\ (= \mathrm{Tr}\,(A)\ \text{とかく})$$
$$\lambda_1\lambda_2\cdots\lambda_n = \det(A)$$

2 行列

$$A\,(\varepsilon) = \begin{bmatrix} 1 + \varepsilon\cos(2/\varepsilon) & -\varepsilon\sin(2/\varepsilon) \\ -\varepsilon\sin(2/\varepsilon) & 1 - \varepsilon\cos(2/\varepsilon) \end{bmatrix} \quad (\varepsilon \neq 0)$$

は固有値 $1 \pm \varepsilon$ と，対応する固有ベクトル

$$[\sin(1/\varepsilon),\ \cos(1/\varepsilon)]^t,\ [\cos(1/\varepsilon),\ -\sin(1/\varepsilon)]^t$$

をもつことを示せ（Givens の例）．これより，固有ベクトルは行列の要素の連続関数でないことがわかる．

3　Gerschgorin の定理をコンパニオン行列（§7.1，注意 1）に適用することにより，n 次方程式 $x^n + a_1 x^{n-1} + \cdots + a_n = 0$ の任意の根 α は

$$1 + \max_i |a_i| \geqq |\alpha| \geqq \frac{|a_n|}{|a_n| + \displaystyle\max_{0 \leqq i \leqq n-1} |a_i|} \quad (a_0 = 1 \text{ とおく})$$

なる範囲にあることを示せ．この結果を精密化せよ．

4　次の行列の絶対値最大な固有値を，累乗法により，小数第 3 位まで正しく求めよ．

$$A = \begin{bmatrix} 0 & 0 & 1 & 1 & 0 \\ 0 & 0 & 1 & 0 & 1 \\ 1 & 1 & 0 & 0 & 1 \\ 1 & 0 & 0 & 0 & 1 \\ 0 & 1 & 1 & 1 & 0 \end{bmatrix}$$

5　定理 7.5 における，固有ベクトルに関する仮定は不要であることを示せ．

6　Jacobi 法において

$$m = \frac{a_{qq}{}^{(\nu)} - a_{pp}{}^{(\nu)}}{2a_{pq}{}^{(\nu)}},\ \alpha = \frac{\mathrm{sgn}\,(m)}{|m| + \sqrt{1+m^2}},\ c = \frac{1}{\sqrt{1+\alpha^2}},\ s = \alpha c,\ t = \frac{s}{1+c}$$

とおくとき，次のことを示せ（Rutishauser のアルゴリズム）．

(i)　$\tan\theta = \alpha$

(ii)　$a_{pp}{}^{(\nu+1)} = a_{pp}{}^{(\nu)} - \alpha a_{pq}{}^{(\nu)},\ a_{qq}{}^{(\nu+1)} = a_{qq}{}^{(\nu)} + \alpha a_{pq}{}^{(\nu)},\ a_{pq}{}^{(\nu+1)} = 0$

$$\left.\begin{aligned} a_{pj}{}^{(\nu+1)} &= a_{pj}{}^{(\nu)} - s\,(a_{qj}{}^{(\nu)} + t a_{pj}{}^{(\nu)}), \\ a_{qj}{}^{(\nu+1)} &= a_{qj}{}^{(\nu)} + s\,(a_{pj}{}^{(\nu)} - t a_{qj}{}^{(\nu)}), \end{aligned}\right. \qquad j \neq p, q$$

7　$A = [a_{ij}]$ を実対称行列とするとき

$$\lambda_{\max} \geqq \max_i a_{ii}, \quad \lambda_{\min} \leqq \min_i a_{ii}$$

であることを示せ．ただし，$\lambda_{\max}, \lambda_{\min}$ はそれぞれ A の最大，最小固有値を表す．これより，A が正値のとき

$$\mathrm{cond}_2(A) \geqq \frac{\max a_{ii}}{\min a_{ii}}$$

を得る．

8　第 4 章演習問題 6 の行列 A が正値対称行列ならば $\lambda_{\min} < r_k \leqq b_k\ (1 \leqq k \leqq n)$

であることを示せ.

（ヒント：最初の不等式は問題 1 と分離定理および補題 7.3 による.）

9 第 4 章演習問題 6 の行列 A の対角要素 b_i を，$-b_i$ でおきかえた行列を B とする．λ が A の固有値なら，$-\lambda$ は B の固有値であり，逆も成り立つことを示せ.

10 前問の行列 A において $a_i c_i > 0\ (1 \leqq i \leqq n-1)$, $b_i > 0\ (1 \leqq i \leqq n)$ かつ A は既約優対角であるとする．このとき，A の固有値はすべて相異なる正数であることを示せ.

11 $V^{-1}AV = \mathrm{diag}(\lambda_1, \cdots, \lambda_n)$ （λ_i を成分にもつ対角行列），かつ λ を $A+E$ の固有値とすれば

$$\min_i |\lambda - \lambda_i| \leqq \mathrm{cond}_2(V) \cdot ||E||_2$$

であることを示せ.

8 補間多項式と直交多項式

8.1 補間多項式

相異なる $n+1$ 個の点 $x_0, x_1, \cdots, x_n$ における関数値 $f(x_0), f(x_1), \cdots, f(x_n)$ が与えられているとき，$p_n(x_i) = f(x_i)$ $(0 \leqq i \leqq n)$ をみたす，高々n 次の多項式 $p_n(x)$ を $f(x)$ の **n 次補間多項式**という．補間とは，もともと，数表に与えられていない点 $x \neq x_i$ における f の値を，何らかの方法により，推定することをいう．いま，$f(x)$ の n 次補間多項式を $p_n(x) = a_0 + a_1 x + \cdots + a_n x^n$ とおけば，与えられた条件は

$$a_0 + a_1 x_i + \cdots + a_n {x_i}^n = f(x_i) \quad (0 \leqq i \leqq n) \tag{8.1}$$

上式を $a_0, a_1, \cdots, a_n$ に関する $n+1$ 元連立 1 次方程式とみなせば，係数のつくる行列式は Vandermonde（ファンデアモンド）の行列式で

$$\begin{vmatrix} 1 & x_0 & {x_0}^2 & \cdots & {x_0}^n \\ 1 & x_1 & {x_1}^2 & \cdots & {x_1}^n \\ & \cdots & & \cdots & \\ 1 & x_n & {x_n}^2 & \cdots & {x_n}^n \end{vmatrix} = \prod_{i>j} (x_i - x_j) \neq 0$$

ゆえに，$a_0, a_1, \cdots, a_n$ は一意に定まる．すなわち，$n+1$ 個の異なる点に関する $f(x)$ の n 次補間多項式はただ 1 つ存在する．さらに

$$l_i(x) = \frac{(x - x_0)\cdots(x - x_{i-1})(x - x_{i+1})\cdots(x - x_n)}{(x_i - x_0)\cdots(x_i - x_{i-1})(x_i - x_{i+1})\cdots(x_i - x_n)} \tag{8.2}$$

$$p_n(x) = \sum_{i=0}^{n} l_i(x) f(x_i) \tag{8.3}$$

とおけば，$l_i(x_j) = \delta_{ij}$ ($i = j$ のとき 1，$i \neq j$ のとき 0) であるから，$p_n(x_i) = f(x_i)$ $(0 \leqq i \leqq n)$ となる．ゆえに，補間多項式の一意性により，(8.3) は $f(x)$ の n 次補間多項式である．これを **Lagrange**(ラグランジュ) の**補間公式**という．この公式は理論上重要であるが，$p_n(x)$ と $p_{n+1}(x)$ との関係が明らかでない．$p_n(x)$ に適当な項を追加して $p_{n+1}(x)$ を構成する公式として，

Newton の補間公式が知られている．これを導くために，$f(x)$ の差分商を次のように定義する．

$$f[x_0] = f(x_0), \qquad f[x_1, x_0] = \frac{f[x_1] - f[x_0]}{x_1 - x_0}, \cdots$$
$$f[x_n, \cdots, x_1, x_0] = \frac{f[x_n, \cdots, x_2, x_1] - f[x_{n-1}, \cdots, x_1, x_0]}{x_n - x_0}$$

$f[x_n, \cdots, x_1, x_0]$ を $f(x)$ の $\boldsymbol{n}$ **階差分商**という．いまのところ，差分商は x_i が相異なるときに限り定義される．

命題 8.1　差分商は分点 x_i の対称関数である．すなわち，$\sigma(0), \sigma(1), \cdots, \sigma(n)$ を $0, 1, \cdots, n$ の任意の順列とするとき

$$f[x_n, \cdots, x_1, x_0] = f[x_{\sigma(0)}, x_{\sigma(1)}, \cdots, x_{\sigma(n)}]$$

【証明】　$n = 0$ のときは明らかである．$n \geqq 1$ のときは次の等式からわかる．

$$f[x_n, \cdots, x_1, x_0] = \sum_{i=0}^{n} \frac{f(x_i)}{(x_i - x_n) \cdots (x_i - x_{i+1})(x_i - x_{i-1}) \cdots (x_i - x_0)} \tag{8.4}$$

(8.4) を示すには数学的帰納法を用いればよい．　（証明終）

■問 1　(8.4) を証明せよ．

定理 8.1　相異なる分点 $x_0, x_1, \cdots, x_n$ に関する，$f(x)$ の n 次補間多項式 $p_n(x)$ は次の形にかける．これを **Newton の補間公式**という．

$$\begin{aligned} p_n(x) &= f[x_0] + (x - x_0) f[x_0, x_1] + \cdots \\ &\quad + (x - x_0)(x - x_1) \cdots (x - x_{n-1}) f[x_0, x_1, \cdots, x_{n-1}, x_n] \\ &= p_{n-1}(x) + \prod_{i=0}^{n-1} (x - x_i) \cdot f[x_0, x_1, \cdots, x_n] \end{aligned} \tag{8.5}$$

【証明】　$c_0, c_1, \cdots, c_n$ を定数として

$$p_n(x) = c_0 + c_1(x - x_0) + \cdots + c_n(x - x_0)(x - x_1) \cdots (x - x_{n-1}) \tag{8.6}$$

とおく．上式において $x = x_0$ とおけば，$c_0 = p_n(x_0) = f(x_0) = f[x_0]$．これを (8.6) に代入して左辺に移項し，両辺を $x - x_0$ で割れば

$$\frac{p_n(x) - f[x_0]}{x - x_0} = c_1 + c_2(x - x_1) + \cdots + c_n(x - x_1)\cdots(x - x_{n-1})$$

ここで，$x = x_1$ とおけば，$p_n(x_1) = f(x_1)$ により $c_1 = f[x_1, x_0]$．以下，このような操作を続けて，$c_k = f[x_k, \cdots, x_1, x_0]$ $(0 \leqq k \leqq n)$ を得る．（証明終）

特に，等間隔分点 $x_0, x_1, \cdots, x_n$ に対する Newton の補間公式の別表現をみるために，**前進差分作用素** Δ と $f(x)$ の**第 m 階前進差分** $\Delta^m f(x)$ とを次式により定義する．

$$\begin{aligned}\Delta f(x) &= f(x+h) - f(x),\\ \Delta^m f(x) &= \Delta(\Delta^{m-1} f(x)) = \Delta^{m-1} f(x+h) - \Delta^{m-1} f(x)\end{aligned}$$

すると，数学的帰納法によって，容易に次のことが示される．

$$x_i = x_0 + ih\ (0 \leqq i \leqq n) \Rightarrow f[x_0, x_1, \cdots, x_m] = \frac{\Delta^m f(x_0)}{m!\, h^m}\ (1 \leqq m \leqq n) \tag{8.7}$$

問2 (8.7) を証明せよ．

例題 4 点 $(0, -5)$，$(1, 1)$，$(2, 9)$，$(3, 25)$ を通る 3 次多項式 $p(x)$ を求めよ．

【解】 表 8.1 のような階差表をつくる．(8.7) において $h = 1$ として，定理 8.1 を適用すれば

$$\begin{aligned}p(x) &= -5 + 6x + \frac{2}{2!}x(x-1) + \frac{6}{3!}x(x-1)(x-2)\\ &= x^3 - 2x^2 + 7x - 5\end{aligned}$$

（解終）

表 8.1

x	f	Δf	$\Delta^2 f$	$\Delta^3 f$
0	-5			
		6		
1	1		2	
		8		6
2	9		8	
		16		
3	25			

定理 8.1 と (8.7) より次の系を得る．

系 8.1.1 $n+1$ 個の等分点 $x_i = x_0 + ih$ $(0 \leqq i \leqq n)$ に関する $f(x)$ の n 次補間多項式を $p_n(x)$ とすれば

$$\begin{aligned} p_n(x_0+\alpha h) &= f(x_0) + \alpha\Delta f(x_0) + \frac{\alpha(\alpha-1)}{2!}\Delta^2 f(x_0) + \cdots \\ &\qquad + \frac{\alpha(\alpha-1)\cdots(\alpha-n+1)}{n!}\Delta^n f(x_0) \\ &= \sum_{j=0}^{n} \binom{\alpha}{j} \Delta^j f(x_0) \qquad (\textbf{Newton の前進公式}) \end{aligned}$$

問 3 $p_{n-k}(x)$ を，$x_i, x_{i+1}, \cdots, x_{i+n-k}$ $(n \geqq k \geqq i)$ に関する，$f(x)$ の $n-k$ 次補間多項式とすれば次式が成り立つ．

$$p_{n-k}(x_0+\alpha h) = \sum_{j=0}^{n-k} \binom{\alpha - i}{j} \Delta^j f(x_i)$$

同様に，**後退差分作用素** ∇ と $f(x)$ の**第 m 階後退差分** $\nabla^m f(x)$ とを

$$\begin{aligned} \nabla f(x) &= f(x) - f(x-h), \\ \nabla^m f(x) &= \nabla(\nabla^{m-1} f(x)) = \nabla^{m-1} f(x) - \nabla^{m-1} f(x-h) \end{aligned}$$

により定義する．

系 8.1.2 系 8.1.1 と同じ仮定の下で

$$\begin{aligned} p_n(x_n+\alpha h) &= f(x_n) + \alpha\nabla f(x_n) + \cdots \\ &\qquad + \frac{\alpha(\alpha+1)\cdots(\alpha+n-1)}{n!}\nabla^n f(x_n) \\ &= \sum_{j=0}^{n} (-1)^j \binom{-\alpha}{j} \nabla^j f(x_n) \qquad (\textbf{Newton の後退公式}) \end{aligned}$$

8.2 補間多項式の誤差

関数 $f(x)$ を n 次補間多項式 $p_n(x)$ により補間するとき，誤差 $f(x) - p_n(x)$ はどのようになるであろうか．次の定理はそれに答える．

定理 8.2 $p_n(x)$ を，$n+1$ 個の点 x_i $(0 \leqq i \leqq n)$ に関する，$f(x)$ の n 次補間多項式とすれば

$$f(x) - p_n(x) = (x - x_0)\cdots(x - x_n) f[x_0, x_1, \cdots, x_n, x] \tag{8.8}$$

さらに，$f(x)$ が C^{n+1} 級ならば

$$f(x) - p_n(x) = \frac{f^{(n+1)}(\xi)}{(n+1)!}(x - x_0)(x - x_1)\cdots(x - x_n) \tag{8.9}$$

ただし，$\min(x_0, x_1, \cdots, x_n, x) < \xi < \max(x_0, x_1, \cdots, x_n, x)$ である．

【証明】 最初に，(8.8) を帰納法により証明しよう．$n = 0$ のとき，$p_0(x)$ は定数であるから $p_0(x) = p_0(x_0) = f(x_0)$．ゆえに

$$f(x) - p_0(x) = f[x] - f[x_0] = (x - x_0) f[x, x_0]$$

すなわち，$n = 0$ のとき成り立つ．次に $n - 1$ のとき成り立つと仮定する．定理 8.1 によって

$$\begin{aligned} f(x) - p_n(x) &= f(x) - p_{n-1}(x) - \prod_{i=0}^{n-1}(x - x_i) \cdot f[x_0, x_1, \cdots, x_n] & (8.10) \\ &= \prod_{i=0}^{n-1}(x - x_i) \cdot f[x_0, x_1, \cdots, x_{n-1}, x] \\ &\qquad - \prod_{i=0}^{n-1}(x - x_i) \cdot f[x_0, x_1, \cdots, x_n] & (8.11) \\ &= \prod_{i=0}^{n-1}(x - x_i) \cdot \{f[x_0, x_1, \cdots, x_{n-1}, x] - f[x_0, x_1, \cdots, x_n]\} \\ &= \prod_{i=0}^{n-1}(x - x_i) \cdot (x - x_n) f[x_0, x_1, \cdots, x_n, x] \end{aligned}$$

ただし，(8.10) から (8.11) に移るとき帰納法の仮定を用いた．ゆえに，すべての n につき (8.8) が成り立つ．次に，(8.9) を示すため，いささか天下り的ではあるが

$$p(t) = f(t) - p_n(t) - (t - x_0) \cdots (t - x_n) f[x_0, \cdots, x_n, x] \tag{8.12}$$

とおく．明らかに，$p(x_i) = 0\ (0 \leqq i \leqq n)$ かつ $p(x) = 0\ (x \neq x_i)$ である．ここで，一般性を失うことなく，$x_0 < x_1 < \cdots < x_n < x$ と仮定し，$x_{n+1} = x$ とおく．各区間 $[x_i, x_{i+1}]\ (0 \leqq i \leqq n)$ にロール（Rolle）の定理を適用すれば，$p'(\xi_i^{(1)}) = 0$ となる $\xi_i^{(1)} \in (x_i, x_{i+1})$ がある．

次に，各区間 $[\xi_i{}^{(1)}, \xi_{i+1}{}^{(1)}]\ (0 \leqq i \leqq n-1)$ に再びロールの定理を適用して，$p''(\xi_i{}^{(2)}) = 0$ となる $\xi_i{}^{(2)} \in (\xi_i{}^{(1)}, \xi_{i+1}{}^{(1)})$ を見い出す．

以下この論法を繰り返して，結局，$p^{(n+1)}(\xi) = 0$ となる ξ を開区間 $(\xi_0{}^{(n)}, \xi_1{}^{(n)})$ の内部に見い出すことができる．$p_n{}^{(n+1)}(t) \equiv 0$ であるから，(8.12) により

$$p^{(n+1)}(\xi) = f^{(n+1)}(\xi) - (n+1)!\, f[x_0, \cdots, x_n, x] = 0$$

よって

$$f[x_0, \cdots, x_n, x] = \frac{f^{(n+1)}(\xi)}{(n+1)!}$$

これを (8.8) の右辺に代入すれば (8.9) を得る． （証明終）

●**注意** 異なる証明が陳・山本 [6] にある．

系 8.2.1 $f[x_0, x_1, \cdots, x_n] = \dfrac{f^{(n)}(\xi)}{n!}, \quad \min(x_i) < \xi < \max(x_i)$

系 8.2.2 $$f(x_0 + \alpha h) = \sum_{j=0}^{n} \binom{\alpha}{j} \Delta^j f(x_0) + h^{n+1} \binom{\alpha}{n+1} f^{(n+1)}(\xi)$$

系 8.2.3 $$f(x_n + \alpha h) = \sum_{j=0}^{n} (-1)^j \binom{-\alpha}{j} \nabla^j f(x_n) + (-1)^{n+1} h^{n+1} \binom{-\alpha}{n+1} f^{(n+1)}(\xi)$$

8.3 差分商の拡張

いままで，n 階差分商 $f[x_0, x_1, \cdots, x_n]$ を，相異なる点 $x_0, x_1, \cdots, x_n$ に対して定義したが，これを必ずしも相異ならない点に対して拡張しよう．そのため，まず次のことを示す．

命題 8.2 $n \geqq 1$ とし，$x_0, x_1, \cdots, x_n$ を区間 $[a,b]$ における相異なる $n+1$ 個の点とする．関数 $f(x)$ が $[a,b]$ において C^n 級ならば

$$f[x_0, x_1, \cdots, x_n] \\ = \int_0^1 \int_0^{t_1} \cdots \int_0^{t_{n-1}} f^{(n)}\left(x_0 + \sum_{k=1}^{n} t_k(x_k - x_{k-1})\right) dt_n \cdots dt_2 dt_1 \tag{8.13}$$

ただし，$n=1$ のときは $t_0 = 1$ と解釈する．

【証明】 分点の個数 $m = n+1$ に関する帰納法を用いる．$m = 2$ のとき

$$f[x_0, x_1] = \frac{f(x_1) - f(x_0)}{x_1 - x_0} \\ = \frac{1}{x_1 - x_0}\int_{x_0}^{x_1} f'(u)du = \int_0^1 f'(x_0 + t_1(x_1 - x_0))dt_1$$

次に，(8.13) が $m-1 = n$ 個の分点につき成り立つと仮定し

$$\alpha = x_0 + \sum_{k=1}^{n-1} t_k(x_k - x_{k-1}), \quad \beta = x_0 + \sum_{k=1}^{n-2} t_k(x_k - x_{k-1}) + t_{n-1}(x_n - x_{n-2})$$

とおけば

$$\int_0^{t_{n-1}} f^{(n)}\left(x_0 + \sum_{k=1}^{n} t_k(x_k - x_{k-1})\right) dt_n = \frac{1}{x_n - x_{n-1}}\int_\alpha^\beta f^{(n)}(u)du \\ = \frac{f^{(n-1)}(\beta) - f^{(n-1)}(\alpha)}{x_n - x_{n-1}}$$

ゆえに，帰納法の仮定によって

$$f[x_0, x_1, \cdots, x_n] \\ = \frac{1}{x_n - x_{n-1}}\{f[x_0, \cdots, x_{n-2}, x_n] - f[x_0, \cdots, x_{n-2}, x_{n-1}]\} \\ = \frac{1}{x_n - x_{n-1}}\left\{\int_0^1 \int_0^{t_1} \cdots \int_0^{t_{n-2}} f^{(n-1)}(\beta)dt_{n-1} \cdots dt_2 dt_1 \right. \\ \left. - \int_0^1 \int_0^{t_1} \cdots \int_0^{t_{n-2}} f^{(n-1)}(\alpha)dt_{n-1} \cdots dt_2 dt_1 \right\}$$

$$= \int_0^1 \int_0^{t_1} \cdots \int_0^{t_{n-2}} \frac{f^{(n-1)}(\beta) - f^{(n-1)}(\alpha)}{x_n - x_{n-1}} dt_{n-1} \cdots dt_2 dt_1$$

$$= \int_0^1 \int_0^{t_1} \cdots \int_0^{t_{n-2}} \int_0^{t_{n-1}} f^{(n)} \left(x_0 + \sum_{k=1}^{n} t_k (x_k - x_{k-1}) \right) dt_n \cdots dt_2 dt_1$$

これは $m\ (= n+1)$ 個の分点につき (8.13) が成り立つことを示す．（証明終）

(8.13) の右辺は $x_i = x_j\ (i \neq j)$ でも意味をもつ．ゆえに，C^n 級の関数 $f(x)$ と，必ずしも相異ならない点列 $x_0, x_1, \cdots, x_n$ に対する n 階差分商を，あらためて (8.13) により定義すれば，$f[x_0, x_1, \cdots, x_n]$ は $x_0, x_1, \cdots, x_n$ の連続関数となり，対称性も保存される．実際，任意の順列 σ に対し

$$\begin{aligned} f[x_0, x_1, \cdots, x_n] &= \lim_{x_i' \to x_i} f[x_0', x_1', \cdots, x_n'] \quad (x_i' \neq x_j'\ (i \neq j)) \\ &= \lim_{x_i' \to x_i} f[x_{\sigma(0)}', x_{\sigma(1)}', \cdots, x_{\sigma(n)}'] \\ &= f[x_{\sigma(0)}, x_{\sigma(1)}, \cdots, x_{\sigma(n)}] \end{aligned}$$

さらに，次の一連の結果が成り立つ．

命題 8.3　$f(x)$ が $[a, b]$ において C^n 級ならば

$$f[\overbrace{x, x, \cdots, x}^{n+1}] = \frac{f^{(n)}(x)}{n!}$$

【証明】 (8.13) において $x_0 = x_1 = \cdots = x_n = x$ とおけばよい．（証明終）

命題 8.4　$f(x)$ が $[a, b]$ において C^{n+k+1} 級ならば

$$\frac{d^k}{dx^k} f[x_0, \cdots, x_n, x] = k!\, f[x_0, \cdots, x_n, \overbrace{x, x, \cdots, x}^{k+1}]$$

【証明】 命題 8.2 を用いて $\dfrac{d}{dx} f[x_0, \cdots, x_n, x] = f[x_0, \cdots, x_n, x, x]$ を得る．以下，微分を繰り返せばよい．詳細は読者の演習としよう（演習問題 3）.（証明終）

命題 8.5　$f(x)$ が $n+k$ 次の多項式ならば，$f[x_1, \cdots, x_n, x]$ は高々 k 次の多項式である．

【証明】 命題 8.2 と 8.4 によって

$$\begin{aligned}
&\frac{1}{(k+1)!}\frac{d^{k+1}}{dx^{k+1}}f[x_1,\cdots,x_n,x] \\
&= f[x_1,\cdots,x_n,\overbrace{x,x,\cdots,x}^{k+2}] \\
&= \int_0^1\int_0^{t_1}\cdots\int_0^{t_{n+k}} f^{(n+k+1)}(u)dt_{n+k-1}\cdots dt_2dt_1 \qquad (8.14)
\end{aligned}$$

ただし

$$\begin{aligned}
u = x_1 + t_1(x_2-x_1) + \cdots + t_{n-1}(x_n - x_{n-1}) + t_n(x-x_n) \\
+ t_{n+1}(x-x) + \cdots + t_{n+k+1}(x-x)
\end{aligned}$$

とおいた．$f(x)$ が $n+k$ 次の多項式ならば，$f^{(n+k+1)}(x)\equiv 0$ であるから (8.14) より

$$\frac{d^{k+1}}{dx^{k+1}}f[x_1,\cdots,x_n,x]=0$$

ゆえに，$f[x_1,\cdots,x_n,x]$ は高々k 次の多項式である． (証明終)

8.4 Hermite 補間

相異なる $n+1$ 個の点 $x_0,x_1,\cdots,x_n$ と微分可能な関数 $f(x)$ とが与えられたとき，

$$p_{2n+1}{}^*(x_i)=f(x_i),\quad p_{2n+1}{}^{*\prime}(x_i)=f'(x_i)\quad (0\leqq i\leqq n) \qquad (8.15)$$

をみたす高々$2n+1$ 次の多項式 $p_{2n+1}{}^*(x)$ はただ 1 つ存在する．実際，(8.12) により定義される多項式 $l_i(x)$ を用いて

$$p_{2n+1}{}^*(x)=\sum_{i=0}^{n} l_i(x)^2\{1-2l_i{}'(x_i)(x-x_i)\}f(x_i)+\sum_{i=0}^{n} l_i(x)^2(x-x_i)f'(x_i) \qquad (8.16)$$

とおけば，$p_{2n+1}{}^*(x)$ は高々$2n+1$ 次の多項式で (8.15) をみたす．また，このような多項式が 2 つあったとして，それらを $p(x), q(x)$ とすれば，$\varphi(x)\equiv p(x)-q(x)$ は

$$\varphi(x_i)=\varphi'(x_i)=0\quad (0\leqq i\leqq n)$$

をみたす．ゆえに，$\varphi(x)\not\equiv 0$ なら，$x_0,x_1,\cdots,x_n$ は $\varphi(x)$ の重根でなければな

らないが，$\varphi(x)$ は高々$2n+1$ 次の多項式であるから，このようなことは起こり得ない．結局 $\varphi(x) \equiv 0$ で多項式 $p_{2n+1}{}^*(x)$ は一意に定まる．(8.15) の形の補間を（単純）**Hermite 補間**という．これに対し，いままでの補間を **Lagrange 補間**という．また，多項式 $p_{2n+1}{}^*(x)$ を **Hermite の補間多項式**，公式 (8.16) を **Hermite の補間公式**という．次の定理は $p_{2n+1}{}^*(x)$ の別表現を与える．

定理 8.3 関数 $f(x)$ は $[a,b]$ において C^{2n+1} 級であるとする．相異なる $n+1$ 個の点 $x_0, x_1, \cdots, x_n \in [a,b]$ に関する $f(x)$ の Hermite 補間多項式 $p_{2n+1}{}^*(x)$ は次の形にかける．

$$\begin{aligned} &p_{2n+1}{}^*(x) \\ &= f[x_0] + (x-x_0)f[x_0,x_0] + (x-x_0)^2 f[x_0,x_0,x_1] \\ &\quad + (x-x_0)^2(x-x_1)f[x_0,x_0,x_1,x_1] + \cdots \\ &\quad + (x-x_0)^2\cdots(x-x_{n-1})^2(x-x_n)f[x_0,x_0,x_1,x_1,\cdots,x_n,x_n] \end{aligned} \tag{8.17}$$

【証明】 (8.17) の右辺を $p(x)$ とおく．一般性を失うことなく，$x_0 < x_1 < \cdots < x_n$ として，$2n+2$ 個の点 $x_0 < \xi_0 < x_1 < \xi_1 < \cdots < x_n < \xi_n$ に関する $f(x)$ の補間多項式を $p_{2n+1}(x)$ とすれば，定理 8.2 と定理 8.1 とにより

$$f(x) = p_{2n+1}(x) + \prod_{i=0}^{n}(x-x_i)(x-\xi_i)\cdot f[x_0,\xi_0,x_1,\xi_1,\cdots,x_n,\xi_n,x] \tag{8.18}$$

$$\begin{aligned} &p_{2n+1}(x) \\ &= f[x_0] + (x-x_0)f[x_0,\xi_0] + \cdots \\ &\quad + \left\{\prod_{i=0}^{n-1}(x-x_i)(x-\xi_i)\right\}(x-x_n)f[x_0,\xi_0,\cdots,x_{n-1},\xi_{n-1},x_n,\xi_n] \end{aligned}$$

ここで $\xi_i \to x_i$ $(0 \leqq i \leqq n)$ とすれば，拡張された差分商の連続性によって

$$p_{2n+1}(x) \to p(x)$$

かつ

$$f(x) = p(x) + \prod_{i=0}^{n}(x - x_i)^2 \cdot f[x_0, x_0, \cdots, x_n, x_n, x] \tag{8.19}$$

上式右辺第 2 項は，$x_0, x_1, \cdots, x_n$ に関して対称であるから，$p(x)$ も $x_0, x_1, \cdots, x_n$ の対称関数である．ゆえに，(8.17) の右辺において x_0 と x_i とを入れかえても式は不変で

$$p(x) = f[x_i] + (x - x_i)f[x_i, x_i] + (x - x_i)^2 q(x) \quad (q(x) \text{ は } 2n-1 \text{ 次多項式})$$

とかける．したがって

$$p(x_i) = f[x_i] = f(x_i), \quad p'(x_i) = f[x_i, x_i] = f'(x_i) \qquad (\text{命題 } 8.3)$$

i は任意であったから，$p(x)$ は $2n+1$ 次の Hermite 補間多項式である．(証明終)

定理 8.4 (**Hermite 補間の誤差**) $f(x)$ が C^{2n+2} 級ならば

$$\begin{aligned} f(x) - {p_{2n+1}}^*(x) &= \prod_{i=0}^{n}(x - x_i)^2 \cdot f[x_0, x_0, x_1, x_1, \cdots, x_n, x_n, x] \\ &= \frac{f^{(2n+2)}(\xi)}{(2n+2)!}\prod_{i=0}^{n}(x - x_i)^2 \\ &\quad (\min(x_0, \cdots, x_n, x) \leqq \xi \leqq \max(x_0, \cdots, x_n, x)) \end{aligned}$$

【証明】 最初の等式は (8.19) にほかならない．第 2 の等式は次のようにして導く．

$$\begin{aligned} f[x_0, x_0, \cdots, x_n, x_n, x] &= \lim_{\xi_i \to x_i} f[x_0, \xi_0, \cdots, x_n, \xi_n, x] \qquad (8.20) \\ &= \lim_{\xi_i \to x_i} \frac{f^{(2n+2)}(\tilde{\xi})}{(2n+2)!} = \frac{f^{(2n+2)}(\xi)}{(2n+2)!} \end{aligned}$$

ただし $\min(x_0, \xi_0, \cdots, x_n, \xi_n, x) < \tilde{\xi} < \max(x_0, \xi_0, \cdots, x_n, \xi_n, x)$ で，ξ は，$\xi_i \to x_i$ としたときの，$\tilde{\xi}$ の極限値である．その存在は極限 (8.20) の存在よりわかる．(証明終)

● **注意** 以上の議論を一般化して

$$p(x_i) = f(x_i),\ p'(x_i) = f'(x_i),\ \cdots,\ p^{(l)}(x_i) = f^{(l)}(x_i), \quad 0 \leqq i \leqq n$$

をみたす高々$(l+1)(n+1)-1$次の多項式$p(x)$は，fが$C^{(l+1)(n+1)}$級のとき

$$\begin{aligned} p(x) = {} & f[x_0]+(x-x_0)f[x_0,x_0]+\cdots+(x-x_0)^{l+1}f[\overbrace{x_0,\cdots,x_0}^{l+1},x_1] \\ & +(x-x_0)^{l+1}(x-x_1)f[\overbrace{x_0,\cdots,x_0}^{l+1},x_1,x_1]+\cdots \\ & +\cdots+(x-x_0)^{l+1}(x-x_1)^{l+1}\cdots(x-x_{n-1})^{l+1}(x-x_n)^{l} \\ & \times f[\overbrace{x_0,\cdots,x_0}^{l+1},\cdots,\overbrace{x_n,\cdots,x_n}^{l+1}] \end{aligned}$$

で与えられる．

さらに条件を一般化し

$$q(x_i)=f(x_i),\ q'(x_i)=f'(x_i),\ \cdots,\ q^{(l_i)}(x_i)=f^{(l_i)}(x_i),\quad 0 \leqq i \leqq n$$

をみたす高々$\sum_{i=0}^{n}(l_i+1)-1=\sum_{i=0}^{n}l_i+n$次の多項式$q(x)$を，仮定$f\in C^{\Sigma l_i+n+1}$の下で，拡張された差分商を用いて書き下すこともできる（Atkinson [10] 参照）．実際，読者にとって，証明はともかく，$q(x)$の形の類推はもはや容易であろう．数学における理論の一般化，抽象化は決して無用な遊びではなく，対象の理解を容易にし，物事を見通しよくしてくれるものなのである．

8.5 スプライン補間

この節は第12章（有限要素法）のための準備として設ける．

閉区間$[a,b]$の分割を

$$\Delta : a=x_0<x_1<\cdots<x_n=b$$

とする．$[a,b]$においてC^{m-1}級，かつ各小区間$[x_i,x_{i+1}]$においてm次多項式に等しい関数${S_\Delta}^m(x)$を分割Δに属するm次の**スプライン関数**という（図8.1，8.2）．ちなみに，スプライン（spline）とは雲形定規のことである．以後，支障のない限り${S_\Delta}^m(x)$を単に$S_\Delta(x)$とかく．

明らかに，1次のスプライン関数は連続な折線関数に限り，各分点における値を指定すれば一意に定まる．

2次スプライン関数の一意存在性は，次の形に述べられる．

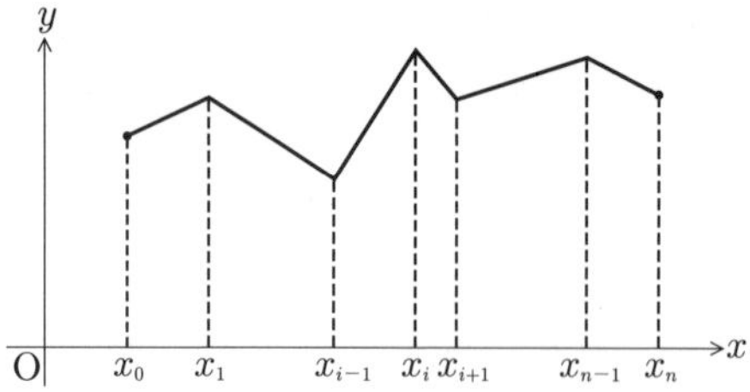

図 8.1 1次のスプライン関数

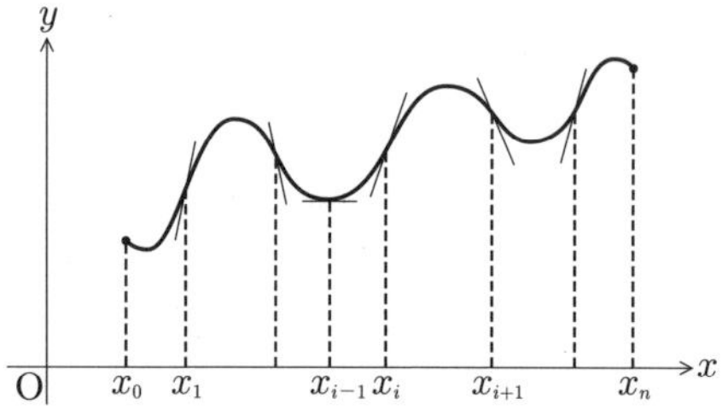

図 8.2 2次のスプライン関数

命題 8.6 $n+2$ 個の定数 $p_0, p_1, \cdots, p_{n-1}, \alpha, \beta$ を任意に与えたとき，次の条件をみたす2次のスプライン関数 $S_\Delta(x)$ は一意に定まる．

(i) $S_\Delta\left(\dfrac{x_i + x_{i+1}}{2}\right) = p_i \quad (i = 0, 1, \cdots, n-1)$

(ii) $S_\Delta(x_0) = \alpha, \quad S_\Delta(x_n) = \beta$

【証明】 小区間 $[x_i, x_{i+1}]$ において $S'_\Delta(x)$ は1次式であるから，適当な定数 c_i, c_{i+1} を選んで

$$S'_\Delta(x) = \frac{(x_{i+1} - x)c_i + (x - x_i)c_{i+1}}{h_{i+1}}, \quad h_{i+1} = x_{i+1} - x_i, \quad x \in [x_i, x_{i+1}] \tag{8.21}$$

とかけるはずである．条件 (i),(ii) の下で $S_\Delta(x) \in C^1[a, b]$ ならしめる定数 $c_0, c_1, \cdots, c_n$ が一意に定まることを示そう．(8.21) を積分し，条件 (i) を用いて積分定数を定めれば，$x \in [x_i, x_{i+1}]$ のとき

$$S_\Delta(x) = \frac{-(x_{i+1} - x)^2 c_i + (x - x_i)^2 c_{i+1}}{2h_{i+1}} + p_i - \frac{h_{i+1}}{8}(c_{i+1} - c_i) \tag{8.22}$$

ここで，連続性の条件 $S_\Delta(x_i - 0) = S_\Delta(x_i + 0)$ $(1 \leqq i \leqq n-1)$ を使えば

$$\frac{h_i}{8}c_{i-1} + \frac{3}{8}(h_i + h_{i+1})c_i + \frac{h_{i+1}}{8}c_{i+1} = p_i - p_{i-1} \quad (1 \leqq i \leqq n-1)$$

便宜上，両辺を 8 倍して $h_i + h_{i+1}$ で割り

$$\lambda_i = \frac{h_i}{h_i + h_{i+1}}, \quad \mu_i = \frac{h_{i+1}}{h_i + h_{i+1}}$$

とおけば

$$\lambda_i c_{i-1} + 3c_i + \mu_i c_{i+1} = \frac{8}{h_i + h_{i+1}}(p_i - p_{i-1}) \tag{8.23}$$

同様に，条件 (ii) を用いて

$$3c_0 + c_1 = \frac{8}{h_1}(p_0 - \alpha), \quad c_{n-1} + 3c_n = \frac{8}{h_n}(\beta - p_{n-1}) \tag{8.24}$$

(8.23),(8.24) を行列表示すれば

$$A\boldsymbol{c} = \boldsymbol{d} \tag{8.25}$$

$$A = \begin{bmatrix} 3 & 1 & & & \\ \lambda_1 & 3 & \mu_1 & & \\ & \ddots & \ddots & \ddots & \\ & & \lambda_{n-1} & 3 & \mu_{n-1} \\ & & & 1 & 3 \end{bmatrix},$$

$$\boldsymbol{c} = \begin{bmatrix} c_0 \\ c_1 \\ \vdots \\ c_{n-1} \\ c_n \end{bmatrix}, \quad \boldsymbol{d} = \begin{bmatrix} 8{h_1}^{-1}(p_0 - \alpha) \\ 8(h_1 + h_2)^{-1}(p_1 - p_0) \\ \vdots \\ 8(h_{n-1} + h_n)^{-1}(p_{n-1} - p_{n-2}) \\ 8{h_n}^{-1}(\beta - p_{n-1}) \end{bmatrix}$$

A は狭義優対角であるから正則（定理 2.2）であり，(8.25) の解 $c_0, c_1, \cdots, c_n$ は一意に定まる．このとき，$S_\Delta{}'(x)$ の連続性は (8.21) より自動的にみたされる．

（証明終）

■問　命題 8.6 の条件 (ii) を次の条件 (ii)′ でおきかえる．

(ii)′　$S_\Delta{}'(x_0) = \alpha, \quad S_\Delta{}'(x_n) = \beta$

このとき，条件 (i),(ii)′ をみたす 2 次のスプライン関数は一意に定まることを示せ．

同様な論法により次のことがいえる（各自証明を試みよ）．

命題 8.7　$n+3$ 個の実数 $p_0, p_1, \cdots, p_n, \alpha, \beta$ を任意に与えるとき，次の条件をみたす 3 次のスプライン関数 $S_\Delta(x)$ は一意に存在する．
(i)　$S_\Delta(x_i) = p_i \quad (0 \leqq i \leqq n)$
(ii)　$S_\Delta{}'(x_0) = \alpha, \qquad S'_\Delta(x_n) = \beta$

さて，関数 $f(x)$ をスプライン関数により補間したときの誤差を調べよう．1 次のスプライン関数に対して，次のことが成り立つ．

定理 8.5　f は $[a,b]$ において C^2 級とし，$M = \max\{|f''(x)|\,; a \leqq x \leqq b\}$ とおく．分割 Δ に属する 1 次のスプライン関数 $S_\Delta(x)$ を，$S_\Delta(x_i) = f_i\ (0 \leqq i \leqq n)$ により定めれば，$h = \max(x_{i+1} - x_i)$ として

$$|f'(x) - S_\Delta{}'(x)| \leqq \frac{1}{2}Mh, \quad |f(x) - S_\Delta(x)| \leqq \frac{1}{4}Mh^2, \quad x \in [a,b]$$

ただし，x が分点の 1 つ x_j に等しいときは，$S_\Delta{}'(x)$ は片側微係数 $S_\Delta{}'(x_j - 0)$, $S_\Delta{}'(x_j + 0)$ のうち，いずれか一方を表すものとする．

【証明】　$h_{i+1} = x_{i+1} - x_i$ とおく．開区間 (x_i, x_{i+1}) において

$$S_\Delta{}'(x) = \frac{f(x_{i+1}) - f(x_i)}{h_{i+1}}$$

$$f'(x) - S_\Delta{}'(x) = f'(x) - \frac{f(x_{i+1}) - f(x) - \{f(x_i) - f(x)\}}{h_{i+1}}$$

ここで

$$f(x_{i+1}) - f(x) = (x_{i+1} - x)f'(x) + \frac{1}{2}(x_{i+1} - x)^2 f''(\xi_1)$$

$$f(x_i) - f(x) = (x_i - x)f'(x) + \frac{1}{2}(x_i - x)^2 f''(\xi_2)$$

ゆえに

$$f'(x) - S_\Delta{}'(x) = -\frac{1}{2h_{i+1}}\{(x_{i+1} - x)^2 f''(\xi_1) - (x - x_i)^2 f''(\xi_2)\}$$

$$\begin{aligned} |f'(x) - S_\Delta{}'(x)| &\leqq \frac{1}{2h_{i+1}}\{(x_{i+1} - x)^2 + (x_i - x)^2\}M \\ &\leqq \frac{1}{2h_{i+1}}\{(x_{i+1} - x) + (x - x_i)\}^2 M \leqq \frac{1}{2}Mh \end{aligned}$$

また，$|x-x_k|=\min(|x-x_i|,|x-x_{i+1}|)$ とおけば $|x-x_k| \leqq 2^{-1}h$，かつ

$$f(x)-S_\Delta(x)=\int_{x_k}^{x}\{f'(x)-S_\Delta{}'(x)\}dx \quad (\because\ f(x_k)-S_\Delta(x_k)=0)$$

したがって

$$|f(x)-S_\Delta(x)| \leqq \left|\int_{x_k}^{x}|f'(x)-S_\Delta{}'(x)|dx\right| \leqq \frac{1}{2}h\left(\frac{1}{2}Mh\right)=\frac{1}{4}Mh^2$$

（証明終）

注意 1　実は，さらに精密な不等式

$$|f(x)-S_\Delta(x)| \leqq \frac{1}{8}Mh^2$$

が成り立つ.（定理 8.2 の証明を参考にして各自試みよ.）

定理 8.5 と同じ論法により，次の 2 つの結果を導くこともできる.

定理 8.6　f は $[a,b]$ において C^3 級とし，

$$M=\max\{|f^{(3)}(x)|\,;\,a \leqq x \leqq b\},$$
$$h=\max(x_i-x_{i-1}), \quad \underline{h}=\min(x_i-x_{i-1}), \quad \sigma=h/\underline{h}$$

とおく．分割 Δ に属する 2 次のスプライン関数 $S_\Delta(x)$ を

$$S_\Delta\left(\frac{x_i+x_{i+1}}{2}\right)=f\left(\frac{x_i+x_{i+1}}{2}\right) \quad (0 \leqq i \leqq n-1)$$
$$S_\Delta(x_0)=f(x_0), \quad S_\Delta(x_n)=f(x_n)$$

により定めれば，区間 $[a,b]$ において次の不等式が成り立つ.

$$|f^{(j)}(x)-S_\Delta{}^{(j)}(x)| \leqq K_j M\sigma h^{3-j} \quad (j=0,1,2)$$

ただし

$$K_0=11/24, \quad K_1=11/12, \quad K_2=7/6$$

また $S_\Delta{}^{(2)}(x_i)$ は $S_\Delta{}^{(2)}(x_i-0)$, $S_\Delta{}^{(2)}(x_i+0)$ のうち，いずれか一方を表す.

定理 8.7 h と σ を定理 8.6 のように定義し，今度は，$[a,b]$ において f は C^4 級とし，$M^* = \max\{|f^{(4)}(x)|\,;\, a \leqq x \leqq b\}$ とおく．3 次のスプライン関数 $S_\Delta(x)$ を

$$S_\Delta(x_i) = f(x_i)\ (0 \leqq i \leqq n), \quad {S_\Delta}'(x_0) = f'(x_0), \quad {S_\Delta}'(x_n) = f'(x_n)$$

により定めれば

$$|f^{(j)}(x) - {S_\Delta}^{(j)}(x)| \leqq {K_j}^* {M_j}^* \sigma h^{4-j} \quad (j = 0, 1, 2, 3)$$

ただし

$${K_0}^* = 7/8, \quad {K_1}^* = K_2^* = 7/4, \quad {K_3}^* = 2$$

とおく．また ${S_\Delta}^{(3)}(x)$ の意味は前定理と同様に解釈する．

● **注意 2** 実は

$${K_0}^* = \frac{5}{384}, \quad {K_1}^* = \frac{\sqrt{3}}{216} + \frac{1}{24}, \quad {K_2}^* = \frac{1}{12} + \frac{\sigma}{3}, \quad {K_3}^* = \frac{1+\sigma^2}{2}$$

としてよい (Hall, 1968).

8.6 直交多項式

この節では，次章で扱う Gauss 型積分公式に必要な直交多項式の概念を説明し，いくつかの性質を導く．

いま，$w(x)$ を開区間 (a,b) で連続かつ正値な関数とし，任意の多項式 $p(x), q(x)$ に対し

$$(p,q)_w = \int_a^b p(x)q(x)w(x)dx$$

とおく．以下，この積分の存在を仮定する（(a,b) は有限区間でなくてもよい）．

このとき，$(\ ,\ )_w$ は 1 つの内積を与える．すなわち，次の性質をもつ．

(i) $(p,p)_w \geqq 0$ で，$(p,p)_w = 0 \Leftrightarrow p \equiv 0$

(ii) $(\alpha p, q)_w = \alpha(p,q)_w$ （αは実数）

(iii) $(p,q)_w = (q,p)_w$

(iv) $(p+q, r)_w = (p,r)_w + (q,r)_w$

特に，$(p,q)_w = 0$ のとき，多項式 $p(x)$ と $q(x)$ は**重み関数** $w(x)$ に関して**直交する**という．また，$\varphi_n(x)$ $(n \geqq 0)$ が n 次多項式 $(\varphi_0(x) \neq 0)$ で，$(\varphi_n, \varphi_m)_w = 0$ $(n \neq m)$ をみたすとき，$\{\varphi_n\}$ を**直交多項式系**という．さらに，すべての n につき $(\varphi_n, \varphi_n)_w = 1$ をみたす直交多項式系を**正規直交多項式系**という．以下，簡単のため，$(p,q)_w$ を (p,q) と略記する．

命題 8.8 直交多項式系および正規直交多項式系は存在する．

【証明】 $1, x, x^2, \cdots$ に対し Gram–Schmidt（グラム・シュミット）の直交化を行えばよいが，ここではあまり知られていない次の構成法を紹介しよう．一般に関数 $f_1(x), \cdots, f_n(x)$ が $[a,b]$ 上 1 次独立（$\Sigma c_i f_i \equiv 0$ $(a \leqq x \leqq b) \Rightarrow c_i = 0$ $(1 \leqq i \leqq n)$）のとき

$$\varphi_n(x) = \begin{vmatrix} (f_1,f_1) & (f_1,f_2) & \cdots & (f_1,f_n) \\ (f_2,f_1) & (f_2,f_2) & \cdots & (f_2,f_n) \\ \cdots & \cdots & \cdots & \cdots \\ (f_{n-1},f_1) & (f_{n-1},f_2) & \cdots & (f_{n-1},f_n) \\ f_1 & f_2 & \cdots & f_n \end{vmatrix} = \sum_{i=1}^{n} c_{ni} f_i$$

（第 n 行につき展開）

$$\varphi_n{}^*(x) = \frac{\varphi_n(x)}{\sqrt{(\varphi_n, \varphi_n)}} \quad (n = 1, 2, \cdots)$$

とおけば，$\{\varphi_n\}, \{\varphi_n{}^*\}$ はそれぞれ直交系，正規直交系をなす．実際，$i < n$ のとき

$$(f_i, \varphi_n) = \begin{vmatrix} (f_1,f_1) & \cdots & (f_1,f_n) \\ \cdots & \cdots & \cdots \\ (f_{n-1},f_1) & \cdots & (f_{n-1},f_n) \\ (f_i,f_1) & \cdots & (f_i,f_n) \end{vmatrix}$$

であり，この行列式の第 i 行と第 n 行は一致するから，$(f_i, \varphi_n) = 0$ となる．よって，$m < n$ ならば

$$(\varphi_m, \varphi_n) = \left(\sum_{i=1}^{m} c_{mi} f_i, \varphi_n \right) = \sum_{i=1}^{m} c_{mi} (f_i, \varphi_n) = 0.$$

また，$\varphi_n(x)$ の展開式 $\sum_{i=1}^{n} c_{ni} f_i$ における f_n の係数 c_{nn} は $f_1, \cdots, f_{n-1}$ のつくるグラムの行列式

$$\det[(f_i, f_j)], \quad i, j = 1, 2, \cdots, n-1$$

で，$f_1, \cdots, f_{n-1}$ の独立性により $c_{nn} \neq 0$ である（演習問題 5 参照）．ゆえに

$$(\varphi_n, \varphi_n) = \sum_{i=1}^{n} c_{ni}(f_i, \varphi_n) = c_{nn}(f_n, \varphi_n) = {c_{nn}}^2(f_n, f_n) \neq 0.$$

したがって，$\{\varphi_n\}, \{{\varphi_n}^*\}$ はそれぞれ直交系，正規直交系をなす．ゆえに，直交多項式系および正規直交多項式系をつくるためには，$f_i = x^{i-1}\ (i \geqq 1)$ と選べば十分である． （証明終）

以下 $\{\varphi_n(x)\}$ は，常に直交多項式系を表すものとする．

命題 8.9 任意の n 次多項式は $\varphi_0(x), \varphi_1(x), \cdots, \varphi_n(x)$ の 1 次結合として表される．

【証明】 任意の n 次多項式を $q(x) = a_0 + a_1 x + \cdots + a_n x^n\ (a_n \neq 0)$ とおき，次数 n に関する帰納法を用いる．$n = 0$ のとき，$\varphi_0(x)$ は 0 でない定数であるから

$$q(x) = \left(\frac{a_0}{\varphi_0}\right) \cdot \varphi_0(x)$$

とかける．次に，$n-1$ のとき成り立つものとし，$\varphi_n(x) = b_n x^n + \cdots$ とおく．$q(x) - (a_n/b_n)\varphi_n(x)$ は高々 $n-1$ 次の多項式であるから，帰納法の仮定により，適当な定数 c_j を定めて

$$q(x) - \frac{a_n}{b_n} \cdot \varphi_n(x) = \sum_{j=0}^{n-1} c_j \varphi_j(x)$$

とかける．ゆえに $q(x) = c_0\varphi_0 + \cdots + c_{n-1}\varphi_{n-1} + (a_n/b_n)\varphi_n$． （証明終）

命題 8.10 $q(x)$ が k 次の多項式で $k < n$ ならば，$(\varphi_n, q) = 0$.

【証明】 命題 8.9 により適当な定数 c_j を選んで

$$q(x) = c_0\varphi_0 + c_1\varphi_1 + \cdots + c_k\varphi_k$$

とかけば，$k < n$ のとき

$$(\varphi_n, q) = c_0(\varphi_n, \varphi_0) + c_1(\varphi_n, \varphi_1) + \cdots + c_k(\varphi_n, \varphi_k) = 0$$ （証明終）

命題 8.11 高々$n-1$次の任意の多項式と直交する n 次多項式 $\varphi(x)$ は，重み関数 $w(x)$ を固定するとき，定数倍を除いて一意に定まる．$\varphi(x)$ を重み $w(x)$ に関する $\boldsymbol{n}$ **次直交多項式**という．

【証明】 このような $\varphi(x)$ の存在はすでに示した（命題 8.8 と 8.10）．いま，φ, ψ を命題 8.11 の仮定をみたす 2 つの n 次多項式とする．適当な定数 c をとり，$q \equiv \psi - c\varphi$ が高々$n-1$ 次の多項式であるようにすれば

$$(q, q) = (\psi - c\varphi, q) = (\psi, q) - c(\varphi, q) = 0$$

ゆえに $q = 0$．すなわち $\psi = c\varphi$ を得る． （証明終）

定理 8.8 各 $n \geqq 1$ に対し，n 次直交多項式 $\varphi_n(x)$ の根はすべて相異なる実根で，開区間 (a, b) 内にある．

【証明】 命題 8.10 によって，$n \geqq 1$ なら

$$(\varphi_n, 1) = \int_a^b \varphi_n(x) w(x) dx = 0$$

$a < x < b$ のとき $w(x) > 0$ であるから，上式により $\varphi_n(x)$ は (a, b) 内に少なくとも 1 つの実根をもつ．それを重複度も数えて $x_1, x_2, \cdots, x_k$ $(k \geqq 1)$ と並べ

$$q(x) = (x - x_1)(x - x_2) \cdots (x - x_k)$$

とおく．$\varphi_n(x) q(x)$ は (a, b) において定符号であるから

$$(\varphi_n, q) = \int_a^b \varphi_n(x) q(x) w(x) dx \neq 0$$

$q(x)$ は k 次多項式で $1 \leqq k \leqq n$ である．ゆえに $k = n$ を得る（命題 8.10）．しかも，$x_1, \cdots, x_n$ は相異なる．なぜなら，一般性を失うことなく，x_1 を重根とすれば

$$\varphi_n(x) = (x - x_1)^2 r(x) \quad (r(x) \text{ は } n-2 \text{ 次の多項式})$$

とかけて，$\varphi_n(x) r(x) = (x - x_1)^2 r(x)^2 \geqq 0$．したがって

$$(\varphi_n, r) = \int_a^b \varphi_n(x) r(x) w(x) dx > 0$$

これは命題 8.10 に矛盾する．ゆえに重根をもつことはない．　　(証明終)

代表的な直交多項式をいくつか挙げておこう．

例1　Legendre（ルジャンドル）**の多項式**　$P_n(x)$（区間 $(-1,1)$）

$$P_n(x) = \frac{1}{2^n n!}\frac{d^n}{dx^n}(x^2-1)^n = \frac{(2n)!}{2^n(n!)^2}x^n + \cdots \quad (n \geqq 0)$$

直交関係 $$\int_{-1}^{1} P_n(x)P_m(x)dx = \begin{cases} 0 & (n \neq m) \\ \dfrac{2}{2n+1} & (n = m) \end{cases} \quad (w(x)=1)$$

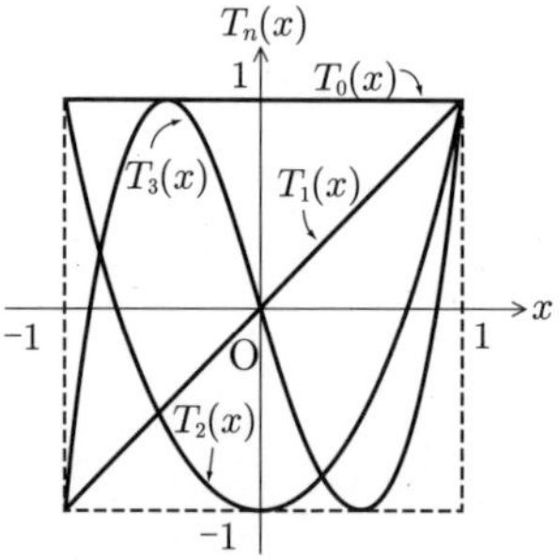

図 8.3　Chebyshev の多項式

例2　Chebyshev の多項式　$T_n(x)$（区間 $(-1,1)$）

$$T_n(x) = \frac{(-1)^n 2^n n!}{(2n)!}\sqrt{1-x^2}\frac{d^n}{dx^n}(1-x^2)^{n-1/2} \quad (n \geqq 0) \tag{8.26}$$

$$= \cos(n\cos^{-1}x) \tag{8.27}$$

直交関係 $$\int_{-1}^{1}\frac{T_n(x)T_m(x)}{\sqrt{1-x^2}}dx = \begin{cases} 0 & (n \neq m) \\ \dfrac{\pi}{2} & (n = m \neq 0) \\ \pi & (n = m = 0) \end{cases} \quad \left(w(x) = \frac{1}{\sqrt{1-x^2}}\right)$$

この多項式につき，少し説明を加えよう．容易にわかるように，$\cos n\theta$ は $\cos\theta\ (=x)$ の n 次多項式として表される（関係式 $\cos(n+1)\theta + \cos(n-1)\theta = 2\cos n\theta\cos\theta$ と数学的帰納法を用いよ）．この多項式が $T_n(x)$ である．たとえば，

$$T_0(x) = \cos 0 = 1, \quad T_1(x) = \cos\theta = x,$$
$$T_2(x) = \cos 2\theta = 2\cos^2\theta - 1 = 2x^2 - 1, \cdots$$

(8.26) と (8.27) が等しいことは，両者が同一の漸化式

$$T_n(x) = 2xT_{n-1}(x) - T_{n-2}(x), \quad n = 2, 3, \cdots$$

をみたし，かつ $n=0,1$ のときそれぞれ $1, x$ となって一致することよりわかる．

なお，多項式 $T_n(x)$ は，定義域 $[-1,1]$ を全区間に拡げて

$$T_n(x) = \begin{cases} \cos\left[n\cos^{-1}x\right] & (-1 \leqq x \leqq 1) \\ \cosh\left[n\cosh^{-1}(x)\right] & (x \geqq 1) \\ (-1)^n\cosh\left[n\cosh^{-1}(-x)\right] & (x \leqq -1) \end{cases}$$
$$= \frac{1}{2}\left[\left(x+\sqrt{x^2-1}\right)^n + \left(x-\sqrt{x^2-1}\right)^n\right] \quad (-\infty < x < \infty)$$

と表示することもできる．

例3 Laguerre（ラゲール）の多項式 $L_n(x)$ （区間 $(0,\infty)$）

$$L_n(x) = \frac{e^x}{n!}\frac{d^n}{dx^n}(e^{-x}x^n) = \frac{(-1)^n}{n!}x^n + \cdots$$

$$\text{直交関係} \quad \int_0^\infty L_n(x)L_m(x)e^{-x}dx = \delta_{nm} \quad (w(x) = e^{-x})$$

例4 Hermite の多項式 $H_n(x)$ （区間 $(-\infty,\infty)$）

$$H_n(x) = (-1)^n e^{x^2}\frac{d^n}{dx^n}e^{-x^2} = 2^n x^n + \cdots$$

$$\text{直交関係} \quad \int_{-\infty}^\infty H_n(x)H_m(x)e^{-x^2}dx = \begin{cases} 0 & (n \neq m) \\ \sqrt{\pi}2^n n! & (n = m) \end{cases} \quad (w(x) = e^{-x^2})$$

演 習 問 題

1 区間 [0,1] において，0 次の Bessel（ベッセル）関数

$$J_0(x) = \frac{1}{\pi}\int_0^\pi \cos(x\sin t)dt$$

を $n+1$ 個の分点 $x_i = i/n$ $(0 \leqq i \leqq n)$ に関して Lagrange 補間する．補間多項式を $p_n(x)$ とするとき，誤差 $\max\{|J_0(x) - p_n(x)|\,;\, 0 \leqq x \leqq 1\}$ を評価せよ．

（注） $J_0(x)$ は微分方程式 $x^2y'' + xy' + x^2y = 0$ の解である．

2 前問において，$J_0(x)$ を m 次のスプライン関数 $S_\Delta{}^m(x)$ を用いて補間するとき，誤差 $\max\{|J_0(x) - S_\Delta{}^m(x)|\,;\, 0 \leqq x \leqq 1\}$ を評価せよ．ただし $1 \leqq m \leqq 3$.

3 命題 8.4 を証明せよ．

4 $\{x_i\}_{i=0}^n$, $\{y_j\}_{j=1}^m$ $(x_i \neq x_j, y_i \neq y_j\ (i \neq j))$ と実数値 f_{ij} $(0 \leqq i \leqq n,\ 0 \leqq j \leqq m)$

が与えられたとき，x, y に関する高々 nm 次の多項式 $P(x,y)$ で

$$P(x_i, y_j) = f_{ij} \quad (0 \leqq i \leqq n,\ 0 \leqq j \leqq m)$$

をみたすものが存在することを示せ．

5 n 個の関数 $\varphi_1(x), \cdots, \varphi_k(x)$ が $[a,b]$ 上 1 次独立ならば，n 次行列

$$A = [a_{ij}], \quad a_{ij} = (\varphi_i, \varphi_j) = \int_a^b \varphi_i(x)\varphi_j(x)dx$$

は正定値対称行列であることを示せ．逆も成り立つ．A を**グラム行列**という．

6 （**連続型最小 2 乗法**） 関数 $\varphi_1(x), \cdots, \varphi_n(x)$ は $[a,b]$ 上 1 次独立とする．別に与えられた関数 $f(x)$ に対し

$$\left\|f - \sum_{k=1}^{n} c_k\varphi_k(x)\right\|_2^2 = \int_a^b \left|f(x) - \sum_{k=1}^{n} c_k\varphi_k(x)\right|^2 dx$$

を最小にする係数 $c_1, \cdots, c_n$ は，次の連立 1 次方程式の解として一意に定まることを示せ．このとき，$\sum c_k\varphi_k$ を f の最小 2 乗近似という．

$$\begin{bmatrix} a_{11} \cdots a_{1n} \\ \cdots \\ a_{n1} \cdots a_{nn} \end{bmatrix} \begin{bmatrix} c_1 \\ \vdots \\ c_n \end{bmatrix} = \begin{bmatrix} f_1 \\ \vdots \\ f_n \end{bmatrix} \qquad \text{ただし} \quad a_{ij} = (\varphi_i, \varphi_j),\ f_j = (f, \varphi_j)$$

7 （**離散型最小 2 乗法**） $(x_1, y_1), \cdots, (x_N, y_N)$ を与えられたデータとする．残差平方和

$$S = \sum_{i=1}^{N} \{y_i - (c_0 + c_1x_i + \cdots + c_nx_i{}^n)\}^2 \quad (N \gg n)$$

を最小にする係数 $c_0, \cdots, c_n$ は，次の連立 1 次方程式の解として，一意に定まることを示せ．

$$\begin{cases} Nc_0 + (\sum x_i)c_1 + \cdots + (\sum x_i{}^n)c_n = \sum y_i \\ (\sum x_i)c_0 + (\sum x_i{}^2)c_1 + \cdots + (\sum x_i{}^{n+1})c_n = \sum x_iy_i \\ \quad \vdots \\ (\sum x_i{}^n)c_0 + (\sum x_i{}^{n+1})c_1 + \cdots + (\sum x_i{}^{2n})c_n = \sum x_i{}^ny_i \end{cases}$$

（これを正規方程式という）

8 次表はある金属の電気抵抗 R_t を温度 t の関数として測定した結果を示す（愛媛大学工学部山崎紀之君の実験報告）．$R_t = R_0(1 + \alpha t)$ の形で最小 2 乗近似し R_0 と α（抵抗温度係数）の値を決定せよ．

t ℃	40	50	60	70	80	90	100	110	120
R_t	140.0	145.6	150.4	155.8	160.9	166.0	170.5	176.7	181.0

131	140	150	160	170	180	190	198
186.9	191.0	196.7	201.7	206.5	212.0	217.0	221.0

9 $p_n(x)$ は n 次直交多項式で x^n の係数は 1 であるとする．次の漸化式が成り立つことを示せ．

$$p_{n+1}(x) = (x - \alpha_n)p_n(x) - \beta_{n-1}p_{n-1}(x) \quad (n \geqq 1),$$

$$p_1(x) = x - \alpha_1, \quad p_0(x) = 1$$

$$\alpha_n = (xp_n, p_n)/(p_n, p_n), \quad \beta_{n-1} = (p_n, p_n)/(p_{n-1}, p_{n-1}) > 0$$

また，p_n と p_{n-1} は共通根をもたないことを示せ．

10 (i) k 次 Legendre 多項式 $P_k(x)$ は次の漸化式をみたすことを示せ．

$$P_{k+1}(x) - \frac{2k+1}{k+1}xP_k(x) + \frac{k}{k+1}P_{k-1}(x) = 0$$

(ii) b_0 を漸化式

$$b_k = a_k + \frac{2k+1}{k+1}xb_{k+1} - \frac{k+1}{k+2}b_{k+2} \quad (k = n, n-1, \cdots 1, 0)$$

により定める．ただし，$b_{n+2} = b_{n+1} = 0$ とおく．このとき

$$b_0 = a_0P_0 + a_1P_1 + \cdots + a_nP_n$$

であることを示せ．

9 数値積分

9.1 数値積分公式

定積分

$$I(f) = \int_a^b f(x)dx \quad \left(\text{または} \int_a^b f(x)w(x)dx \right)$$

を求めるための近似公式は，通常次の形である．

$$I_n(f) = \alpha_1 f(x_1) + \cdots + \alpha_n f(x_n) \quad (n \text{ 点公式}) \tag{9.1}$$

ここに，α_j は定数，x_j は区間 $[a, b]$ における相異なる分点である．この公式による誤差 $I(f) - I_n(f)$ を $E_n(f)$ で表し，$E_n(x^k) = 0$ $(0 \leqq k \leqq m)$ のとき，(9.1) は少なくとも m 次の精度をもつという．また，$E_n(x^k) = 0$ $(0 \leqq k \leqq m)$ かつ $E_n(x^{m+1}) \neq 0$ ならば，(9.1) は（ちょうど）**m 次の精度をもつ**，または，（ちょうど）**m 次の積分公式**であるという．(9.1) が m 次の公式であれば，高々 m 次の多項式 $f(x)$ に対して $E_n(f) = 0$ かつ $m + 1$ 次の多項式 $g(x)$ に対して $E_n(g) \neq 0$ となる．

さて，n 点近似公式 (9.1) を得る原理は次のようである．まず，$[a, b]$ 上に n 個の分点 $x_1 < x_2 < \cdots < x_n$ をとり，それらに関する $f(x)$ の $n - 1$ 次補間多項式を $p_{n-1}(x)$ する．$p_{n-1}(x)$ を Lagrange の公式を用いてかけば

$$p_{n-1}(x) = \sum_{j=1}^{n} l_j(x) f(x_j), \quad l_j(x) = \prod_{\substack{i=1 \\ i \neq j}}^{n} \left(\frac{x - x_i}{x_j - x_i} \right)$$

ゆえに，$I(f)$ の近似として $I(p_{n-1})$ を採用すれば

$$I_n(f) = \int_a^b p_{n-1}(x)dx = \sum_{j=1}^{n} \alpha_j f(x_j), \quad \alpha_j = \int_a^b l_j(x)dx \tag{9.2}$$

となって，(9.1) の形である．このとき，誤差は定理 8.2 を用いて次のようにかける．

$$
\begin{aligned}
E_n(f) &= I(f) - I_n(f) \\
&= \int_a^b \{f(x) - p_{n-1}(x)\}dx \\
&= \int_a^b (x - x_1)\cdots(x - x_n) f[x_1, \cdots, x_n, x]dx
\end{aligned}
$$

さらに，f が $[a, b]$ において C^n 級ならば，同じく定理 8.2 により

$$
E_n(f) = \frac{1}{n!}\int_a^b (x - x_1)\cdots(x - x_n) f^{(n)}(\xi(x))dx \quad (a < \xi(x) < b)
$$

ゆえに (9.2) は少なくとも $n-1$ 次の公式である．

9.2 Newton–Cotes 公式

前節に述べた原理に基づき，$n+1$ 個の等間隔分点

$$
x_j = x_0 + jh \quad (0 \leqq j \leqq n,\ h \text{ は正の定数})
$$

に関する，少なくとも n 次の公式

$$
I_{n+1}(f) = \sum_{j=0}^{n} c_j f(x_j), \quad c_j = \int_a^b \prod_{\substack{i=0 \\ i \neq j}}^{n} \left(\frac{x - x_i}{x_j - x_i}\right) dx \tag{9.3}
$$

を考える．これを **$n+1$ 点 Newton–Cotes**（ニュートン・コーツ）**公式**といい，特に $x_0 = a$, $x_n = b$ のとき**閉型公式**，$x_0 = a + h$, $x_n = b - h$ のとき**開型公式**と呼ぶ（図 9.1，9.2）．

以下，記号を簡単にするため，$f(x_j)$ を f_j，$f^{(k)}(x_j)$ を $f_j{}^{(k)}$ とかく．

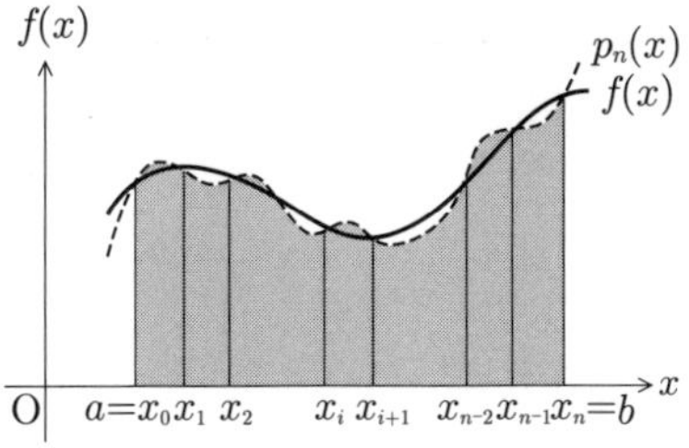

図 9.1　閉型公式における n 次補間

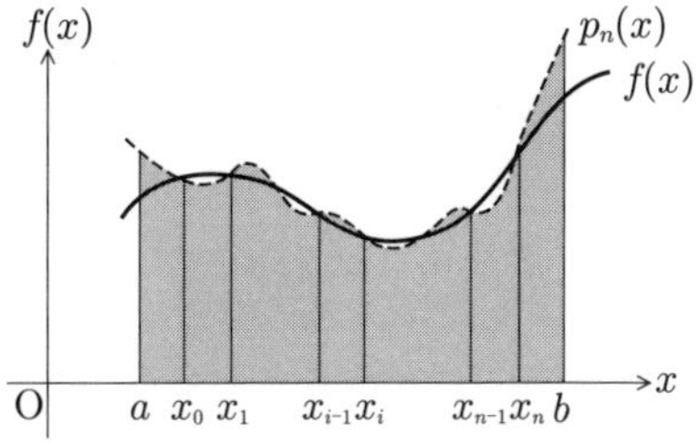

図 9.2　開型公式における n 次補間

9.2.1 閉型公式

(9.3) の積分において，変数変換 $x = x_0 + th$ を行えば

$$\prod_{\substack{i=0 \\ i\neq j}}^{n}(j-i) = j\cdot \ \cdots \ \cdot 3\cdot 2\cdot 1\cdot(-1)\cdot(-2)\cdot \ \cdots \ \cdot(j-n)$$
$$= (-1)^{n-j} j!\,(n-j)!$$

に注意して

$$c_j = (-1)^{n-j}\frac{h}{n!}\binom{n}{j}\int_0^n \frac{t(t-1)\cdots(t-n)}{t-j}dt \tag{9.4}$$

を得る．したがって，$n=1$ のとき $c_0 = c_1 = h/2$．ゆえに

$$I_2(f) = \frac{h}{2}(f_0 + f_1)$$

これは**台形公式**または台形則としてよく知られている（図 9.3）．同様に，$n=2$ のときは (9.4) より

$$c_0 = \frac{h}{3},\quad c_1 = \frac{4}{3}h,\quad c_2 = \frac{h}{3}$$

ゆえに

$$I_3(f) = \frac{h}{3}(f_0 + 4f_1 + f_2)$$

これは **Simpson**（シンプソン）**の公式**または Simpson 則と呼ばれる（図 9.4）.

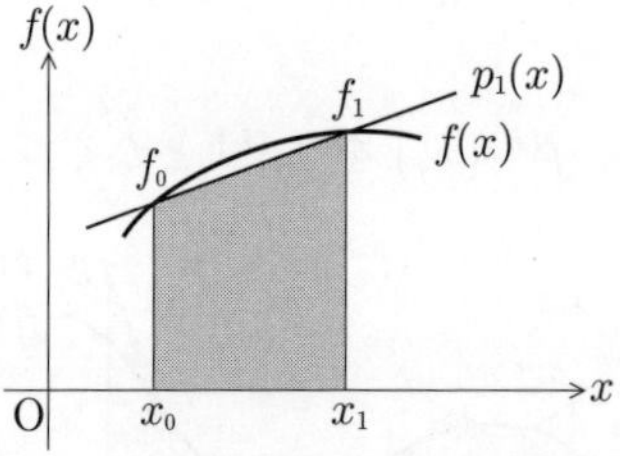

図 **9.3** 台形公式

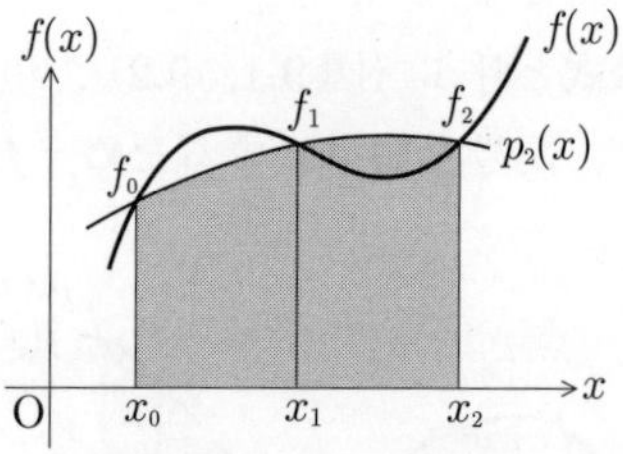

図 **9.4** シンプソン公式

■**問1** (9.4) で $n=3$ とおき **Simpson の 3/8 公式**

$$I_4(f) = \frac{3h}{8}(f_0 + 3f_1 + 3f_2 + f_3)$$

を導け.

9.2.2 開型公式

この場合，$a = x_0 - h$，$b = x_n + h$ であるから，(9.3) より

$$c_j = (-1)^{n-j} \frac{h}{n!} \binom{n}{j} \int_{-1}^{n+1} \frac{t(t-1)\cdots(t-n)}{t-j} dt \tag{9.5}$$

したがって，$n = 0$ のとき $c_0 = 2h$．ゆえに

$$I_1(f) = 2hf_0$$

これを**中点公式**または中点則という（図 9.5）．

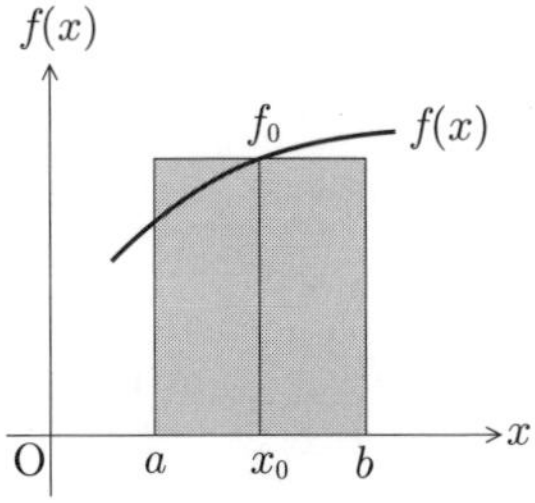

図 **9.5**　中点公式

■問 2　(9.5) で $n = 1$ とおき，2 点開型公式を導け．

●注意　$x_n + x_0 = a + b$ ならば，Newton–Cotes 公式の係数は対称性

$$c_j = c_{n-j}, \quad j = 0, 1, 2, \cdots$$

をもつ (演習問題 11 参照)．特に閉型公式と開型公式はこの性質をもつ．

9.3 Newton–Cotes 公式の誤差

$n+1$ 点 Newton–Cotes 公式 $I_{n+1}(f)$ の誤差

$$E_{n+1}(f) = \frac{1}{(n+1)!} \int_a^b (x - x_0)(x - x_1) \cdots (x - x_n) f^{(n+1)}(\xi^*(x)) dx$$

$$(a < \xi^* < b) \tag{9.6}$$

を詳しく調べることにより，次の 2 つの定理が得られる．(証明は略す．[14] をみよ.)

定理 9.1（閉型公式の誤差） $f(x)$ は $[a,b]$ において n が偶数のとき，C^{n+2} 級，奇数のとき C^{n+1} 級であるとする．また，$\omega(x)=x(x-1)\cdots(x-n)$ とおく．前節の公式 (9.6) において

$$h=\frac{b-a}{n},\quad x_j=a+jh\quad(0\leqq j\leqq n)$$

$$K_n=\begin{cases}\displaystyle\int_0^n t\omega(t)dt & (n\text{：偶数})\\ \displaystyle\int_0^n \omega(t)dt & (n\text{：奇数})\end{cases}$$

とおくとき，適当な $\xi\in(a,b)$ をとれば

$$E_{n+1}(f)=\begin{cases}\dfrac{K_nh^{n+3}}{(n+2)!}f^{(n+2)}(\xi) & (n\text{：偶数})\\ \dfrac{K_nh^{n+2}}{(n+1)!}f^{(n+1)}(\xi) & (n\text{：奇数})\end{cases}$$

定理 9.2（開型公式の誤差） $f(x)$ および $\omega(x)$ は定理 9.1 と同様とする．

$$h=\frac{b-a}{n+2},\quad x_{-1}=a,\ x_0=a+h,\ \cdots,\ x_n=b-h,\ x_{n+1}=b$$

$$M_n=\begin{cases}\displaystyle\int_{-1}^{n+1} t\omega(t)dt & (n\text{：偶数})\\ \displaystyle\int_{-1}^{n+1} \omega(t)dt & (n\text{：奇数})\end{cases}$$

とおくとき，適当な $\eta\in(a,b)$ をとれば

$$E_{n+1}(f)=\begin{cases}\dfrac{M_nh^{n+3}}{(n+2)!}f^{(n+2)}(\eta) & (n\text{：偶数})\\ \dfrac{M_nh^{n+2}}{(n+1)!}f^{(n+1)}(\eta) & (n\text{：奇数})\end{cases}$$

これらの定理から，中点公式，台形公式，Simpson 公式の誤差はそれぞれ

$$\frac{(b-a)^3}{24}f^{(2)}(\xi_1),\quad -\frac{(b-a)^3}{12}f^{(2)}(\xi_2),\quad -\frac{(b-a)^5}{2880}f^{(4)}(\xi_3)$$

$$(a < \xi_i < b,\ 1 \leqq i \leqq 3) \tag{9.7}$$

とかける．なお，演習問題 7〜10 をみよ．

■問 定理 9.1 を用いて Simpson の 3/8 公式の誤差を評価せよ．

(9.7) によれば，$[a,b]$ において $f(x)$ が C^2 級で上に凸[†]のとき

$$(\text{中点公式による値}) > I(f) > (\text{台形公式による値}) \tag{9.8}$$

である．f が C^2 級で下に凸なら，不等号は逆向きになる．この事実は，場合によっては，有効であろう．

次の結果はあまり知られていない．

定理 9.3（**Hammer**（ハンマー）） $[a,b]$ において $f(x)$ は上または下に凸な連続関数で，直線でも折線関数でもないとする．このとき，定積分

$$I(f) = \int_a^b f(x)dx$$

に対する台形近似 $I_2(f)$ は，中点近似 $I_1(f)$，Simpson 近似 $I_3(f)$ のいずれにも劣る．すなわち

$$|E_1(f)| < |E_2(f)|,\quad |E_3(f)| < |E_2(f)|$$

【証明】 任意の定数 c と任意の n 点公式 $I_n(f)$ につき

$$I(f+c) - I_n(f+c) = I(f) - I_n(f)$$

が成り立つから $[a,b]$ において $f(x) > 0$ としてよい．さらに，一般性を失うことなく $f(x)$ は上に凸であるとする．図 9.6 において，Q_1Q_2 を点 $P\left(\frac{a+b}{2}, f\left(\frac{a+b}{2}\right)\right)$ における接線とすれば，(9.8) によって

[†] f の微分可能性を仮定せず，$f(\theta x + (1-\theta)y) \geqq \theta f(x) + (1-\theta)f(y)$ $(0 < \theta < 1)$ のとき f は上に凸であるという．f が C^2 級で $f'' < 0$ なら f は上に凸な関数である．次の定理 9.3 においては f の微分可能性を仮定していない．

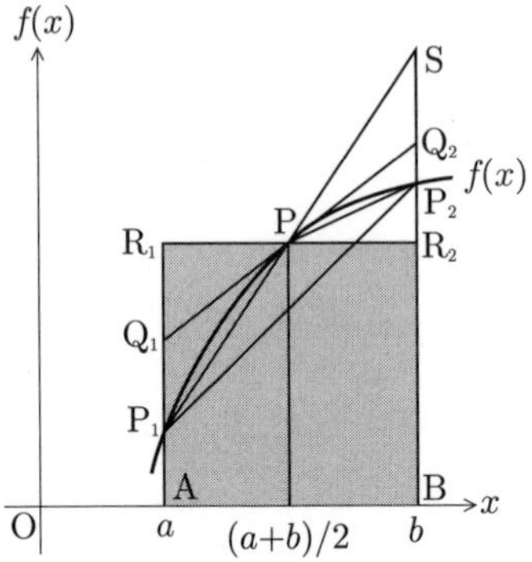

図 **9.6**

$$
\begin{aligned}
0 < I_1(f) - I(f) &= \square \mathrm{R_1ABR_2} - I(f) \\
&= (\text{台形}\ \mathrm{Q_1ABQ_2}) - I(f) \\
&\leqq \triangle \mathrm{Q_1P_1P} + \triangle \mathrm{PP_2Q_2} = \triangle \mathrm{SPP_2} = \triangle \mathrm{PP_1P_2} \\
&\leqq I(f) - (\text{台形}\ \mathrm{P_1ABP_2}) = E_2(f)
\end{aligned}
$$

等号は $f(x)$ が直線 $\mathrm{P_1P_2}$ または折線 $\mathrm{P_1PP_2}$ に等しい場合に限る．ゆえに，定理の仮定の下で

$$0 < -E_1(f) < E_2(f)$$

が成り立つ．f が下に凸ならば同様に $0 < E_1(f) < -E_2(f)$ が成り立つから，いずれにせよ

$$|E_1(f)| < |E_2(f)|$$

を得る．また

$$I_3(f) = \frac{1}{3}\{2I_1(f) + I_2(f)\}$$

に注意すれば，上の結果から

$$|E_3(f)| \leqq \frac{2}{3}|E_1(f)| + \frac{1}{3}|E_2(f)| < |E_2(f)|$$

を得る． (証明終)

●**注意**　定理 9.3 は複合公式（次節参照）に対しても成り立つ．

9.4 複合公式

定理 9.1, 9.2 によれば, $n+1$ 個の分点を用いる Newton–Cotes 公式は, n が偶数のとき $n+1$ 次, 奇数のとき n 次の精度をもつ. しかし, 高次の公式が低次の公式より常に良い結果を与えるとは限らない. それは次の理由による.

(i) ある種の関数では, $|f^{(n)}(x)|$ が n の増加と共に急激に大きくなるものがある. この場合, 誤差は必ずしも h^{n+3}, または h^{n+2} に比例しない.

(ii) n が大きいとき, $n+1$ 点 Newton - Cotes 公式の係数 $c_0, c_1, \cdots, c_n$ の符号は交互に変わり, しかも, $n \to \infty$ のとき $|c_j| \to \infty$ $(0 \leqq j \leqq n)$ となる (Ouspensky (ウスペンスキー)). ゆえに, 極端に高次の公式を用いれば, f が定符号でも桁落ちが発生しやすい.

(iii) $[a, b]$ の n 等分点 $x_j = a + jh$ $(0 \leqq j \leqq n)$ に関する $f(x)$ の補間多項式 $p_n(x)$ は, $[a, b]$ 上, $f(x)$ を必ずしも一様に近似しない. たとえば, $[-1, 1]$ において, $f(x) = (1 + 25x^2)^{-1}$, $x_j = -1 + jh$, $h = 2/n$ とすれば, $|x| > 0.72\cdots$ のとき $|f(x) - p_n(x)| \to \infty$ $(n \to \infty)$, したがって, $|E_{n+1}(f)| \to \infty$ $(n \to \infty)$ となる (Runge (ルンゲ) の例).

このため, 実際の計算では $[a, b]$ を等分して小区間をつくり, 各小区間に対し共通な低次公式を適用する. このようにして得られる積分公式を複合公式という. この公式の収束性に関し, 演習問題 6 をみよ.

例1 複合中点公式 $h = (b-a)/2n$, $x_j = a + jh$ $(0 \leqq j \leqq 2n)$ とおき, n 個の小区間 $[x_{2i-2},\ x_{2i}]$ $(1 \leqq i \leqq n)$ の各々に中点公式を適用すれば, 複合中点公式は

$$I_C(f) = 2h(f_1 + f_3 + \cdots + f_{2n-1})$$

誤差は

$$E_C(f) = \frac{h^3}{3}\sum_{i=1}^{n} f''(\eta_i) = \frac{(b-a)h^2}{6} f''(\eta) \quad (x_{2i-2} < \eta_i < x_{2i},\ a < \eta < b) \tag{9.9}$$

ただし, f'' の存在と連続性を仮定し, η は次式をみたすように選ぶ.

$$\sum_{i=1}^{n} f''(\eta_i) = n f''(\eta)$$

(9.9) において $h \to 0$ とすれば

$$E_C(f) = \frac{h^2}{6}(f'(b) - f'(a)) + o(h^2)$$

$$\left(\because \quad \lim_{h \to 0} 2h \sum_{i=1}^{n} f''(\eta_i) = \int_a^b f'' dx = f'(b) - f'(a) \right)$$

例2　複合台形公式　前例と同じ h と分点 x_j をとるとき，複合台形公式と誤差は

$$I_T(f) = h(f_0 + f_{2n}) + 2h(f_2 + f_4 + \cdots + f_{2n-2})$$

$$\begin{aligned} E_T(f) &= -\frac{2h^3}{3} \sum_{i=1}^{n} f''(\xi_i) \quad (x_{2i-2} < \xi_i < x_{2i}) \\ &= -\frac{(b-a)h^2}{3} f''(\xi) \quad (a < \xi < b) \\ &= -\frac{h^2}{3}(f'(b) - f'(a)) + o(h^2) \end{aligned}$$

ただし，上の式変形においては，$2h^3$ を $h^2(b-a)/n$ でおきかえ，$\sum_i f''(\xi_i)/n = f''(\xi)$ をみたす $\xi \in (a, b)$ を選んでいる．また例 1 と同様に $h \to 0$ のとき

$$2h \sum_{i=1}^{n} f''(\xi_i) = \int_a^b f''(x) dx + o(h^2)$$

であることも用いている．

例3　複合 Simpson 公式　前例と同じ h と分点 x_j をとる．複合 Simpson 公式とその誤差は

$$I_S(f) = \frac{h}{3}\{f_0 + f_{2n} + 2(f_2 + f_4 + \cdots + f_{2n-2}) + 4(f_1 + f_3 + \cdots + f_{2n-1})\}$$

$$\begin{aligned} E_S(f) &= -\frac{h^5}{90} \sum_{i=1}^{n} f^{(4)}(\zeta_i) \quad (x_{2i-2} < \zeta_i < x_{2i}) \\ &= -\frac{(b-a)}{180} h^4 f^{(4)}(\zeta) \quad (a < \zeta < b) \\ &= -\frac{h^4}{180}(f^{(3)}(b) - f^{(3)}(a)) + o(h^4) \end{aligned}$$

以下，$I_C(f)$，$I_T(f)$，$I_S(f)$ を単に**中点公式**，**台形公式**，**Simpson 公式**と呼ぼう．

例4 (計算例) $I(f)=\int_{-1}^{1}\frac{dx}{x+3}$ ($=\log 2 = 0.69314718\cdots$) に上記3つの公式を適用した結果を表9.1に示す．ただし，$h=(b-a)/(2n)=2^{-m}$ $(n=2^m)$ とする．

表 9.1

n	h	中点公式	台形公式	Simpson 公式
1	1	0.66666666	0.75000000	0.69444444
2	2^{-1}	0.68571428	0.70833333	0.69325396
4	2^{-2}	0.69121989	0.69702380	0.69315452
8	2^{-3}	0.69266055	0.69412184	0.69314764
16	2^{-4}	0.69302520	0.69339119	0.69314720
32	2^{-5}	0.69311666	0.69320820	0.69314717
64	2^{-6}	0.69313956	0.69316242	0.69314716
128	2^{-7}	0.69314523	0.69315096	0.69314714
256	2^{-8}	0.69314663	0.69314807	0.69314711
512	2^{-9}	0.69314691	0.69314728	0.69314704

注意1 $f(x)=(x+3)^{-1}$ は下に凸な関数であるから，前節に述べたことから，中点近似は過小評価，台形近似は過大評価を与えるはずである．また，定理 9.3 によって 3 者の中では台形近似が最も悪いはずである．表 9.1 はこれらの理論とよく適合している．

注意2 $h \leqq 2^{-5}$ のとき，Simpson 近似の結果はくずれている．これは計算誤差のためであろう．理論的には真値に収束するはずである（演習問題 6）．

9.5 Gauss 型積分公式

等間隔分点を用いる Newton–Cotes 公式に対し，以下に述べる Gauss 型積分公式は直交多項式の根を分点に用いる．いま，$\varphi_n(x)$ を x^n の係数が 1 の n 次直交多項式とする．命題 8.11 によって，このような $\varphi_n(x)$ は，重み関数 $w(x)>0$ を与えれば，一意に定まる．さらに，$\varphi_n(x)=0$ は開区間 (a,b) 内に n 個の実単根をもつ（定理 8.8）．それらを $a<x_1<\cdots<x_n<b$ とし，これらの点に関する $f(x)$ の $n-1$ 次補間多項式を $p_{n-1}(x)$ とする．このとき

$$I^*(f)=\int_a^b f(x)w(x)dx \tag{9.10}$$

$$\begin{aligned} I_n{}^*(f) &= \int_a^b p_{n-1}(x)w(x)dx = \sum_{j=1}^{n} \alpha_j{}^* f(x_j), \\ \alpha_j{}^* &= \int_a^b \prod_{\substack{i=1 \\ i\neq j}}^{n} \left(\frac{x-x_i}{x_j-x_i}\right) w(x)dx \end{aligned} \tag{9.11}$$

とおけば，$\varphi_n(x) = (x-x_1)\cdots(x-x_n)$ であることに注意して，

$$E_n{}^*(f) = I^*(f) - I_n{}^*(f) = \int_a^b \varphi_n(x) f[x_1, \cdots, x_n, x] w(x)dx \tag{9.12}$$

が成り立つ．これは定理 8.2 よりわかる．(9.10) に対する公式 (9.11) を **Gauss 型積分公式**という．$I(f) = \int_a^b f dx$ を求めたければ，$I^*(f/w)$ を計算すればよい．

特に，x_j としてそれぞれ直交多項式 $P_n(x)$，$L_n(x)$，$H_n(x)$（§8.6）の根をとるとき，直交多項式の名をとって **Gauss–Legendre**，**Gauss–Laguerre**，**Gauss–Hermite の積分公式**という．それぞれの根 x_j と係数 α_j の詳しい値は [22] にある．また，コンピュータの中でそれらを自動生成することもできる．

■計算例 Gauss - Legendre の 4 点公式を用いて

$$\int_1^2 \frac{dt}{t} \quad (= \log 2 = 0.69314718\cdots)$$

を求めてみよう．変換 $x = 2t - 3$ によって

$$\int_1^2 \frac{dt}{t} = \int_{-1}^1 \frac{dx}{x+3}$$

と規準化し，$f(x) = (x+3)^{-1}$ とおく．計算結果を表 9.2 に示す（表 9.1 と比較せよ）．

表 9.2 4 点 Gauss–Legendre 近似

j	1	2	3	4
x_j	−0.861136312	−0.339981044	0.339981044	0.861136312
$\alpha_j{}^*$	0.347854845	0.652145155	0.652145155	0.347854845
$I_4{}^*(f)$	$\sum_{j=1}^{4} \alpha_j{}^* f_j = 0.693146416$			

さて，次の重要な定理を証明しよう．

定理 9.4 n 分点 Gauss 型積分公式の次数はちょうど $2n-1$ 次であって，(9.1) の形の n 点公式のうちで，最高の精度をもつ．

【証明】 $f(x)$ が高々$2n-1$ 次の多項式であれば，$f[x_1,\cdots,x_n,x]$ は高々$n-1$ 次の多項式である（命題 8.5）．したがって，$\varphi_n(x)$ の直交性と (9.12) とにより $E_n{}^*(x^k)=0$ $(0 \leqq k \leqq 2n-1)$．一方，$E_n{}^*(x^{2n}) \neq 0$ である．なぜなら

$$\psi(x) \equiv [\varphi_n(x)]^2 = (x-x_1)^2\cdots(x-x_n)^2 = x^{2n} + \sum_{k=0}^{2n-1} a_k x^k$$

とおくとき，(8.4) によって，$\psi[x_1,\cdots,x_n,x]=\varphi_n(x)$ を得る．よって，(9.12) を用い

$$\begin{aligned} E_n{}^*(x^{2n}) &= E_n{}^*\left(\psi(x) - \sum_{k=0}^{2n-1} a_k x^k\right) \\ &= E_n{}^*(\psi) - \sum_{k=0}^{2n-1} a_k E_n{}^*(x^k) = E_n{}^*(\psi) \\ &= \int_a^b \varphi_n(x)\cdot\psi[x_1,\cdots,x_n,x]w(x)dx \\ &= \int_a^b \varphi_n(x)^2 w(x)dx > 0 \end{aligned} \tag{9.13}$$

ゆえに (9.11) はちょうど $2n-1$ 次の公式である．しかも，(9.13) を導くのに $\varphi_n(x)$ の直交性を使用していないから，(9.1) の形の n 点公式で少なくとも $2n-1$ 次のものがあれば，それは常に $E_n(x^{2n}) \neq 0$ をみたす．すなわち，$2n-1$ 次を越える n 点公式 (9.1) は存在しない．（証明終）

定理 9.5（Gauss 型公式の誤差） $f(x)$ が $[a,b]$ において C^{2n} 級ならば

$$E_n{}^*(f) = \frac{f^{(2n)}(\xi)}{(2n)!}\int_a^b \varphi_n(x)^2 w(x)dx \quad (a<\xi<b)$$

【証明】 $\varphi_n(x)=0$ の根 $x_1,\cdots,x_n$ に関する，$f(x)$ の Hermite 補間多項式を

$p^*(x)$ とすれば，$p^*(x)$ は $2n-1$ 次の多項式である．ゆえに，定理 9.4 によって ${E_n}^*(p^*)=0$，すなわち

$$\int_a^b p^*(x)w(x)dx = \sum_{j=1}^{n} {\alpha_j}^* p^*(x_j) = \sum_{j=1}^{n} {\alpha_j}^* f(x_j)$$

ゆえに

$$\begin{aligned} {E_n}^*(f) &= \int_a^b f(x)w(x)dx - \sum_{j=1}^{n} {\alpha_j}^* f(x_j) \\ &= \int_a^b \{f(x)-p^*(x)\}w(x)dx \\ &= \int_a^b \frac{f^{(2n)}(\eta)}{(2n)!}(x-x_1)^2\cdots(x-x_n)^2 w(x)dx \quad (a<\eta<b) \\ &\qquad\qquad\qquad\qquad\qquad\qquad\qquad\qquad (\text{定理 } 8.4) \\ &= \frac{f^{(2n)}(\xi)}{(2n)!}\int_a^b (x-x_1)^2\cdots(x-x_n)^2 w(x)dx \quad (a<\xi<b) \end{aligned}$$

ただし，最後の式を導くのに積分の平均値定理を用いた． （証明終）

9.6 Euler – Maclaurin 公式の誤差

複素関数 $z/(e^z-1)$（$z=0$ のとき 1 と定める）は $z=2n\pi i$（$n=\pm1,\pm2,\cdots$，$i=\sqrt{-1}$）を除いて正則であるから，$|z|<2\pi$ において

$$\frac{z}{e^z-1} = \sum_{m=0}^{\infty} \frac{b_m}{m!} z^m \quad (b_0=1)$$

と展開できる．このとき

$$\begin{aligned} \varphi(x,z) \equiv \frac{ze^{xz}}{e^z-1} &= \left(\sum_{m=0}^{\infty}\frac{b_m}{m!}z^m\right)\left(\sum_{m=0}^{\infty}\frac{x^m}{m!}z^m\right) \\ &= \sum_{m=0}^{\infty}\left(\sum_{k=0}^{m}\frac{b_k x^{m-k}}{k!(m-k)!}\right)z^m \\ &= \sum_{m=0}^{\infty} B_m(x)\frac{z^m}{m!} \end{aligned}$$

ただし

$$B_m(x) = \sum_{k=0}^{m} \frac{m!b_k}{k!(m-k)!} x^{m-k}$$
$$= x^m + \binom{m}{1} b_1 x^{m-1} + \binom{m}{2} b_2 x^{m-2} + \cdots + b_m \qquad (9.14)$$

とおいた．この m 次多項式 $B_m(x)$ を **Bernoulli**（ベルヌーイ）**の多項式**，$b_m = B_m(0)$ を **Bernoulli 数**という．最近の傾向に従って，以下 b_m をあらためて B_m とかくことにしよう．

例1 $B_0(x) = 1, \quad B_1(x) = x - \frac{1}{2}, \quad B_2(x) = x^2 - x + \frac{1}{6}, \quad \cdots$

$$B_0 = 1,\ B_1 = -\frac{1}{2},\ B_2 = \frac{1}{6},\ B_3 = 0,\ B_4 = -\frac{1}{30},\ B_5 = 0,\ B_6 = \frac{1}{42},\ \cdots$$

補題 9.1 任意の整数 $m \geqq 2$ につき $B_m(1) = B_m$ かつ $B_{2m-1} = 0$.

【証明】 2 つの関係式

$$\varphi(x+1, z) - \varphi(x, z) = ze^{xz}, \quad \varphi(1-x, z) = \varphi(x, -z)$$

の各々において，z^m の係数を比較すれば

$$B_m(x+1) - B_m(x) = mx^{m-1}, \quad B_m(1-x) = (-1)^m B_m(x)$$

ここで，$x = 0$ とおけば

$$B_m(1) - B_m = \begin{cases} 1 & (m = 1) \\ 0 & (m \geqq 2) \end{cases} \quad \text{かつ} \quad B_m(1) = (-1)^m B_m \quad (m \geqq 1)$$

これらより $B_{2m-1} = 0$ $(m \geqq 2)$ も従う． （証明終）

補題 9.2 $\int_0^1 B_m(x)dx = 0 \quad (m \geqq 1)$ (9.15)

【証明】 (9.14) の両辺を微分して $B_m{}'(x) = mB_{m-1}(x)$. (9.16)

ゆえに補題 9.1 と併せて，$m \geqq 2$ のとき，

$$0 = B_m(1) - B_m(0) = \int_0^1 B_m{}'(t)dt = m\int_0^1 B_{m-1}(t)dt$$

すなわち，(9.15) が成り立つ． （証明終）

さて，重要な次の定理を証明しよう．

定理 9.6 (**Euler–Maclaurin**(オイラー・マクローリン)の公式) $f(x)$ は開区間 (a,b) において C^{2m} 級とし，$h=(b-a)/n$ とおけば

$$\int_a^b f(x)dx = h\left[\frac{1}{2}f(a)+\sum_{j=1}^{n-1}f(a+jh)+\frac{1}{2}f(b)\right] + \sum_{j=1}^{m}\frac{B_{2j}h^{2j}}{(2j)!}[f^{(2j-1)}(a)-f^{(2j-1)}(b)]+R_m \quad (9.17)$$

ただし

$$R_m = \frac{h^{2m+1}}{(2m)!}\int_0^1 B_{2m}(t)\sum_{j=0}^{n-1}f^{(2m)}(a+(j+t)h)dt \quad (m \geqq 1) \quad (9.18)$$
$$= o(h^{2m}) \quad (m \text{ を固定し } h\to 0 \text{ のとき})$$

【証明】
$$F(t) = f(a+th)+f(a+(t+1)h)+\cdots+f(a+(t+n-1)h)$$
$$I_k = \int_0^1 \frac{B_k(t)}{k!}F^{(k)}(t)dt \quad (k \geqq 1)$$

とおけば，補題 9.1 と (9.16) によって

$$\begin{aligned}
I_{2k} &= \frac{B_{2k}(t)}{(2k)!}F^{(2k-1)}(t)\Big|_0^1 - \int_0^1 \frac{B_{2k}{}'(t)}{(2k)!}F^{(2k-1)}(t)dt \\
&= \frac{B_{2k}}{(2k)!}(F^{(2k-1)}(1)-F^{(2k-1)}(0)) - \int_0^1 \frac{B_{2k-1}(t)}{(2k-1)!}F^{(2k-1)}(t)dt \\
&= \frac{B_{2k}h^{2k-1}}{(2k)!}(f^{(2k-1)}(b)-f^{(2k-1)}(a)) - I_{2k-1} \quad (k \geqq 1) \\
I_{2k-1} &= \frac{B_{2k-1}(t)}{(2k-1)!}F^{(2k-2)}(t)\Big|_0^1 - \int_0^1 \frac{B_{2k-1}{}'(t)}{(2k-1)!}F^{(2k-2)}(t)dt \\
&= -I_{2k-2} \quad (k \geqq 2) \\
I_1 &= B_1(1)F(1)-B_1(0)F(0)-\int_0^1 B_1{}'(t)F(t)dt \\
&= \frac{1}{2}(F(1)+F(0)) - \int_0^1 F(t)dt \quad \left(\because\ B_1(1) = -B_1(0) = \frac{1}{2} \text{ (例 1)}\right) \\
&= \frac{1}{2}(f(a)+f(b)) + \sum_{j=1}^{n-1}f(a+jh) - \frac{1}{h}\int_a^b f(t)dt
\end{aligned}$$

ゆえに，R_m を (9.18) により定義するとき

$$R_m = hI_{2m} = h\left[\sum_{k=1}^{m}\frac{B_{2k}h^{2k-1}(f^{(2k-1)}(b)-f^{(2k-1)}(a))}{(2k)!}-I_1\right]$$
$$= \int_a^b f(t)dt - h\left[\frac{1}{2}(f(a)+f(b))+\sum_{j=1}^{n-1}f(a+jh)\right]$$
$$+\sum_{k=1}^{m}\frac{B_{2k}h^{2k}(f^{(2k-1)}(b)-f^{(2k-1)}(a))}{(2k)!}$$

これを書き換えれば (9.17) を得る．なお，m を固定し $h \to 0$ とすれば

$$\frac{R_m}{h^{2m}} = \int_0^1 \frac{B_{2m}(t)}{(2m)!}\left\{h\sum_{j=0}^{n-1}f^{(2m)}(a+(j+t)h)\right\}dt$$
$$\to \int_0^1 \frac{B_{2m}(t)}{(2m)!}\left(\int_a^b f^{(2m)}(u)du\right)dt$$
$$= \frac{f^{(2m-1)}(b)-f^{(2m-1)}(a)}{(2m)!}\int_0^1 B_{2m}(t)dt = 0 \quad (\text{補題 9.2})$$

ゆえに，剰余項 R_m は h^{2m} より高位の無限小である．（証明終）

●**注意**　展開 (9.17) はいわゆる漸近級数であって，$\lim_{m\to\infty} R_m = 0$ とはならない．m を増すとき，ある m 以降 $|R_m|$ は，一般に増加に転じる．

定理 9.6 によって，被積分関数 $f(x)$ が C^{2m} 級かつ

$$f^{(2k-1)}(a) = f^{(2k-1)}(b) \quad (1 \leqq k \leqq m)$$

をみたすとき，（複合）台形公式は良好な結果（誤差 $R_m = o(h^{2m})$）を与えるであろう（これに反し，f が凸関数ならば台形公式は中点公式，Simpson 公式より劣るのであった（定理 9.3 および注意参照））．

■**例2**　$\int_0^1 e^{x^2(1-x)^2}dx$, $f(x) = e^{x^2(1-x)^2}$, $f'(0) = f'(1)$, $f'''(0) = f'''(1)$

■**例3**（Imhof（イムホフ））$J_k(t) = \frac{1}{\pi}\int_0^\pi \cos(t\sin x - kx)dx$（$k$ 次 Bessel 関数）

$$f(x) = \frac{1}{\pi}\cos(t\sin x - kx), \quad f'(0) = f'(\pi), \quad f'''(0) = f'''(\pi)$$

例4 (Bauer（バウアー）)　$I = \int_{-\infty}^{\infty} e^{-x^2} dx \ (= \sqrt{\pi}), \quad f(x) = e^{-x^2},$

$$f^{(2k-1)}(\pm\infty) = 0 \quad (k \geqq 1)$$

これは積分区間が有限でないから定理 9.6 は直接使えないが，その類比として，正数 h を与えたとき

$$I_\infty(f) = h \sum_{j=-\infty}^{\infty} e^{-j^2 h^2} \quad ((-\infty, \infty) \text{ に対する台形公式})$$

は I をよく近似するものと察せられる．Bauer は次の驚くべき結果を示した．

$$\left| \int_{-\infty}^{\infty} e^{-x^2} dx - I_\infty(f) \right| \fallingdotseq 2\sqrt{\pi}^{\ -\pi/h^2}$$

これは定理 9.6 から予想される評価よりもはるかに良い．実際，上式右辺は $h = 0.5$ のとき 2.5×10^{-17}，$h = 0.8$ のとき 7.1×10^{-7} に等しい．一般に $f(x)$ が偶関数で，複素関数 $f(z)$ は実軸と直線 $\pm i\pi/h$ の間に極をもたないならば

$$\int_{-\infty}^{\infty} f(x) e^{-x^2} dx$$

は無限区間に対する台形公式によりよく近似される（Goodwin（グッドウィン））．

なお，これらの事実は解析関数に対する高橋・森の理論（複素積分を利用した各種積分公式の精密な誤差評価法）から導くこともできる（[32] 参照）．

9.7 Romberg 積分法

定積分 $I(f) = \int_a^b f(x) dx$ に対する台形公式を考える．整数 $N \geqq 1$ を適当に選び固定する．さらに，$k = 0, 1, 2, \cdots$ に対し

$$h = \frac{b-a}{2^k N}, \quad x_j = a + jh, \quad j = 0, 1, 2, \cdots, 2^k N = M$$

$$T_k{}^{(0)}(f) = h \left\{ \frac{f(a) + f(b)}{2} + \sum_{j=1}^{M-1} f(x_j) \right\} \quad \text{（台形公式）} \qquad (9.19)$$

とおく．以下に述べる **Romberg**（ロンバーグ）**積分法**とは，収束数列

$$T_0{}^{(0)}(f),\quad T_1{}^{(0)}(f),\quad T_2{}^{(0)}(f),\cdots \to I(f)$$

に対する 1 つの加速法であって，原理的には新しくないが，コンピュータ向きの算法としてはじめて反復法の形に再構成したのは Romberg (1955) である．その後，詳細な解析が Bauer–Rutishauser–Stiefel (1963) によりなされている．

以下関数 $f(x)$ は C^{2m} 級と仮定する．すると，Euler–Maclaurin の公式によって

$$I(f) = T_k{}^{(0)}(f) + c_1{}^{(0)}h^2 + c_2{}^{(0)}h^4 + \cdots + c_m{}^{(0)}h^{2m} + o(h^{2m}) \quad (9.20)$$

ここに $c_1{}^{(0)},\cdots,c_m{}^{(0)}$ は h（したがって k と N）に無関係な定数である．(9.20) において h を $h/2$ でおきかえれば

$$I(f) = T_{k+1}{}^{(0)}(f) + c_1{}^{(0)}\left(\frac{h}{2}\right)^2 + c_2{}^{(0)}\left(\frac{h}{2}\right)^4 + \cdots + c_m{}^{(0)}\left(\frac{h}{2}\right)^{2m} + o\left(\left(\frac{h}{2}\right)^{2m}\right) \quad (9.21)$$

(9.21) × 4 − (9.20) より

$$3I(f) = 4T_{k+1}{}^{(0)}(f) - T_k{}^{(0)}(f) + (4-4^2)c_2{}^{(0)}\left(\frac{h}{2}\right)^4 + \cdots + (4-4^m)c_m{}^{(0)}\left(\frac{h}{2}\right)^{2m} + o(h^{2m})$$

ゆえに

$$T_{k+1}{}^{(1)}(f) = \frac{4T_{k+1}{}^{(0)}(f) - T_k{}^{(0)}(f)}{3} = T_{k+1}{}^{(0)}(f) + \frac{T_{k+1}{}^{(0)}(f) - T_k{}^{(0)}(f)}{3} \quad (9.22)$$

$$c_i{}^{(1)} = \frac{4-4^i}{3\cdot 4^i}c_i{}^{(0)} \quad (2 \leqq i \leqq m)$$

とおけば

$$\begin{aligned} I(f) &= T_{k+1}{}^{(1)}(f) + c_2{}^{(1)}h^4 + \cdots + c_m{}^{(1)}h^{2m} + o(h^{2m}) \quad (9.23)\\ &= T_{k+1}{}^{(1)}(f) + O(h^4) \end{aligned}$$

ゆえに，$c_1{}^{(0)} \neq 0$ ならば，k が十分大きいとき，(9.20), (9.21), (9.23) に

よって，$T_{k+1}{}^{(1)}(f)$ は $T_k{}^{(0)}(f)$，$T_{k+1}{}^{(0)}(f)$ よりも良い近似を与える．$T_k{}^{(0)}(f)$ と $T_{k+1}{}^{(0)}(f)$ とから $T_{k+1}{}^{(1)}(f)$ をつくる操作を

$$\begin{array}{ccc} T_k{}^{(0)} & & \\ & \searrow & \\ T_{k+1}{}^{(0)} & \rightarrow & T_{k+1}{}^{(1)} \end{array}$$

とかけば印象的であろう．

一般に，$T_k{}^{(j)}(f)$ を次式により定義する．

$$T_{k+1}{}^{(j)}(f) = T_{k+1}{}^{(j-1)}(f) + \frac{T_{k+1}{}^{(j-1)}(f) - T_k{}^{(j-1)}(f)}{4^j - 1} \quad (1 \leqq j \leqq k+1)$$

（$T_k{}^{(0)}$は (9.19) で定義済み）

このとき，次の関係式が成り立つ（上の考察から明らかであろう）．

$$\begin{aligned} I(f) &= T_k{}^{(j)}(f) + c_{j+1}{}^{(j)}h^{2j+2} + c_{j+2}{}^{(j)}h^{2j+4} + \cdots + c_m{}^{(j)}h^{2m} + o(h^{2m}) \\ &= T_k{}^{(j)}(f) + O(h^{2j+2}) \end{aligned}$$

ただし

$$c_i{}^{(j)} = \frac{4^j - 4^i}{(4^j - 1)4^i} c_i{}^{(j-1)} \quad (j+1 \leqq i \leqq m)$$

結局，次の定理が得られた．

定理 9.7（**Bauer–Rutishauser–Stiefel**） $f(x)$ は $[a,b]$ において C^{2m} 級，かつ $c_i{}^{(i-1)} \neq 0$ $(1 \leqq i \leqq m)$ ならば，$k \to \infty$ のとき

$$I(f) = T_k{}^{(j)}(f) + O\left(\left(\frac{b-a}{2^k N}\right)^{2j+2}\right)$$

●**注意 1**　ある j につき $c_j{}^{(j-1)} = 0$ ならば，$T_k{}^{(j)}$ は $T_k{}^{(j-1)}$ より良い近似を与えるとはいえず，このような f に対しては Romberg 積分法は必ずしも有効でない．解析的周期関数（$f^{(2j-1)}(a) = f^{(2j-1)}(b), j = 1, 2, \cdots$）はその例である．

●**注意 2**　$T_k{}^{(j)}(f)$ を表 9.3 のようにかけばわかりやすい．これを **Romberg の T 表**という．

表 9.3　T 表

${T_0}^{(0)}$					
${T_1}^{(0)}$	${T_1}^{(1)}$				
${T_2}^{(0)}$	${T_2}^{(1)}$	${T_2}^{(2)}$			
$\vdots\ \ddots$	$\ddots$	$\ddots$			
${T_k}^{(0)}$	${T_k}^{(1)}$	${T_k}^{(2)}$	$\cdots$	${T_k}^{(k)}$	
${T_{k+1}}^{(0)}$	${T_{k+1}}^{(1)}$	${T_{k+1}}^{(2)}$	$\cdots$	${T_{k+1}}^{(k)}$	${T_{k+1}}^{(k+1)}$
$\vdots\ \ddots$	$\ddots$	$\ddots$		$\ddots$	$\ddots$

$$\begin{array}{ccc} {T_k}^{(j-1)} & & \\ & \searrow & \\ {T_{k+1}}^{(j-1)} & \longrightarrow & {T_{k+1}}^{(j)} \end{array}$$

計算例　§9.4 例 4 の積分に Romberg 積分法を適用してみよう．ただし，$N = 1$ ととり，$h = 2$ $(k = 0)$ からはじめる．結果を表 9.4 に示す．

表 9.4　T 表 $(h = (b-a)2^{-k} = 2^{1-k})$

k \ j	0	1	2	3	4
0	0.75000000				
1	0.70833333	0.69444444			
2	0.69702380	0.69325396	0.69317460		
3	0.69412184	0.69315452	0.69314789	0.69314747	
4	0.69339119	0.69314764	0.69314719	0.69314717	0.69314717

演習問題

1　区間 $[a, b]$ の分割 $\Delta : a = x_0 < x_1 < \cdots < x_n = b$ を任意に選び固定する．高々n 次の多項式 $P(x)$ に対し，常に

$$\int_a^b P(x)dx = \sum_{i=0}^{n} \alpha_i P(x_i)$$

となるような定数 $\alpha_0, \alpha_1, \cdots, \alpha_n$ が一意に存在することを示せ．

2　積分公式

$$\int_0^1 \frac{f(x)dx}{\sqrt{x(1-x)}} \fallingdotseq \alpha_1 f(0) + \alpha_2 f\left(\frac{1}{2}\right) + \alpha_3 f(1)$$

の次数ができるだけ高くなるように，係数 $\alpha_1, \alpha_2, \alpha_3$ を決定せよ．また，これを用いて定積分

$$I = \int_0^1 \frac{dx}{\sqrt{x - x^3}}$$

を求めよ．

3 いろいろな公式を用いて，$\int_0^{\pi/3} \sqrt{\cos\theta}d\theta$ を求めよ．

4 Gauss 型積分公式 $I_n{}^*(f) = \alpha_1{}^* f_1 + \cdots + \alpha_n{}^* f_n$ において，$\alpha_j{}^* > 0$ $(1 \leqq j \leqq n)$ かつ $\alpha_1{}^* + \cdots + \alpha_n{}^*$ は n に関して一様有界であることを示せ．

5 Romberg 積分法において $c_j{}^{(j-1)} \neq 0$ ならば，h が十分小さいとき

$$r_k{}^{(j)} = \frac{T_k^{(j)}(f) - T_{k-1}{}^{(j)}(f)}{T_{k+1}{}^{(j)}(f) - T_k{}^{(j)}(f)} \fallingdotseq 4^{j+1}$$

であることを示せ．

6 $m+1$ 点 Newton–Cotes 公式を Q とする．区間 $[a,b]$ を N 等分し，各小区間に公式 Q を適用して得られる複合公式を $N \times Q$ で表せば，$[a,b]$ 上有界かつリーマン積分可能な任意の関数 $f(x)$ に対し，$N \to \infty$ のとき

$$(N \times Q)(f) \to \int_a^b f(x)dx$$

であることを示せ．

7 $F(x) = \int_{x_0}^{x} f(t)dt$ とおけば $\int_{x_0-h}^{x_0+h} f(t)dt = F(x_0+h) - F(x_0-h)$.

上式右辺を展開することにより，次式が成り立つことを示せ（Taylor 展開法）．

$$\int_a^b f(x)dx = 2hf_0 + \frac{h^3}{3}f_0{}^{(2)} + \frac{h^5}{60}f_0{}^{(4)} + \cdots \quad \left(h = \frac{b-a}{2},\ x_0 = \frac{a+b}{2}\right)$$

この結果と §9.4 例 1 の結果を用いて，中点公式の誤差が

$$E_C(f) = \frac{h^2}{6}(f'(b) - f'(a)) - \frac{7h^4}{360}(f^{(3)}(b) - f^{(3)}(a)) + \cdots, \quad h = \frac{b-a}{2n}$$

と評価できることを示せ．

8 前問と同様にして，Simpson 公式の誤差は次式で与えられることを示せ．

$$E_S(f) = -\frac{h^4}{180}(f^{(3)}(b) - f^{(3)}(a)) + \frac{h^6}{1512}(f^{(5)}(b) - f^{(5)}(a)) + \cdots, \quad h = \frac{b-a}{2n}$$

9 前問により，$\int_0^1 (1+x^2)^{-1}dx$ に対する Simpson 近似の誤差は $O(h^6)$ であることを示せ（森口）．

10 台形公式に対し問題 7 と同様な考察を行え（結果は定理 9.6 と同じである）．

11 §9.2 の注意を証明せよ．

10 常微分方程式の初期値問題

10.1 数値解法と離散化誤差

単独 1 階常微分方程式

$$\frac{dy}{dx} = f(x, y) \tag{10.1}$$

は，$f(x, y)$ が点 (x_0, y_0) を含むある 2 次元領域 G で有界かつ連続であれば，その点の近傍で，初期条件 $y(x_0) = y_0$ をみたす解を少なくとも 1 つもつ．この場合，解の一意性は必ずしもいえない．解の一意存在を保証する最も有名な結果は，Cauchy による次の定理であろう．

定理 10.1　関数 $f(x, y)$ は $|x - x_0| \leqq A$，$|y - y_0| \leqq B$ において連続で，$|f(x, y)| \leqq M$ かつ Lipschitz 条件

$$|f(x, y) - f(x, z)| \leqq K|y - z| \quad (K \text{ は正の定数})$$

をみたすとする．このとき，初期条件 $y(x_0) = y_0$ をみたす (10.1) の解は少なくとも

$$|x - x_0| \leqq r = \min(A, B/M)$$

で存在し，しかも，ただ 1 つである．

さて，解の存在と一意性が保証されても，その厳密解を求めることは一般に難しいから，適当な分点 $x_1, x_2, \cdots$ における真の解 $y(x)$ の近似値 $Y_1, Y_2, \cdots$ を求めることになる．これを数値的に解くという．何らかの理由（たとえば定理 10.1）によって解の一意存在が保証されている初期値問題

$$\frac{dy}{dx} = f(x, y), \quad a \leqq x \leqq b, \quad y(a) = y_0 \tag{10.2}$$

を数値的に解く一般公式は，次の形にまとめられる．

$$Y_0 = y_0$$

$$Y_{i+N} = \alpha_0 Y_i + \cdots + \alpha_{N-1} Y_{i+N-1} + h\Phi(x_i, \cdots, x_{i+N}, Y_i, \cdots, Y_{i+N}; h) \quad (i \geqq 0) \tag{10.3}$$

ただし

$$h = (b-a)/n, \quad x_j = a + jh, \quad j = 0, 1, \cdots, n$$

$$\alpha_0 + \alpha_1 + \cdots + \alpha_{N-1} = 1 \quad (\alpha_i \text{は定数}) \quad (\text{演習問題 1 をみよ})$$

Φ は f のみに依存する関数で，公式により異なる．(10.3) を **N 段法**といい，$N = 1$ のとき **1 段法**，$N \geqq 2$ のとき**多段法**という．後者の場合，最初に**出発値** $Y_1, \cdots, Y_{N-1}$ を，何らかの方法で求めておかねばならない．また，分点 x_i の間隔 h を**刻み幅**，または**ステップ幅**という．具体例は次節以下に述べるが，公式 (10.3) を構成する原理は次の 3 種に大別される．

(i) テイラー展開の利用（導関数の使用）

(ii) Runge–Kutta（ルンゲ・クッタ）型（導関数を使用しないもの）

(iii) 数値積分（補間多項式）の利用

離散化誤差

(10.3) において，$e_i = y(x_i) - Y_i$ を**近似解の離散化誤差**，$\max\{|e_i|; 1 \leqq i \leqq n\}$ を**近似解の大域離散化誤差**，

$$\tau(x, h) = \frac{y(x+Nh) - [\alpha_0 y(x) + \cdots + \alpha_{N-1} y(x+(N-1)h)]}{h} - \Phi(x, \cdots, x+Nh, y(x), \cdots, y(x+Nh); h)$$

を $x \in [a, b-Nh]$ における**解法 (10.3) の局所離散化誤差**または**局所打ち切り誤差**，$\tau(h) = \max\{|\tau(x,h)|; x \in [a, b-Nh]\}$ を **(10.3) の大域離散化誤差**または**大域打ち切り誤差**という．

一方，計算は有限桁で行われるから一般に (10.3) の右辺は正確に求まらない．計算誤差を ε_i，計算値を $\tilde{Y}_i$ とすれば，実際の計算は

$$\tilde{Y}_{i+N} = \alpha_0 \tilde{Y}_i + \cdots + \alpha_{N-1} \tilde{Y}_{i+N-1} + h\Phi(x_i, \cdots, x_{i+N}, \tilde{Y}_i, \cdots, \tilde{Y}_{i+N}; h) + \varepsilon_i$$

により実行される．ε_i を**局所丸め誤差**，$Y_i - \tilde{Y}_i$ を**累積丸め誤差**という．結局，

$$y(x_i) - \tilde{Y}_i = (y(x_i) - Y_i) + (Y_i - \tilde{Y}_i)$$

によって，真の誤差は離散化誤差と累積丸め誤差の和としてかけることがわか

る．しかし，累積丸め誤差は局所丸め誤差の単純和ではない．

公式の次数

最後に，公式の次数（正確さ）を次のように定義しよう．C^m $(m \geqq 1)$ 級の一意解をもつ任意の初期値問題 (10.2) に対して

$$\tau(h) \equiv \max_{x\in[a,b-Nh]} |\tau(x,h)| = O(h^m) \tag{10.4}$$

が成り立つとき，(10.3) は**少なくとも m 次の公式**であるという．さらに，C^{m+1} 級の解をもつ適当な初期値問題 (10.2) に対し $\tau(h) \neq O(h^{m+1})$ であるならば，(10.3) は**ちょうど m 次の公式**であるという．この定義の意味は定理 10.5 により明らかとなるが，なお次のことを付言しよう．少なくとも 1 次以上の公式に対しては

$$\lim_{h\to 0} \tau(h) = 0 \tag{10.5}$$

これは (10.4) より明らかである．条件 (10.5) が成り立つとき，公式 (10.3) は初期値問題 (10.2) と**整合**しているという．そのための必要十分条件は演習問題 1 に与えてある．

10.2 Euler 法

前節の (10.2) で与えられる初期値問題において，f が x, y につき C^1 級ならば，解 $y(x)$ は少なくとも C^2 級で

$$\begin{aligned} y(x+h) &= y(x) + hy'(x) + \frac{1}{2}h^2 y''(\xi) \quad (x < \xi < x+h) \qquad (10.6) \\ &= y(x) + hf(x,y) + \frac{1}{2}h^2 \frac{d}{dx} f(\xi, y(\xi)) \end{aligned}$$

ゆえに

$$\begin{aligned} h = (b-a)/n, \quad & x_i = a + ih \quad (0 \leqq i \leqq n) \\ Y_0 = y_0, \quad & Y_{i+1} = Y_i + hf(x_i, Y_i) \qquad (10.7) \end{aligned}$$

とおけば，$Y_1, \cdots, Y_n$ は解 $y(x_1), \cdots, y(x_n)$ を近似する．実際

$$\max_i |y(x_i) - Y_i| \leqq O(h)$$

である（定理 10.2）．(10.7) を **Euler**（オイラー）**法**という．その幾何学的意味は図 10.1 より明らかであろう．また

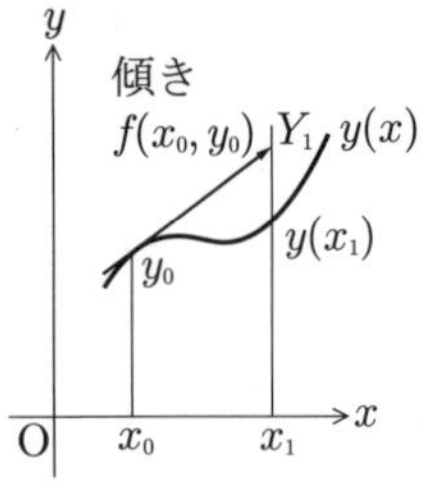

図 10.1

$$\frac{d}{dx}f(x,y) = f_x + f_y \cdot \frac{dy}{dx} = f_x + f_y \cdot f$$

であるから，x_i における Euler 法の局所離散化誤差は次の形にかける．

$$\tau(x_i, h) = \frac{h}{2}\frac{d}{dx}f(\xi_i, y(\xi_i)) = \frac{h}{2}[f_x + f_y \cdot f]_{x=\xi_i} \quad (x_i < \xi_i < x_{i+1})$$

●**注意**　このように，Taylor（テイラー）展開を用いて公式を導く方法を **Taylor 展開法**という．(10.6) の左辺を $m+1$ 次の項まで展開し，剰余項を無視すれば m 次の公式を得るが，$m \geqq 2$ のときその形は複雑となる．

10.3 Runge–Kutta 法

すでに述べたように，初期値問題 $y' = f(x,y)$ $(a \leqq x \leqq b)$，$y(a) = y_0$ を解く 1 段法は

$$Y_0 = y_0, \quad Y_{i+1} = Y_i + h\Phi(x_i, Y_i) \quad (i \geqq 0) \tag{10.8}$$

の形である．このタイプのうちで最も著名な公式は，f の導関数を使用しない，いわゆる **Runge–Kutta 型公式**であろう．以下，具体例によりその考え方を説明しよう．なお，今後 $x = x_i$ における真値 $y(x_i)$ を簡単に y_i とかく．

10.3.1 2 次の Runge–Kutta 法（Heun 法）

(10.8) において

$$\Phi(x_i, Y_i) = \alpha k_1 + \beta k_2, \quad k_1 = f(x_i, Y_i), \quad k_2 = f(x_i + ph, Y_i + qhk_1)$$

$(\alpha, \beta, p, q$ は定数$)$

とおけば

$$\begin{aligned}k_2 &= f(x_i, Y_i) + phf_x(x_i, Y_i) + qhk_1 f_y(x_i, Y_i) + O(h^2)\\ &= f(x_i, Y_i) + phf_x(x_i, Y_i) + qhf(x_i, Y_i) f_y(x_i, Y_i) + O(h^2)\end{aligned}$$

ゆえに

$$\begin{aligned}Y_{i+1} &= Y_i + h(\alpha k_1 + \beta k_2)\\ &= Y_i + h(\alpha+\beta) f(x_i, Y_i) + h^2[\beta p f_x + \beta q f \cdot f_y]_{(x_i, Y_i)} + O(h^3)\end{aligned} \tag{10.9}$$

一方，$y'' = f' = f_x + f_y \cdot f$ であるから

$$y_{i+1} = y(x_i + h) = y_i + hf(x_i, y_i) + \frac{h^2}{2}[f_x + f_y \cdot f]_{(x_i, y_i)} + O(h^3) \tag{10.10}$$

(10.9)，(10.10) より，定数 α, β, p, q を

$$\alpha + \beta = 1, \quad \beta p = \beta q = \frac{1}{2}$$

すなわち

$$\alpha = 1 - \beta, \quad p = q = \frac{1}{2\beta} \tag{10.11}$$

と選べば $\tau(x_i, h) = O(h^2)$ となり，少なくとも 2 次の公式を得る．これがちょうど 2 次の公式であることも明らかであろう．これを 2 次の Runge–Kutta 法という．特に $\alpha = \beta = 1/2, p = q = 1$ のとき **Heun**（ホイン）**法**，$\alpha = 0, \beta = 1, p = q = 1/2$ のとき**修正 Euler 法**と呼ぶ（図 10.2，10.3）．いずれも Euler 法の改良とみなせる．計算は次の手順で行う．

Heun 法

$$\begin{aligned}\bar{Y}_{i+1} &= Y_i + hf(x_i, Y_i) \quad \text{（Euler 近似）}\\ {Y_{i+1}}^* &= Y_i + hf(x_{i+1}, \bar{Y}_{i+1}) \quad \text{（修正値）}\\ Y_{i+1} &= \frac{1}{2}(\bar{Y}_{i+1} + {Y_{i+1}}^*) \quad \text{（平均値）}\end{aligned}$$

修正 Euler 法

$$
\begin{aligned}
\bar{Y}_{i+1/2} &= Y_i + \frac{h}{2} f(x_i, Y_i) \quad \text{（刻み幅 } h/2 \text{ の Euler 近似）} \\
Y_{i+1} &= Y_i + hf\left(x_i + \frac{h}{2}, \bar{Y}_{i+1/2}\right) \quad \text{（修正値）}
\end{aligned}
$$

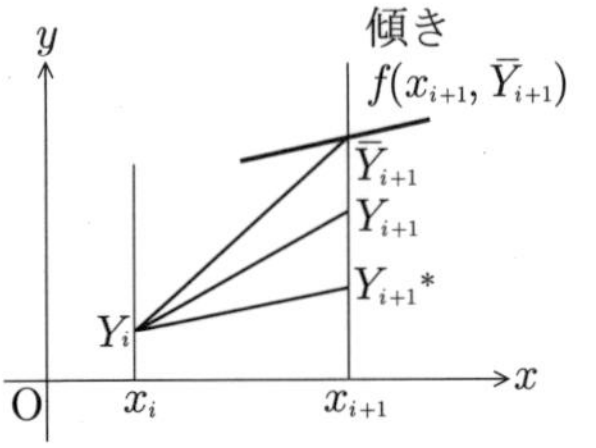

図 10.2 Heun 法

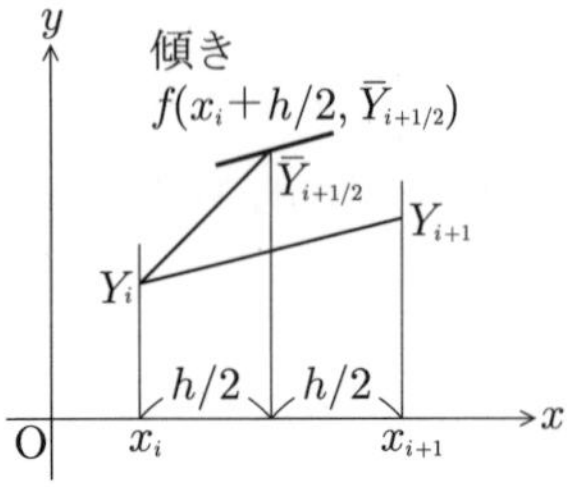

図 10.3 修正 Euler 法

問1 Euler 法は 1 次の Runge-Kutta 型公式とみなせる．なぜか．

問2 Heun 法の局所離散化誤差 $\tau(x, h)$ を求めよ．

10.3.2 3 次の Runge-Kutta 法

(10.8) において

$$
\Phi(x_i, Y_i) = \alpha k_1 + \beta k_2 + \gamma k_3
$$

$$
\begin{aligned}
k_1 &= f(x_i, Y_i) \\
k_2 &= f(x_i + ph, Y_i + qhk_1) \\
k_3 &= f(x_i + rh, Y_i + shk_2 + thk_1)
\end{aligned}
$$

とおき定数 α, β, γ, p, q, r, s, t を $\tau(x, h) = O(h^3)$ であるように選ぶ．Kutta は

$$
\alpha = \gamma = \frac{1}{6}, \quad \beta = \frac{2}{3}, \quad p = q = \frac{1}{2}, \quad r = 1, \quad s = 2, \quad t = -1
$$

と選んだ．

10.3.3 4次の Runge - Kutta 法

一般形は

$$
\begin{aligned}
Y_0 = y_0, \quad Y_{i+1} &= Y_i + h(\alpha k_1 + \beta k_2 + \gamma k_3 + \delta k_4) \\
k_1 &= f(x_i, Y_i), \quad k_2 = f(x_i + ph, Y_i + qhk_1) \\
k_3 &= f(x_i + rh, Y_i + shk_2 + thk_1) \\
k_4 &= f(x_i + uh, Y_i + vhk_3 + whk_2 + zhk_1)
\end{aligned}
$$

定数 α, β 等を $\tau(x,h) = O(h^4)$ となるように選ぶ．Runge は

$$
\begin{aligned}
&\alpha = \delta = \frac{1}{6}, \quad \beta = \gamma = \frac{1}{3}, \quad p = q = r = s = \frac{1}{2}, \\
&t = w = z = 0, \quad u = v = 1
\end{aligned}
$$

Kutta は

$$
\begin{aligned}
&\alpha = \delta = \frac{1}{8}, \quad \beta = \gamma = \frac{3}{8}, \quad p = q = -t = \frac{1}{3}, \quad r = \frac{2}{3}, \\
&s = u = v = -w = z = 1
\end{aligned}
$$

と選んだ．前者を 1/6 公式，後者を 1/8 公式という．

計算例 表 10.1 は，初期値問題

$$
y' = 3x^2 - x^3 - x^6 + (2x^3 + 1)y - y^2, \quad y(0) = 0.5
$$

に各種の1段法 ($h = 0.1$) を適用した結果を示す．真の解は $y = x^3 + (1 + e^{-x})^{-1}$ である．

表 10.1

x	$y(x)$ (真値)	Euler 法	Heun 法	Runge の 1/6 公式	Kutta の 1/8 公式
0.1	0.52597921	0.52499999	0.52647119	0.52597928	0.52597916
0.2	0.55783403	0.55294239	0.55883108	0.55783414	0.55783391
0.3	0.60144251	0.58974041	0.60296678	0.60144259	0.60144228
0.4	0.66268766	0.64134678	0.66476971	0.66268747	0.66268712
0.5	0.74745935	0.71374852	0.75013754	0.74745863	0.74745827
0.6	0.86165632	0.81296089	0.86497580	0.86165478	0.86165445
0.7	1.01118777	0.94502075	1.01519939	1.01118506	1.01118479
0.8	1.20197450	1.11597992	1.20673352	1.20197017	1.20197000
0.9	1.43994953	1.33189874	1.44551453	1.43994312	1.43994310
1.0	1.73105857	1.59883992	1.73749017	1.73104964	1.73104979

10.4 1段法の収束

定理 10.2 初期値問題

$$y' = f(x,y), \quad a \leqq x \leqq b, \quad y(a) = y_0$$

を解く1段法

$$Y_0 = y_0, \quad Y_{i+1} = Y_i + h\Phi(x_i, Y_i)\ (0 \leqq i \leqq n-1), \quad h = (b-a)/n \tag{10.12}$$

が m 次で，かつ $\Phi(x,y)$ が y につき Lipschitz 条件をみたせば，適当な正定数 C（h に無関係）を定めて

$$\max_{1 \leqq i \leqq n} |y(x_i) - Y_i| \leqq Ch^m \tag{10.13}$$

とかける．

【証明】 $y(x_i) = y_i$ とおけば

$$y_{i+1} = y_i + h\Phi(x_i, y_i) + h\tau(x_i, h) \tag{10.14}$$

(10.12)，(10.14) より

$$y_{i+1} - Y_{i+1} = y_i - Y_i + h\{\Phi(x_i, y_i) - \Phi(x_i, Y_i)\} + h\tau(x_i, h)$$

両辺の絶対値をとれば，適当な正定数 K と A が存在して

$$|y_{i+1} - Y_{i+1}| \leqq |y_i - Y_i| + hK|y_i - Y_i| + Ah^{m+1}$$

$e_i = y_i - Y_i$（$e_0 = 0$）とおけば

$$\begin{aligned}
|e_{i+1}| &\leqq (1+hK)|e_i| + Ah^{m+1} \\
&\leqq (1+hK)\{(1+hK)|e_{i-1}| + Ah^{m+1}\} + Ah^{m+1} \\
&\leqq \cdots \\
&\leqq (1+hK)^{i+1}|e_0| + \{(1+hK)^i + (1+hK)^{i-1} + \cdots + 1\}Ah^{m+1} \\
&= \frac{Ah^m}{K}\{(1+hK)^{i+1} - 1\}
\end{aligned}$$

ここで不等式 $1+hx<e^{hx}$ を使えば（$i+1$ を i でおきかえて）

$$|e_i| \leqq \frac{Ah^m}{K}\{(1+hK)^i-1\} < \frac{Ah^m}{K}(e^{K(b-a)}-1) = O(h^m)$$

これで証明が完了した．（証明終）

一般に (10.13) が成り立つとき，公式 (10.12) は（少なくとも）**m 次収束するという**．この定義によれば，定理 10.2 の仮定の下で，m 次の 1 段法は m 次収束するといえる．したがって，f がある 2 次元閉領域において y につき C^m 級かつすべての偏導関数が有界ならば m 次の Runge–Kutta 法（$m=1$ のとき Euler 法）は m 次収束する．

●**注意** 実際には，(10.12) は正しく計算されず，次の形をとるであろう．

$$\tilde{Y}_{i+1} = \tilde{Y}_i + h\Phi(x_i, \tilde{Y}_i) + \varepsilon_i, \quad |\varepsilon_i| \leqq \varepsilon \quad （計算誤差の限界） \tag{10.15}$$

このとき，定理 10.2 は次のように修正される．

定理 10.3 関数 $\Phi(x,y)$ は y につき Lipschitz 条件をみたすとし，Lipschitz 定数を $K>0$ とする．$\tilde{Y}_0 = y_0+\varepsilon_0$ から出発する列 $\{\tilde{Y}_i\}$ を (10.15) により定義すれば，

$$\max_{a \leqq x \leqq b-nh} |\tau(x,y)| \leqq Ah^m$$

のとき

$$\max_{0 \leqq i \leqq n} |y(x_i) - \tilde{Y}_i| \leqq |\varepsilon_0| e^{K(b-a)} + \frac{1}{K}\left(Ah^m + \frac{\varepsilon}{h}\right)(e^{K(b-a)}-1) \tag{10.16}$$

■**問1** 定理 10.2 の証明を参考にして，上の定理を証明せよ．

(10.16) によって，たとえ $\varepsilon_0=0$ とできたとしても，h を小さくとりすぎれば，ε/h の項が支配的となり，近似解 $\tilde{Y}_i$ の精度は悪くなるかもしれない．この認識は大切である．ただし，(10.16) の評価は誤差限界を示す，いわゆる定性的評価であって，実際の誤差の振る舞いを示すものではない．誤差の挙動は一般に複雑である．

10.5 Adams–Bashforth 法

微分方程式 $y' = f(x,y)$ の両辺を x_{i-r} から x_{i+1} まで積分すれば

$$y(x_{i+1}) = y(x_{i-r}) + \int_{x_{i-r}}^{x_{i+1}} f(x, y(x))dx \tag{10.17}$$

ここで $\varphi(x) = f(x, y(x))$ とおき，等間隔分点 $x_{i-m}, \cdots, x_{i-1}, x_i$ ($0 \leqq m \leqq i$, 間隔 h) に関し $\varphi(x_i + th)$ を後退差分表示すれば，系 8.2.3 により

$$\varphi(x_i+th) = \sum_{j=0}^{m}(-1)^j \binom{-t}{j} \nabla^j \varphi(x_i) + (-1)^{m+1}h^{m+1}\binom{-t}{m+1}\varphi^{(m+1)}(\xi)$$

よって，(10.17) より

$$\begin{aligned} y_{i+1} &= y_{i-r} + h\int_{-r}^{1} \varphi(x_i + th)dt = y_{i-r} + h\sum_{j=0}^{m} a_j \nabla^j \varphi(x_i) + E_{m+1} \\ &= y_{i-r} + h\sum_{j=0}^{m} b_j \varphi(x_{i-j}) + E_{m+1} \end{aligned} \tag{10.18}$$

ただし

$$a_j = (-1)^j \int_{-r}^{1} \binom{-t}{j} dt \tag{10.19}$$

$$E_{m+1} = (-1)^{m+1}h^{m+2}\int_{-r}^{1}\binom{-t}{m+1}\varphi^{(m+1)}(\xi)dt \quad (x_{i-m} < \xi < x_i)$$

である．

(10.18) より $l+1$ 段陽型公式

$$Y_{i+1} = Y_{i-r} + h\sum_{j=0}^{m} b_j f(x_{i-j}, Y_{i-j}) \quad (i \geqq l \equiv \max(m, r)) \tag{10.20}$$

をつくる．ただし，$Y_0 = y_0$ かつ $Y_1, \cdots, Y_l$ は，たとえば，Runge–Kutta 法等によりあらかじめ求めておく．$[a,b]$ において $y^{(m+2)}(x)$ が存在して連続のとき，$l+1$ 段法 (10.20) は $m+1$ 次の公式となる．特に，$r = 0$（したがって $l = m$）のとき **Adams–Bashforth**（アダムス・バッシュフォース）**法**という．以下 $f(x_i, Y_i)$ を f_i と略記する．

例1 $r = m = 0$ のとき，(10.19) より $a_0 = 1$．ゆえに，1 次の Adams–Bashforth 法は

$$Y_{i+1} = Y_i + h\nabla^0 f_i = Y_i + hf_i$$

これは Euler 法にほかならない．

例2 $r = 0, m = 1$ のとき，$a_0 = 1, a_1 = -\int_0^1 (-t)dt = \frac{1}{2}$．したがって，2 次の Adams–Bashforth 法は

$$\begin{aligned} Y_{i+1} &= Y_i + h\left(f_i + \frac{1}{2}\nabla f_i\right) = Y_i + h\left\{f_i + \frac{1}{2}(f_i - f_{i-1})\right\} \\ &= Y_i + \frac{h}{2}(3f_i - f_{i-1}) \end{aligned}$$

例3 同様に $r = m = 1$ とおけば，$a_0 = 2, a_1 = 0$．ゆえに (10.20) は Y_0（$= y_0$），Y_1 を出発値として

$$Y_{i+1} = Y_{i-1} + 2hf_i \quad (i \geqq 1)$$

とかける．これは (10.17) の右辺の積分を中点近似したものと同じであるから，**中点公式**と呼ばれる．

問 3 次の Adams–Bashforth 公式を導け．

注意 f が C^{m+1} 級のとき，出発値を誤差 $O(h^{m+1})$ 以内に選べば，(10.20) は $m+1$ 次収束する（定理 10.5 をみよ）．

10.6 予測子修正子法

前節 (10.17) と同一の関係式

$$y_{i+1} = y_{i-s} + h\int_{-s}^{1} \varphi(x_i + th)dt, \quad \varphi(x) = f(x, y) \tag{10.21}$$

において，被積分関数 φ を今度は

$$\begin{aligned} &\varphi(x_i + th) \\ &= \varphi(x_{i+1} + (t-1)h) \\ &= \sum_{j=0}^{m} (-1)^j \binom{-(t-1)}{j} \nabla^j \varphi(x_{i+1}) + (-1)^{m+1} h^{m+1} \binom{-(t-1)}{m+1} \varphi^{(m+1)}(\xi) \end{aligned}$$

と展開する（系 8.2.3, $x_{i-m} < \xi < x_{i+1}$）. すると, (10.21) より

$$y_{i+1} = y_{i-s} + h\sum_{j=0}^{m} c_j^* \nabla^j \varphi(x_{i+1}) + T_{m+1}$$

$$c_j^* = (-1)^j \int_{-s}^{1} \binom{-(t-1)}{j} dt \tag{10.22}$$

$$T_{m+1} = (-1)^{m+1} h^{m+2} \int_{-s}^{1} \binom{-(t-1)}{m+1} \varphi^{(m+1)}(\xi) dt \tag{10.23}$$

ゆえに, $Y_0, Y_1, \cdots, Y_l$ $(l = \max(m-1, s))$ を出発値とする $l+1$ 段陰型公式

$$\begin{aligned} Y_{i+1} &= Y_{i-s} + h\sum_{j=0}^{m} c_j^* \nabla^j f(x_{i+1}, Y_{i+1}) \\ &= Y_{i-s} + h\sum_{j=0}^{m} c_j f_{i+1-j} \quad (i \geqq l) \end{aligned} \tag{10.24}$$

を得る. これを **Moulton**（ムルトン）**法**という. (10.24) の右辺は一般に Y_{i+1} を含むから, それを $F(Y_{i+1})$ とかくとき, Y_{i+1} は単独非線形方程式 $z = F(z)$ の解として定まるのである. これを解くには, たとえば, 固定された i に対し, 適当な初期値 ${Y_{i+1}}^{(0)}$ から出発して反復 ${Y_{i+1}}^{(\nu+1)} = F({Y_{i+1}}^{(\nu)})$ を行えばよい：

$${Y_{i+1}}^{(\nu+1)} = Y_{i-s} + h\sum_{j=1}^{m} c_j f_{i+1-j} + hc_0 f(x_{i+1}, {Y_{i+1}}^{(\nu)}) \quad (\nu = 0, 1, \cdots) \tag{10.25}$$

収束判定には

$$|{Y_{i+1}}^{(\nu+1)} - {Y_{i+1}}^{(\nu)}| < \varepsilon \quad \text{または} \quad |{Y_{i+1}}^{(\nu+1)} - {Y_{i+1}}^{(\nu)}| < \varepsilon |{Y_{i+1}}^{(\nu)}|$$

（ε：十分小）

を用い, この条件がみたされたとき, $Y_{i+1} = {Y_{i+1}}^{(\nu)}$ とおく. (10.25) を**内部反復**という. (10.25) が収束するための十分条件は系 5.1.2 により

$$h|c_0 f_y(x_{i+1}, y)| \leqq \lambda < 1 \quad (-\infty < y < \infty)$$

で与えられるが, 実用上, 初期値 ${Y_{i+1}}^{(0)}$ をできるだけ解 Y_{i+1} の近くに選んで, 内部反復回数を減らすことが要求される. そのためには, 前節で導いた陽型公式を用いて Y_{i+1} を求め, それを ${Y_{i+1}}^{(0)}$ にとればよい. すなわち各 $i \geqq \max(r, s, m)$ につき

$$\begin{cases} {Y_{i+1}}^{(0)} = Y_{i-r} + h\displaystyle\sum_{j=0}^{m} b_j f_{i-j} & (10.26) \\ {Y_{i+1}}^{(\nu+1)} = Y_{i-s} + h\displaystyle\sum_{j=1}^{m} c_j f_{i+1-j} + hc_0 {f_{i+1}}^{(\nu)} \quad (\nu = 0, 1, 2, \cdots) & (10.27) \end{cases}$$

とする．ただし，${f_j}^{(\nu)} = f(x_j, {Y_j}^{(\nu)})$ とおいた．(10.26) を**予測子**，(10.27) を**修正子**という．(10.26) によって Y_{i+1} を推定し，(10.27) によってそれを補正するのである．これを**予測子修正子法**という．通常，内部反復が 1 回（$\nu = 0$）または 2 回（$\nu = 1$）で終了するように，刻み幅 h を小さく選ぶ．

例1　$r = s = 0, m = 1$ のとき

$${c_0}^* = \int_0^1 \binom{-(t-1)}{0} dt = 1, \quad {c_1}^* = -\int_0^1 \binom{-(t-1)}{1} dt = -\frac{1}{2}$$

$$h\sum_{j=0}^{1} {c_j}^* \nabla^j f_{i+1} = hf_{i+1} - \frac{h}{2}(f_{i+1} - f_i) = \frac{h}{2}(f_i + f_{i+1})$$

ゆえに，前節例 2（2 次の Adams–Bashforth 法）と組み合わせて

$$\begin{cases} {Y_{i+1}}^{(0)} = Y_i + \dfrac{h}{2}(3f_i - f_{i-1}) \\ {Y_{i+1}}^{(\nu+1)} = Y_i + \dfrac{h}{2}(f_i + {f_{i+1}}^{(\nu)}) \quad (\nu \geqq 0) \end{cases} \quad (1 \leqq i \leqq n)$$

この修正子を**台形公式**という．

例2　$r = 3,\ s = 1,\ m = 3$ のとき，同様にして

$$\begin{cases} {Y_{i+1}}^{(0)} = Y_{i-3} + \dfrac{4h}{3}(2f_i - f_{i-1} + 2f_{i-2}) \\ {Y_{i+1}}^{(\nu+1)} = Y_{i-1} + \dfrac{h}{3}({f_{i+1}}^{(\nu)} + 4f_i + f_{i-1}) \quad (\nu \geqq 0) \end{cases}$$

を得る．これを 4 次の **Milne**(ミルン) **法**，または **Milne–Simpson 法**という．この方法は，ときに不安定現象（§10.9 参照）を起こす公式として知られる．

代表的な予測子修正子法を表 10.2 に示す．

表 10.2

r	s	m	公 式	$\tau(x,h)$	名 称
1	0	1	$\begin{cases} Y_{i+1}{}^{(0)} = Y_{i-1} + 2hf_i \\ Y_{i+1}{}^{(\nu+1)} = Y_i + \dfrac{h}{2}(f_{i+1}{}^{(\nu)} + f_i) \end{cases}$	$\dfrac{h^2}{3}y^{(3)}(\eta)$ $-\dfrac{h^2}{12}y^{(3)}(\zeta)$	Heun の中点法
3	1	3	$\begin{cases} Y_{i+1}{}^{(0)} = Y_{i-3} + \dfrac{4h}{3}(2f_i - f_{i-1} + 2f_{i-2}) \\ Y_{i+1}{}^{(\nu+1)} = Y_{i-1} + \dfrac{h}{3}(f_{i+1}{}^{(\nu)} + 4f_i + f_{i-1}) \end{cases}$	$\dfrac{14}{45}h^4y^{(5)}(\eta)$ $-\dfrac{h^4}{90}y^{(5)}(\zeta)$	Milne-Simpson 法
0	0	3	$\begin{cases} Y_{i+1}{}^{(0)} = Y_i + \dfrac{h}{24}(55f_i - 59f_{i-1} + 37f_{i-2} - 9f_{i-3}) \\ Y_{i+1}{}^{(\nu+1)} = Y_i + \dfrac{h}{24}(9f_{i+1}{}^{(\nu)} + 19f_i - 5f_{i-1} + f_{i-2}) \end{cases}$	$\dfrac{251}{720}h^4y^{(5)}(\eta)$ $-\dfrac{19}{720}h^4y^{(5)}(\zeta)$	Adams-Moulton 法

10.7 定数係数線形差分方程式

次節以下において公式の安定性その他を議論するために，ここで，定数係数線形差分方程式の解の性質を調べておこう．

$a_0, a_1, \cdots, a_{N-1}$ を与えられた N 個の定数とする．$\{y_n\}$ $(n \geqq 0)$ に関する次の方程式を**定数係数 N 階線形差分方程式**という．

$$L(y_n) \equiv y_{n+N} + a_{N-1}y_{n+N-1} + \cdots + a_0 y_n = b_n \quad (a_0 \neq 0) \qquad (10.28)$$

右辺の b_n を**非同次項**といい，$b_n = 0$ $(n \geqq 0)$ のとき，(10.28) は**同次である**という．(10.28) より

$$y_{n+N} = b_n - a_0 y_n - \cdots - a_{N-1}y_{n+N-1}$$

ゆえに，$y_0, y_1, \cdots, y_{N-1}$ を初期条件として指定すれば，上式で $n = 0, 1, 2, \cdots$ とおいて，$y_N, y_{N+1}, \cdots$ が順次定まる．すなわち，解は存在して一意に定まる．

いま，$\{y_n\}$ を (10.28) の任意の解，$\{y_n{}^{(0)}\}$ を (10.28) の 1 つの解（**特殊解**という）とし，$z_n = y_n - y_n{}^{(0)}$ とおけば，作用素 L の線形性によって

$$L(z_n) = L(y_n) - L(y_n{}^{(0)}) = b_n - b_n = 0$$

したがって，z_n は (10.28) に対応する同次方程式

$$z_{n+N}+a_{N-1}z_{n+N-1}+\cdots+a_0z_n=0 \quad (a_0\neq 0) \tag{10.29}$$

の解である．逆に，$\{z_n\}$ を (10.29) の任意の解（**一般解**）として，$\{z_n+{y_n}^{(0)}\}$ をつくれば，これは (10.28) をみたす．結局，次の関係式が成り立つ．

$$\Big[\,(10.28)\text{ の一般解 } y_n\Big]=\Big[\,(10.29)\text{ の一般解 } z_n\Big]+\Big[\,(10.28)\text{ の特殊解 } {y_n}^{(0)}\Big]$$

10.7.1 同次差分方程式の解

(10.29) の一般解に関し，次の定理が成り立つ．証明は付録 G において与える．

定理 10.4　(10.29) に対応して N 次方程式

$$p(\lambda)=\lambda^N+a_{N-1}\lambda^{N-1}+\cdots+a_0=0,\quad a_0\neq 0 \tag{10.30}$$

を考え，その相異なる根を $\lambda_1,\cdots,\lambda_m$，それらの重複度を $N_1,\cdots,N_m$ とするとき，同次差分方程式 (10.29) の解の一般形は

$$\begin{aligned}z_n\ =&\ (c_{10}+c_{11}n+\cdots+c_{1N_1-1}n^{N_1-1}){\lambda_1}^n+\cdots\\&+(c_{m0}+c_{m1}n+\cdots+c_{mN_m-1}n^{N_m-1}){\lambda_m}^n\end{aligned}$$

ただし，c_{ik} は定数で，$z_0,z_1,\cdots,z_{N-1}$ を与えれば一意に定まる．

多項式 $p(\lambda)$ を**特性多項式**，(10.30) を**特性方程式**という．

例題 1　定数係数 2 階同次線形差分方程式

$$y_{n+2}+ay_{n+1}+by_n=0 \quad (n\geqq 0)$$

を解け．

【解】　特性方程式 $\lambda^2+a\lambda+b=0$ の 2 根を λ_1,λ_2 とする．

（i）　λ_1,λ_2 が相異なる 2 実根のとき $y_n=c_1{\lambda_1}^n+c_2{\lambda_2}^n$．ただし，$c_1,c_2$ は任意定数で，y_0,y_1 を指定すれば一意に定まる．以下同様．

（ii）　$\lambda_1=\lambda_2$ のとき $y_n=(c_1+c_2n){\lambda_1}^n$

（iii）　λ_1,λ_2 が共役複素根のとき，極形式を用いて

$$\lambda_1=r(\cos\theta+\sqrt{-1}\sin\theta),\quad \lambda_2=r(\cos\theta-\sqrt{-1}\sin\theta)$$

と表せば

$$y_n = c_1{\lambda_1}^n + c_2{\lambda_2}^n = r^n(C_1\cos n\theta + C_2\sin n\theta),$$

$$C_1 = c_1 + c_2, \quad C_2 = \sqrt{-1}(c_1 - c_2)$$ （解終）

問1　$y_{n+2} - 4y_{n+1} + 3y_n = 0$, $y_0 = 1$, $y_1 = 1$ を解け．

10.7.2 非同次方程式の解

すでにみたように，(10.28) の一般解は対応する同次方程式の一般解に (10.28) の特殊解 $\{{y_n}^{(0)}\}$ を加えた形で与えられるから，何らかの方法で1つの解 $\{{y_n}^{(0)}\}$ を求めればよい．そのための一般的方法として，常微分方程式の場合と類似な，定数変化法が知られている．しかし，非同次項 b_n が簡単な形であれば，未定係数法が便利である．たとえば

$$b_n = \alpha^n p_k(n) \quad (\alpha\text{は定数}, p_k(x)\text{ は } x \text{ の } k \text{ 次多項式})$$

のとき，もし $\alpha \neq \lambda_1, \cdots, \lambda_m$ ((10.30) の相異なる根) ならば${y_n}^{(0)} = c\alpha^n p_k(n)$，また，もし $\alpha = \lambda_i$ かつ λ_i が l 重根ならば ${y_n}^{(0)} = c\alpha^n n^l p_k(n)$ とおき，これが (10.28) の解となるように定数 c を定めるのである．

例題2　次の差分方程式を解け．

$$y_{n+2} - 2y_{n+1} + y_n = 1 \tag{10.31}$$

【解】　特性方程式は $\lambda^2 - 2\lambda + 1 = 0$ で，$\lambda = 1$ は重根である．よって，(10.31) に対応する同次方程式の一般解は $c_1 + c_2 n$ の形である．(10.31) の特殊解を求めるために，${y_n}^{(0)} = cn^2$ とおき，(10.31) に代入すれば

$$c(n+2)^2 - 2c(n+1)^2 + cn^2 = 1$$

$$c = \frac{1}{2}$$

ゆえに，一般解は $y_n = c_1 + c_2 n + n^2/2$ $(n \geqq 0)$ となる．（解終）

問2　$y_{n+2} - 4y_{n+1} + 3y_n = 2^n$, $y_0 = 0$, $y_1 = 1$ を解け．

以上の考察から推察されるように，線形差分方程式の解の性質は，線形常微分方程式のそれときわめて類似している．主要な結果を対比して，付録Gの表G.1に示しておく．

10.8 安定な公式と一般収束定理

初期値問題

$$y' = f(x, y), \quad a \leqq x \leqq b, \quad y(a) = y_0 \tag{10.32}$$

を解く m 次の N 段法

$$Y_{i+N} = \alpha_0 Y_i + \cdots + \alpha_{N-1} Y_{i+N-1} + h\Phi(x_i, \cdots, x_{i+N}, Y_i, \cdots, Y_{i+N}; h) \tag{10.33}$$

を考える．$y_i = y(x_i)$, $e_i = y_i - Y_i$ とおけば

$$\begin{aligned} e_{i+N} &= \alpha_0 e_i + \cdots + \alpha_{N-1} e_{i+N-1} \\ &\qquad + h\{\Phi(x_i, \cdots, y_{i+N}; h) - \Phi(x_i, \cdots, Y_{i+N}; h)\} + O(h^{m+1}) \\ &= (\alpha_0 e_i + \cdots + \alpha_{N-1} e_{i+N-1}) \\ &\qquad + h \sum_{j=0}^{N} \Phi_j(x_i, \cdots, x_{i+N}, \eta_{i0}, \cdots, \eta_{iN}; h) e_{i+j} + O(h^{m+1}) \end{aligned} \tag{10.34}$$

ただし，$\eta_{ij} = Y_{i+j} + \theta_i \cdot e_{i+j}$ $(0 < \theta_i < 1)$ で，Φ_j は第 $N + j + 2$ 変数に関する偏導関数を表す．ゆえに，h が十分小であれば，誤差 e_i の挙動に最も影響を与える部分は上式 (10.34) の右辺 (　) 内の項であって

$$e_{i+N} \fallingdotseq \alpha_0 e_i + \cdots + \alpha_{N-1} e_{i+N-1} \tag{10.35}$$

定理 10.4 により，多項式

$$p(\lambda) = \lambda^N - \alpha_{N-1}\lambda^{N-1} - \cdots - \alpha_0 = 0 \tag{10.36}$$

の根 $\lambda_1, \cdots, \lambda_N$ $(|\lambda_1| \geqq \cdots \geqq |\lambda_N|)$ が条件

$$|\lambda_j| \leqq 1 \quad \text{かつ} \quad |\lambda_j| = 1 \quad \text{なる} \lambda_j \text{は単根} \tag{10.37}$$

をみたすならば，(10.35) より，$|e_{i+N}|$ は穏やかに振る舞うであろう（もちろん断定はできない）．この考察に基づき，N 段法 (10.33) の安定性を次のように定義する．

定義 条件 (10.37) が成り立つとき，N 段法 (10.33) は**安定である**という．特に，安定であって $|\lambda_i| < 1$ $(i \geqq 2)$ をみたすとき**強安定**，安定ではあるが強安定でないとき**弱安定**という．

■例 Runge–Kutta 法，Adams–Bashforth 法は強安定，4 次の Milne–Simpson 法（修正子）は弱安定である．

●注意 安定な公式により，必ずしも良い数値解が得られるとは限らない．f の与え方によっては，不安定現象の生じることもある（次節参照）．安定な公式とは，要するに差分方程式

$$z_{i+N} - \alpha_{N-1} z_{i+N-1} - \cdots - \alpha_0 z_i = 0$$

の解が，初期値 $z_0, \cdots, z_{N-1}$ の変化に関して安定（初期値が微小変化すれば，解も微小変化）であることを意味するにすぎず，数値解の安定性まで保証するものではないのである．

しかしながら，次の定理は，(10.32) と整合しかつ安定な公式の収束性を，理論的に保証する（証明を省略し，結果のみ述べておく）．

定理 10.5（**Ortega**（オルテガ）[16]） 公式 (10.33) は安定で，

$$|y(x_i) - Y_i| \leqq \delta \quad (0 \leqq i \leqq N-1)$$

であるとする．正数 h に無関係な定数 $K > 0$ が存在して

$$|\Phi(\boldsymbol{t}, \boldsymbol{u}; h) - \Phi(\boldsymbol{t}, \boldsymbol{v}; h)| \leqq K \|\boldsymbol{u} - \boldsymbol{v}\|_\infty$$

$$\boldsymbol{t} = [t_0, \cdots, t_N]^t, \quad \boldsymbol{u} = [u_0, \cdots, u_N]^t, \quad \boldsymbol{v} = [v_0, \cdots, v_N]^t$$

が成り立てば，適当な正の定数 K_1, K_2 を選んで

$$\max_{0 \leqq j \leqq n} |y(x_j) - Y_j| \leqq K_1 \delta + K_2 \tau(h) \quad (j \geqq N)$$

とできる．ゆえに，公式 (10.33) が (10.32) と整合し，かつ $h \to 0$ のとき $\delta \to 0$ となるならば Y_j は真の値に収束する．特に，出発値を誤差 $\delta = O(h^m)$ 以内に選べば，m 次の安定な N 段法は m 次収束する．

なお，次の結果もよく知られている．

定理 10.6（Dahlquist（ダールキスト））安定な線形 N 段法

$$Y_{i+N} = \alpha_0 Y_0 + \cdots + \alpha_{N-1} Y_{i+N-1} + h[\beta_0 f_i + \cdots + \beta_N f_{i+N}]$$

の次数を m とすれば，N が偶数のとき $m \leqq N+2$，奇数のとき $m \leqq N+1$ である．したがって，$N+2$ 次より高い次数の，安定な線形 N 段法は存在しない．

系 10.6.1　4 次の Adams–Moulton 法（表 10.2 の修正子）は，安定な線形 3 段解法のうちで，最高の次数をもつ．

10.9 不安定現象

コンピュータが普及しはじめた 1950 年代初期，ある種の常微分方程式に数値解法を適用すれば，局所離散化誤差 $\tau(x,h)$ から予想される誤差よりも，はるかに大きい計算誤差が混入し，結果が全くでたらめとなる現象が，しばしば観察されるようになった．この種の不安定現象の典型を次の例でみよう．

■例　$y' = -2y,\ y(0) = 1$ を，中点公式（2 段法）を用いて解く．ただし，Y_1 は Heun 法により求める．$h = 0.5$，および 0.1 としたときの計算結果を表 10.3 および図 10.4 に示す．真の解は

$$y = e^{-2x}$$

表 10.3

x	$y = e^{-2x}$	Y（$h = 0.5$）	Y（$h = 0.1$）
0	1.0	1.0	1.0
0.5	0.367879	0.5	0.370592
1.0	0.135335	0.0	0.136432
1.5	0.049787	0.5	0.052673
2.0	0.018315	−1.0	0.013690
2.5	0.006738	2.5	0.020772
3.0	0.002479	−6.0	−0.034714
3.5	0.000911	14.5	0.101666
4.0	0.000333	−35.0	−0.271617
4.5	0.000123	84.5	0.734598
5.0	0.000046	−204.0	−1.98341

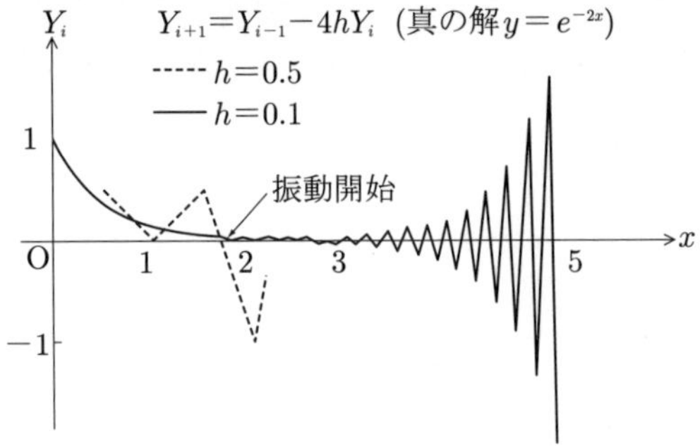

図 10.4　$y'=-2y,\ y(0)=1$ に対する中点公式

であるのに，積分の進行につれて異常な振動現象が発生している．$\tau(x,h)=O(h^2)$ であることにも注意せよ．

この現象を解析しよう．この場合の中点公式は

$$Y_{i+1}=Y_{i-1}+2h(-2Y_i)$$

すなわち

$$Y_{i+1}+4hY_i-Y_{i-1}=0, \quad Y_0=1$$

この差分方程式の一般解は

$$Y_i=c_1{\lambda_1}^i+c_2{\lambda_2}^i \quad (i \geqq 0)$$

ただし，λ_1,λ_2 は特性方程式

$$\lambda^2+4h\lambda-1=0$$

の 2 根であって

$$\begin{aligned}\lambda_1 &= -2h+\sqrt{1+4h^2}\\ \lambda_2 &= -2h-\sqrt{1+4h^2}\end{aligned}$$

定数 c_1,c_2 は，連立方程式

$$c_1+c_2=1, \quad c_1\lambda_1+c_2\lambda_2=Y_1$$

の解として一意に定まる．しかし，$0 < \lambda_1 < 1$, $\lambda_2 < -1$ であるから，$c_2 \neq 0$ なる限り，$i \to \infty$ のとき

$$Y_i \ \to \ \pm\infty \quad (\text{振動発散})$$

となる．これが上例の不安定現象をひき起こす理由であった．この場合，h を小さくすれば振動開始時期を遅くできるが，いずれは同一の現象が起こる．なお，Milne–Simpson 法の修正子を上記方程式に適用しても，同様な振動現象を生じる．

■問 上例の初期値問題に，Euler 法を適用すればどうなるか．結果を予想し，かつ計算を実行してみよ．

10.10 高階常微分方程式

n 階常微分方程式の初期値問題

$$\begin{aligned} &y^{(n)} = f(x, y, y', \cdots, y^{(n-1)}), \\ &y(x_0) = \eta_1, \quad y'(x_0) = \eta_2, \ \cdots, \ y^{(n-1)}(x_0) = \eta_n \end{aligned} \tag{10.38}$$

は，$u_1 = y, u_2 = y', \cdots, u_n = y^{(n-1)}$ とおいて，n 元連立 1 階常微分方程式の初期値問題

$$\begin{aligned} &{u_1}' = u_2, \ \cdots, \ {u_{n-1}}' = u_n, \quad {u_n}' = f(x, u_1, \cdots, u_n), \\ &u_1(x_0) = \eta_1, \ \cdots, \ u_n(x_0) = \eta_n \end{aligned}$$

に変換される．ゆえに，上式より一般な，次の方程式系を考えれば十分である．

$$\left\{ \begin{aligned} &{u_1}' = f_1(x, u_1, \cdots, u_n) \\ &\ \vdots \\ &{u_n}' = f_n(x, u_1, \cdots, u_n) \\ &u_1(x_0) = \eta_1, \ \cdots, \ u_n(x_0) = \eta_n \end{aligned} \right. \tag{10.39}$$

ベクトル記号 $\boldsymbol{u} = \boldsymbol{u}(x) = [u_1(x), \cdots, u_n(x)]^t, \boldsymbol{\eta} = [\eta_1, \cdots, \eta_n]^t$ を用いれば，(10.39) は簡単に

$$\boldsymbol{u}' = \boldsymbol{f}(x, \boldsymbol{u}) = \begin{bmatrix} f_1(x, \boldsymbol{u}) \\ \vdots \\ f_n(x, \boldsymbol{u}) \end{bmatrix}, \quad \boldsymbol{u}(x_0) = \boldsymbol{\eta} \tag{10.40}$$

とかける．この方程式系に対する数値解法は単独方程式の場合と同様であり，N 段法の一般形は次のようになる．

$$\begin{aligned}\boldsymbol{U}_{i+N} &= \alpha_0\boldsymbol{U}_i + \cdots + \alpha_{N-1}\boldsymbol{U}_{i+N-1}\\ &\quad + h\boldsymbol{\varPhi}(x_i,\cdots,x_{i+N},\boldsymbol{U}_i,\cdots,\boldsymbol{U}_{i+N};h)\\ &\qquad (\alpha_0+\cdots+\alpha_{N-1}=1)\end{aligned} \tag{10.41}$$

また，$x\in[a,b-Nh]$ における (10.41) の**局所離散化誤差**は

$$\begin{aligned}T(x,h) &= \frac{\boldsymbol{u}(x+Nh)-\alpha_0\boldsymbol{u}(x)-\cdots-\alpha_{N-1}\boldsymbol{u}(x+(N-1)h)}{h}\\ &\quad -\boldsymbol{\varPhi}(x,\cdots,x+Nh,\boldsymbol{u}(x),\cdots,\boldsymbol{u}(x+Nh);h)\end{aligned}$$

により定義される．そして

$$T(h) = \max_{x\in[a,b-Nh]} ||T(x,h)|| = O(h^m)$$

のとき，(10.41) は**少なくとも $\boldsymbol{m}$ 次の公式**であるという（定理 3.1 によってこの定義はノルムに依存しない）．特に，ある $\boldsymbol{f}$ につき $T(h)\neq O(h^{m+1})$ となるならば，**ちょうど $\boldsymbol{m}$ 次の公式**であるという．たとえば，Heun 法は

$$\begin{aligned}\boldsymbol{U}_0 &= \boldsymbol{\eta},\\ \boldsymbol{U}_{i+1} &= \boldsymbol{U}_i + \frac{h}{2}(\boldsymbol{k}_1+\boldsymbol{k}_2)\\ \boldsymbol{k}_1 &= \boldsymbol{f}(x_i,\boldsymbol{U}_i),\\ \boldsymbol{k}_2 &= \boldsymbol{f}(x_i+h,\boldsymbol{U}_i+h\boldsymbol{k}_1)\end{aligned}$$

となる．

■問1 上式が 2 次の公式であることを示せ．

数値解 $\boldsymbol{U}_i$ の収束も単独方程式の場合と同様である．たとえば，(10.40) を解く 1 段法

$$\boldsymbol{U}_{i+1} = \boldsymbol{U}_i + h\boldsymbol{\varPhi}(x_i,\boldsymbol{U}_i), \quad \boldsymbol{\varPhi} = [\varPhi_1,\cdots,\varPhi_n]^t \tag{10.42}$$

の収束に関し，次の定理が成り立つ．

定理 10.7　(10.42) は m 次の公式で，$\boldsymbol{\Phi}$ は Lipschitz 条件

$$||\boldsymbol{\Phi}(x,\boldsymbol{U}) - \boldsymbol{\Phi}(x,\boldsymbol{V})|| \leqq L||\boldsymbol{U} - \boldsymbol{V}|| \quad (||\cdot|| \text{ は適当なベクトル ノルム})$$

をみたすものとする．このとき，適当な正の定数 C が存在して

$$\max_{0 \leqq j \leqq J} ||\boldsymbol{u}(x_j) - \boldsymbol{U}_j|| \leqq Ch^m \quad (m \text{ 次収束})$$

である．ただし

$$h = \frac{b-a}{J}, \quad x_j = a + jh, \quad j = 0, 2, \cdots, J$$

系 10.7.1　m 次の Runge–Kutta 法は m 次収束する．

問2　定理 10.2 の証明にならって，定理 10.7 を証明せよ．

計算例　初期条件 $y(0) = z(0) = 1$ の下で，連立常微分方程式

$$\begin{cases} y' = \dfrac{1}{z} \\ z' = -\dfrac{1}{y} \end{cases} \quad (\text{真の解 } y = e^x,\ z = e^{-x})$$

を，Kutta の 1/8 公式（4 次）を用いて解く．$h = 0.1$ に対する結果を表 10.4 に示す．

表 10.4

x	Y	Z	$e^x - Y$	$e^{-x} - Z$
0.1	1.10517103	0.904837327	-2.0×10^{-7}	1.8×10^{-9}
0.2	1.22140301	0.818730589	-4.0×10^{-7}	3.1×10^{-8}
0.3	1.34985922	0.740817999	-4.2×10^{-7}	2.2×10^{-7}
0.4	1.49182531	0.670319778	-6.0×10^{-7}	2.6×10^{-7}
0.5	1.64872212	0.606530357	-1.1×10^{-6}	2.2×10^{-7}
0.6	1.82211992	0.548811308	-1.2×10^{-6}	2.8×10^{-7}
0.7	2.01375415	0.496584957	-1.4×10^{-6}	3.4×10^{-7}
0.8	2.22554275	0.449328606	-2.0×10^{-6}	3.0×10^{-7}
0.9	2.45960537	0.406569296	-2.5×10^{-6}	3.0×10^{-7}
1.0	2.71828460	0.367879076	2.8×10^{-6}	3.6×10^{-7}

演習問題

1 一般公式 (10.3) において，Φ の連続性と解 $y \neq 0$ の連続的微分可能性とを仮定するとき，(10.3) が (10.2) と整合しているための必要十分条件は，次の 2 つが成り立つことである．これを示せ．

(i) $\displaystyle\sum_{i=0}^{N-1} \alpha_i = 1$

(ii) $\displaystyle\left(N - \sum_{k=1}^{N-1} k\alpha_k\right) f(x, y(x)) = \Phi(x, \cdots, x, y(x), \cdots, y(x); 0)$

2 微分方程式 $y' = x + \sin y$ $(0 \leqq x \leqq 1)$, $y(0) = 1$ を Euler 法により求め，解 $y(x)$ を誤差 0.5×10^{-2} 以内で求めたい．刻み幅 h をいくらにとればよいか．ただし，計算誤差を無視する．

3 $y' = f(x, y)$ に対する Euler 法 $Y_{j+1} = Y_j + hf(x_j, Y_j)$ の誤差は，定理 10.2 によって，$y(x_j) - Y_j = O(h)$ であるが，y が C^3 級のとき，さらに精密に

$$y(x_j) = Y_j + e(x_j)h + O(h^2) \quad (e(x_j) \text{ は } h \text{ に依存しない})$$

とかけることを示せ．

4 $Y_j(h)$ を刻み幅 h の Euler 近似とする．$Y_j(h)$ と $Y_j(h/2)$ から

$$\bar{Y}_j = 2Y_j\left(\frac{h}{2}\right) - Y_j(h)$$

をつくれば $\bar{Y}_j$ は $y(x_j)$ の $O(h^2)$ 近似であることを示せ．このようにして精度を高める方法を，**Richardson**（リチャードソン）**の補外法**という．Romberg 積分法はこの原理を反復応用したものである．

5 $y' = f(x, y)$ の差分近似

$$Y_{i+2} - Y_{i-2} + \alpha(Y_{i+1} - Y_{i-1}) = h[\beta(f_{i+1} + f_{i-1}) + \gamma f_i], \quad f_i = f(x_i, Y_i)$$

が 6 次の公式となるように，定数 α, β, γ を決定せよ．この公式は安定であるか．

6 2 次の Runge-Kutta 法の一般形は

$$Y_{i+1} = Y_i + h\left\{(1-\omega)f(x_i, Y_i) + \omega f\left(x_i + \frac{h}{2\omega}, Y_i + \frac{h}{2\omega}f(x_i, Y_i)\right)\right\}$$

とかけることを示せ．このことを用いて，次を示せ．

(i) $y' = y$, $y(0) = 1$ に 2 次の Runge–Kutta 法を用いれば，不安定現象は生じない．

(ii) しかし，$y' = -10y$, $y(0) = 1$ に適用すれば，$h > 0.2$ のとき不安定現象（$i \to \infty$ のとき $Y_i \to \infty$）を起こす．

7 前問(ii)の方程式に，4 次の Runge–Kutta 法を適用すればどうなるか．

8 Heun 法は予測子として Euler 法，修正子として台形公式を用いる予測子修正子法であることを示せ．

9 Adams–Moulton 公式（表 10.2）を導き，予測子，修正子の局所離散化誤差を求めよ．

10 差分方程式 $-x_{i-1} + 2x_i - x_{i+1} = 1$ $(1 \leqq i \leqq n)$，$x_0 = x_{n+1} = 1$ の一般解は

$$x_i = \frac{i}{2}(n + 1 - i)$$

であることを示せ．

11 下図は $y' = 9x + 3y$, $y(0) = -1$ に 4 次の Runge–Kutta 法（1/6 公式）を用いたときの結果を示す．真の解は 1 次式 $y = -3x - 1$ であるから，離散化誤差は 0 ($y_i = Y_i$) であるにもかかわらず，このような不安定現象が起こるのはなぜか．

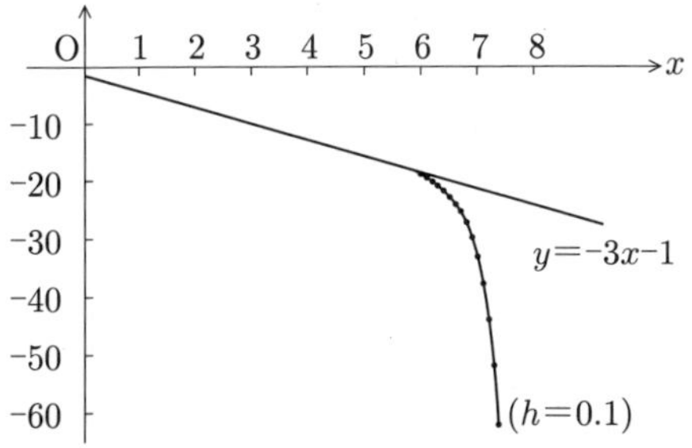

図 10.5　4 次の Runge–Kutta 法（1/6 公式）

12 $\boldsymbol{y}' = \boldsymbol{f}(x, \boldsymbol{y})$ を解く台形公式

$$\boldsymbol{Y}_{j+1} = \boldsymbol{Y}_j + \frac{h}{2}\{\boldsymbol{f}(x_j, \boldsymbol{Y}_j) + \boldsymbol{f}(x_{j+1}, \boldsymbol{Y}_{j+1})\}$$

を，$\boldsymbol{y}' = A\boldsymbol{y}$, $\boldsymbol{y}(0) = \boldsymbol{y}^{(0)}$ に適用する．行列 A が負値対称行列ならば

$$||\boldsymbol{Y}_0||_2 > ||\boldsymbol{Y}_1||_2 > \cdots > ||\boldsymbol{Y}_j||_2 > \cdots \to 0 \quad (j \to \infty)$$

であることを示せ．

11 差 分 法

11.1 導関数・偏導関数の差分近似

この章では，常微分方程式の境界値問題，偏微分方程式の初期値・境界値問題を解く手法として最もよく知られた差分解法を説明する．

まず，次節以下の議論のために，関数 $f(x), u(x,y)$ の導関数・偏導関数を，関数値を用いて近似する公式を求めておこう．$f(x)$ が C^3 級ならば，$h>0$ として

$$f(x \pm h) = f(x) \pm hf'(x) + \frac{h^2}{2}f''(x) \pm \frac{h^3}{6}f^{(3)}(\xi_\pm)$$

とかける $(x < \xi_+ < x+h,\ x-h < \xi_- < x)$．よって

$$\begin{aligned}\frac{f(x+h)-f(x-h)}{2h} &= f'(x) + \frac{h^2}{12}(f^{(3)}(\xi_+) + f^{(3)}(\xi_-)) \\ &= f'(x) + \frac{h^2}{6}f^{(3)}(\xi) \quad (\xi_- < \xi < \xi_+)\end{aligned}$$

同様に f が C^4 級ならば

$$\frac{f(x+h)-2f(x)+f(x-h)}{h^2} = f''(x) + \frac{h^2}{12}f^{(4)}(\eta) \quad (x-h < \eta < x+h)$$

したがって

$$\begin{aligned} f'(x) &\fallingdotseq \frac{f(x+h)-f(x-h)}{2h}, \\ f''(x) &\fallingdotseq \frac{f(x+h)-2f(x)+f(x-h)}{h^2} \end{aligned} \tag{11.1}$$

とおけば，いずれも誤差 $O(h^2)$ の近似公式となる．これらをそれぞれ f', f'' の**中心差分近似**という．

図 11.1 において，(11.1) の第 1 式は点 P における接線の傾きを弦 AB で近似することを意味する．もし点 P における接線の傾きを，弦 PB または弦 AP で近似すれば，誤差 $O(h)$ の近似公式

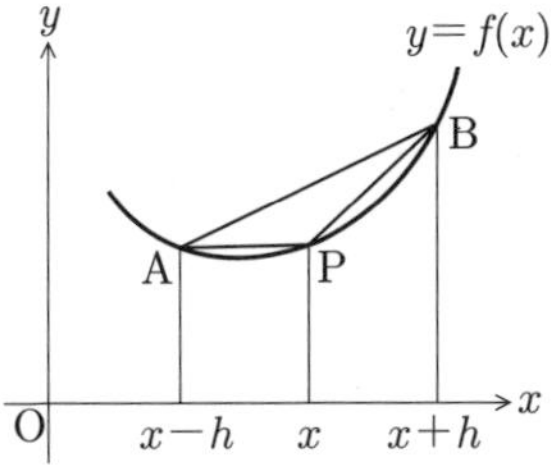

図 11.1

$$f'(x) \fallingdotseq \frac{f(x+h)-f(x)}{h}, \quad f'(x) \fallingdotseq \frac{f(x)-f(x-h)}{h}$$

を得る．前者を**前進差分近似**，後者を**後退差分近似**という．

■**問**　$f(x)$ が $[a,b]$ において C^2 級ならば，$h \to 0$ のとき，x に関して一様に

$$\frac{f(x+h)-2f(x)+f(x-h)}{h^2} \to f''(x),$$

$$\frac{f(x+h)-f(x-h)}{2h} \to f'(x)$$

であることを示せ（ヒント：閉区間で連続な関数は一様連続である）．

同様に，2 変数関数 $u(x,y)$ が C^4 級ならば，次の近似公式を得る．

$$u_{xx}(x,y) \fallingdotseq \frac{u(x+h,y)-2u(x,y)+u(x-h,y)}{h^2} \quad (\text{誤差 } O(h^2))$$

$$u_{yy}(x,y) \fallingdotseq \frac{u(x,y+k)-2u(x,y)+u(x,y-k)}{k^2} \quad (\text{誤差 } O(k^2))$$

微分方程式中にあらわれる導関数・偏導関数を，このような差分商によりおきかえて連立方程式をつくり，それを解いて近似解を求める方法を**差分法**（あるいは**有限差分法**）という．以下，この方法における基礎事項につき述べよう．

11.2 常微分方程式の境界値問題

応用上重要な 2 点境界値問題

$$y'' = f(x,y,y'), \quad a < x < b \tag{11.2}$$

$$y(a) = \alpha, \quad y(b) = \beta \tag{11.3}$$

を考えよう．この問題の解の一意存在に関し，Lees (1961) による次の結果が知られている．

定理 11.1 関数 $f(x,y,z)$ は

$$D=\{(x,y,z)\mid a\leqq x\leqq b,\ -\infty<y<\infty,\ -\infty<z<\infty\}$$

において連続，かつ連続な偏導関数 f_y, f_z をもち，D 上

$$f_y\geqq 0,\quad |f_z|\leqq M\quad (M\text{ は正の定数}) \tag{11.4}$$

をみたすとする．このとき境界値問題 (11.2)，(11.3) は $a\leqq x\leqq b$ において少なくとも C^2 級の解をただ 1 つもつ．

もちろん，上記定理の仮定が成り立たなくても，(11.2)，(11.3) の解が存在する場合はあり得る．しかし，議論を進めるために，以下定理 11.1 の仮定が成り立つものとしよう．

さて，h を正の定数とし，作用素 $\mathscr{L}$ と $\mathscr{L}_h$ を

$$\mathscr{L}y(x)=-y''(x)+f(x,y(x),y'(x))$$

$$\begin{aligned}\mathscr{L}_hy(x)\;=\;&-\frac{y(x+h)-2y(x)+y(x-h)}{h^2}\\&+f\left(x,y(x),\ \frac{y(x+h)-y(x-h)}{2h}\right)\end{aligned}$$

により定義すれば，前節の議論によって，$y(x)$ が C^4 級のとき

$$\mathscr{L}_hy(x)-\mathscr{L}y(x)=-\frac{h^2}{12}y^{(4)}(\xi)+\frac{h^2}{6}y^{(3)}(\eta)f_z(x,y,\zeta)=O(h^2) \tag{11.5}$$

$$\xi,\eta\in(x-h,x+h),\quad \zeta=y'(x)+\theta\left(\frac{y(x+h)-y(x-h)}{2}-y'(x)\right)$$

$$(0<\theta<1)$$

とかける．ゆえに

$$h=\frac{b-a}{n+1},\quad x_j=a+jh\quad (0\leqq j\leqq n+1)$$

とおき，$Y_1, \cdots, Y_n$ を n 元連立非線形方程式

$$\mathscr{L}_h{}^*(Y_j) \equiv -\frac{Y_{j+1} - 2Y_j + Y_{j-1}}{h^2} + f\left(x_j,\ Y_j,\ \frac{Y_{j+1} - Y_{j-1}}{2h}\right) = 0 \quad (1 \leqq j \leqq n) \qquad (11.6)$$

$$Y_0 = \alpha, \quad Y_{n+1} = \beta$$

の解とすれば，h が十分小さいとき，Y_j は (11.2)，(11.3) の解 $y(x)$ の，$x = x_j$ における値 $y(x_j)$ を近似するものと予想される．この推測が正しいことを，定理 11.1 より若干強い仮定の下で証明しよう．

定理 11.2（**Keller**（ケラー）[15]）$f(x, y, z)$ は定理 11.1 の仮定に加えて，適当な正定数 K_*, K^* により

$$0 < K_* < f_y < K^*, \quad (x, y, z) \in D \qquad (11.7)$$

をみたすとする．$h \leqq 2/M$ のとき，(11.6) の解 $Y_1, \cdots, Y_n$ は一意に存在して

$$\max_{1 \leqq j \leqq n} |y(x_j) - Y_j| \leqq \frac{1}{K_*} \max_{1 \leqq i \leqq n} |\mathscr{L}_h y(x_i)| \to 0 \quad (h \to 0) \qquad (11.8)$$

特に，$y(x)$ が C^4 級ならば

$$\max_{1 \leqq j \leqq n} |y(x_j) - Y_j| \leqq O(h^2) \qquad (11.9)$$

【証明】 定理 11.1 によって，(11.2)，(11.3) は一意解をもつ．次に，仮定 (11.7) の下で，(11.6) の解が一意に存在することを示そう．$\omega > 0$ を定数として，(11.6) を

$$Y_j = Y_j - \frac{h^2}{2+\omega} \mathscr{L}_h{}^*(Y_j) \quad (j = 1, 2, \cdots, n)$$

と書き直し，右辺を $g_j(\boldsymbol{Y})$，$\boldsymbol{Y} = [Y_1, \cdots, Y_n]^t$ とおく．$\boldsymbol{Z} = [Z_1, \cdots, Z_n]^t$ に対し $W_j = Y_j - Z_j$ とおけば

$$\mathscr{L}_h{}^*(Y_j) - \mathscr{L}_h{}^*(Z_j) = -\frac{W_{j+1} - 2W_j + W_{j-1}}{h^2} + a_j W_j + b_j \left(\frac{W_{j+1} - W_{j-1}}{2h}\right)$$

$$a_j = f_y\left(x_j,\, Z_j + \theta W_j,\, \frac{Z_{j+1} - Z_{j-1} + \theta(W_{j+1} - W_{j-1})}{2h}\right)$$
$$b_j = f_z\left(x_j,\, Z_j + \theta W_j,\, \frac{Z_{j+1} - Z_{j-1} + \theta(W_{j+1} - W_{j-1})}{2h}\right) \quad (0 < \theta < 1)$$

よって $0 < h \leqq 2/M$ かつ $\omega > h^2 K^*$ のとき

$$\begin{aligned}|g_j(\boldsymbol{Y}) - g_j(\boldsymbol{Z})| &\leqq \left\{\frac{2 - b_j h}{2(2+\omega)} + \left(1 - \frac{2 + a_j h^2}{2+\omega}\right) + \frac{2 + b_j h}{2(2+\omega)}\right\} \max_{1 \leqq i \leqq n} |W_i| \\ &= \left(1 - \frac{a_j h^2}{2+\omega}\right) \|\boldsymbol{Y} - \boldsymbol{Z}\|_\infty \leqq \left(1 - \frac{K_* h^2}{2+\omega}\right) \|\boldsymbol{Y} - \boldsymbol{Z}\|_\infty\end{aligned}$$

したがって，$\boldsymbol{g}(\boldsymbol{Y}) = [g_1(\boldsymbol{Y}), \cdots, g_n(\boldsymbol{Y})]^t$ とおけば，実 n 次元空間 $\boldsymbol{R}^n$ において

$$\|\boldsymbol{g}(\boldsymbol{Y}) - \boldsymbol{g}(\boldsymbol{Z})\|_\infty \leqq \lambda(\omega) \|\boldsymbol{Y} - \boldsymbol{Z}\|_\infty, \quad \lambda(\omega) = 1 - \frac{K_* h^2}{2+\omega}$$

$0 < \lambda(\omega) < 1$ であるから，$\boldsymbol{g}$ は $\boldsymbol{R}^n$ における縮小写像である．ゆえに，$\boldsymbol{Y} = \boldsymbol{g}(\boldsymbol{Y})$ をみたす解 $\boldsymbol{Y} = [Y_1, \cdots, Y_n]^t$ が一意に存在する（定理 6.1）．さらに

$$e_j = y(x_j) - Y_j, \quad \tau_j = \mathscr{L}_h y(x_j) \quad (0 \leqq j \leqq n+1)$$

とおけば，$\mathscr{L} y(x_j) = \mathscr{L}_h^*(Y_j) = 0$ に注意して

$$\begin{aligned}\tau_j &= \mathscr{L}_h y(x_j) - \mathscr{L} y(x_j) = \mathscr{L}_h y(x_j) - \mathscr{L}_h^*(Y_j) \\ &= -\frac{e_{j+1} - 2e_j + e_{j-1}}{h^2} + c_j e_j + d_j \frac{e_{j+1} - e_{j-1}}{2h} \qquad (11.10)\end{aligned}$$

$$c_j = f_y\left(x_j,\, Y_j + \bar{\theta} e_j,\, \frac{(Y_{j+1} - Y_{j-1}) + \bar{\theta}(e_{j+1} - e_{j-1})}{2h}\right)$$
$$d_j = f_z\left(x_j,\, Y_j + \bar{\theta} e_j,\, \frac{(Y_{j+1} - Y_{j-1}) + \bar{\theta}(e_{j+1} - e_{j-1})}{2h}\right) \quad (0 < \bar{\theta} < 1)$$

ここで $\max_{1 \leqq j \leqq n} |e_j| = |e_k|$ とおけば，(11.10) より

$$(2 + h^2 c_k) e_k = \left(1 + \frac{h}{2} d_k\right) e_{k-1} + \left(1 - \frac{h}{2} d_k\right) e_{k+1} + h^2 \tau_k$$

したがって，$0 < h \leqq 2/M$ のとき

$$\begin{aligned}(2+h^2K_*)|e_k| &\leqq \left\{\left(1+\frac{h}{2}d_k\right)+\left(1-\frac{h}{2}d_k\right)\right\}|e_k|+h^2|\tau_k| \\ &= 2|e_k|+h^2|\tau_k|, \\ |e_k| &\leqq \frac{1}{K_*}\max_{1\leqq j\leqq n}|\tau_j|\end{aligned}$$

しかも定理 11.1 の仮定の下で，$y(x)$ は少なくとも C^2 級であるから，前節の問により $h \to 0$ のとき $\max\{|\tau_j|;\, 1 \leqq j \leqq n\} \to 0$ を示すことができる．(11.5) を導くのと同様．ゆえに (11.8) が示された．さらに，$y(x)$ が C^4 級ならば，(11.5) により (11.9) が成り立つ．（証明終）

連立方程式 (11.6) を（**有限**）**差分方程式**，その解 $\{Y_j\}$ を（**有限**）**差分解**という（§ 11.1 参照）．また

$$\tau_j = \mathscr{L}_h y(x_j) = (\mathscr{L}_h - \mathscr{L})\, y(x_j)$$

を $x = x_j$ における $\mathscr{L}_h$（または $\mathscr{L}_h{}^*$）の**局所離散化誤差**（または**局所打ち切り誤差**）という．

● **注意 1**　上の証明によれば，(11.6) の解は反復

$$\boldsymbol{Y}^{(\nu+1)} = \boldsymbol{g}(\boldsymbol{Y}^{(\nu)}) \quad (\boldsymbol{Y}^{(\nu)} = [Y_1^{(\nu)}, \cdots, Y_n^{(\nu)}]^t)$$

の極限として得られ，

$$||\boldsymbol{Y}^{(\nu)} - \boldsymbol{Y}||_\infty \leqq \lambda(\omega)^\nu ||\boldsymbol{Y}^{(0)} - \boldsymbol{Y}||_\infty$$

が成り立つ．しかし，h が小さければ $\lambda(\omega) \fallingdotseq 1$ であり，この反復の収束は遅い．この場合，適当な回数反復した後，Newton 法に切り換えるべきであろう．

■ **例 1**　線形 2 点境界値問題

$$y'' = p\,(x)\, y' + q\,(x)\, y + r\,(x), \quad y\,(a) = \alpha, \quad y\,(b) = \beta \quad (11.11)$$

の場合，解くべき方程式 (11.6) は

$$\begin{bmatrix} b_1 & c_1 & & & \\ a_2 & b_2 & c_2 & & \\ & \ddots & \ddots & \ddots & \\ & & & & c_{n-1} \\ & & & a_n & b_n \end{bmatrix}\begin{bmatrix} Y_1 \\ Y_2 \\ \vdots \\ Y_{n-1} \\ Y_n \end{bmatrix} = -h^2\begin{bmatrix} r_1 \\ r_2 \\ \vdots \\ r_{n-1} \\ r_n \end{bmatrix} - \begin{bmatrix} a_1\alpha \\ 0 \\ \vdots \\ 0 \\ c_n\beta \end{bmatrix}$$

ただし

$$a_j = -\left(1 + \frac{h}{2}p(x_j)\right), \quad b_j = 2 + h^2 q(x_j), \quad c_j = -\left(1 - \frac{h}{2}p(x_j)\right),$$
$$r_j = r(x_j)$$

特に，$p(x) = -x$, $q(x) = 5$, $r(x) = -20x^3 - 4x$, $a = 0$, $b = 1$,$\alpha = \beta = 0$ とした場合の結果を，表 11.1 に示す．真の解は $y = x - x^5$ である．解法は LU 分解法（第 4 章演習問題 6）を用いた．

表 11.1

x	$y(x)$	Y $(h = 0.1)$	Y $(h = 0.05)$	Y $(h = 0.01)$
0.1	0.0999899	0.0986590	0.0996558	0.0999766
0.2	0.1996800	0.1970656	0.1990236	0.1996537
0.3	0.2975700	0.2937744	0.2966171	0.2975318
0.4	0.3897600	0.3849536	0.3885533	0.3897116
0.5	0.4687500	0.4631921	0.4673547	0.4686941
0.6	0.5222400	0.5163064	0.5207503	0.5221803
0.7	0.5319300	0.5261474	0.5304782	0.5318718
0.8	0.4723200	0.4674072	0.4710866	0.4722705
0.9	0.3095100	0.3064263	0.3087358	0.3094789

■**例2**　(Neumann（ノイマン）条件の処理) (11.11) における境界条件の一つ，たとえば Dirichlet（ディリクレ）条件 $y(a) = \alpha$ を Neumann 条件 $y'(a) = \alpha$ でおきかえた場合の離散化法についても触れておこう．この場合には，仮想分点 $x_{-1} = a - h$ を導入して $y'(a) = \alpha$ を

$$\frac{Y_1 - Y_{-1}}{2h} = \alpha$$

で近似する．これと x_0 における近似式

$$-\frac{Y_1 - 2Y_0 + Y_{-1}}{h^2} + p_0\alpha + q_0 Y_0 + r_0 = 0$$

とから Y_{-1} を消去して

$$\frac{1}{h^2}(2Y_0 - 2Y_1 + 2h\alpha) + p_0\alpha + q_0 Y_0 + r_0 = 0$$

すなわち

$$(2 + q_0 h^2)Y_0 - 2Y_1 = -h^2(r_0 + p_0\alpha) - 2h\alpha$$

を得る．よって解くべき差分方程式は，$b_0 = 2 + q_0 h^2$ とおいて，

$$\begin{bmatrix} b_0 & -2 & & & \\ a_1 & b_1 & c_1 & & \\ & \ddots & \ddots & \ddots & \\ & & & & c_{n-1} \\ & & & a_n & b_n \end{bmatrix} \begin{bmatrix} Y_0 \\ Y_1 \\ \vdots \\ Y_{n-1} \\ Y_n \end{bmatrix} = -h^2 \begin{bmatrix} r_0 + p_0\alpha \\ r_1 \\ \vdots \\ r_{n-1} \\ r_n \end{bmatrix} - \begin{bmatrix} 2h\alpha \\ 0 \\ \vdots \\ 0 \\ c_n\beta \end{bmatrix}$$

となる．h が十分小さければ係数行列は既約優対角 L 行列であるから，定理 2.9 によって M 行列である．Neumann 条件をこのようにして近似する方法を**仮想分点法**という．

注意 2 Lees（1961）は，定理 11.1 の仮定の下で，写像度の理論を用い，

$$h < \frac{2\theta}{M} \quad (0 < \theta < 1) \tag{11.12}$$

のとき，(11.6) の解 $Y_1, \cdots, Y_n$ はただ 1 通り存在することを示した．この場合，(11.2) の代わりに

$$y'' = f(x, y) \quad (a < x < h) \tag{11.13}$$

を考えれば，仮定 (11.12) の下で，定理 11.2 の結論を導くことがきる．実際 $y(x)$ を問題 (11.13)，(11.3) の解とし，$\boldsymbol{Y} = [Y_1, \cdots, Y_n]^t$ を

$$\mathscr{L}_h{}^*(Y_j) = -\frac{Y_{j+1} - 2Y_j + Y_{j-1}}{h^2} + f(x_j, Y_j) = 0 \quad (1 \leqq j \leqq n)$$

$$Y_0 = \alpha, \quad Y_{n+1} = \beta$$

の解とすれば，$y_j = y(x_j)$ とおくとき

$$\mathscr{L}y(x) = -y'' + f(x, y) = 0$$

に注意して

$$\mathscr{L}_h{}^* y_j = \mathscr{L}_h y_j - \mathscr{L}y(x_j) = \tau_j \quad (x_j \text{における} \mathscr{L}_h{}^* \text{の局所離散化誤差})$$

ゆえに $\mathscr{L}_h{}^*(y_j - Y_j) = \tau_j$ より

$$\mathscr{L}_h{}^*(e_j) = \frac{1}{h^2}(-e_{j+1} + 2e_j - e_{j-1}) + f_y(x_j, Y_j + \theta_j e_j)e_j = \tau_j$$

$$(1 \leqq j \leqq n)$$

ここで

$$A = \begin{bmatrix} 2 & -1 & & & \\ -1 & 2 & -1 & & \\ & \ddots & \ddots & \ddots & \\ & & & & -1 \\ & & & -1 & 2 \end{bmatrix}, \quad \boldsymbol{e} = \begin{bmatrix} e_1 \\ \vdots \\ e_n \end{bmatrix}, \quad \boldsymbol{\tau} = \begin{bmatrix} \tau_1 \\ \vdots \\ \tau_n \end{bmatrix},$$

$$\tilde{a}_j = f_y(x_j, Y_j + \theta_j e_j), \quad D = h^2 \mathrm{diag}(\tilde{a}_1, \cdots, \tilde{a}_n)$$

とおけば

$$\frac{1}{h^2}(A + D)\boldsymbol{e} = \boldsymbol{\tau}$$

D は非負対角行列であるから，A および $A + D$ は既約優対角 L 行列．したがって M 行列であり $O \leqq (A+D)^{-1} \leqq A^{-1}$ （定理 2.9，系 2.10.1）．よって

$$|\boldsymbol{e}| \leqq h^2 (A+D)^{-1} |\boldsymbol{\tau}| \leqq h^2 A^{-1} |\boldsymbol{\tau}| \tag{11.14}$$

ただし $|\boldsymbol{e}| = [\,|e_1|, \cdots, |e_n|\,]^t, \quad |\boldsymbol{\tau}| = [\,|\tau_1|, \cdots, |\tau_n|\,]^t$

さらに $\varphi(x)$ を境界値問題

$$-y'' = 1 \quad (a < x < b), \quad y(a) = y(b) = 0$$

の解 $\left(\varphi = \dfrac{1}{2}(x-a)(b-x)\right)$ とすれば $\varphi^{(4)} = 0$ であるから，$\varphi_j = \varphi(x_j)$ とおくとき

$$\begin{aligned} \frac{1}{h^2}(\varphi_{j+1} - 2\varphi_j + \varphi_{j-1}) - \varphi''(x_j) &= \frac{h^2}{12}\varphi^{(4)}(\eta) \quad (x_{j-1} < \eta < x_{j+1}\,(\S 11.1)) \\ &= 0. \end{aligned}$$

ゆえに

$$\frac{1}{h^2} A \begin{bmatrix} \varphi_1 \\ \vdots \\ \varphi_n \end{bmatrix} = \begin{bmatrix} 1 \\ \vdots \\ 1 \end{bmatrix}$$

これより $h^2 A^{-1} \begin{bmatrix} 1 \\ \vdots \\ 1 \end{bmatrix} = \begin{bmatrix} \varphi_1 \\ \vdots \\ \varphi_n \end{bmatrix}$ を得て，(11.14) より

$$|\boldsymbol{e}| \leqq \left(\max_i |\tau_i|\right) h^2 A^{-1} \begin{bmatrix} 1 \\ \vdots \\ 1 \end{bmatrix} = \|\boldsymbol{\tau}\|_\infty \begin{bmatrix} \varphi_1 \\ \vdots \\ \varphi_n \end{bmatrix}$$

$\varphi(x)$ は $x = \dfrac{a+b}{2}$ のとき最大値 $\dfrac{1}{8}(b-a)^2$ をとるから，上式より

$$|y(x_j) - Y_j| \leqq \frac{1}{8}(b-a)^2 \|\boldsymbol{\tau}\|_\infty = \begin{cases} o(1) & (y \in C^2[a,b]) \\ O(h^2) & (y \in C^4[a,b]) \end{cases} \quad (\S 11.1\ \text{問参照})$$

を得る．

11.3 楕円型偏微分方程式の境界値問題

境界 Γ をもつ 2 次元有界領域 Ω における **Dirichlet 問題**（**第 1 種境界値問題**ともいう）

$$\begin{cases} \Delta u \equiv u_{xx} + u_{yy} = f(x,y), \quad (x,y) \in \Omega & (11.15) \\ u(x,y) = g(x,y), \quad (x,y) \in \Gamma & (11.16) \end{cases}$$

を考えよう（Δ はいわゆる調和演算子（ラプラシアン）で，第 8 章で用いた前進差分とは無関係である）．$\bar{\Omega} = \Omega \cup \Gamma$，$f \in C(\bar{\Omega}) \cap C^1(\Omega)$，かつ $g \in C(\Gamma)$ ならば，(11.15)，(11.16) の解 $u \in C^1(\bar{\Omega}) \cap C^2(\Omega)$ は確かに存在する（[2]，89 頁）．それが一意に定まることは次の定理からわかる．

定理 11.3（調和関数に対する最大値原理） 関数 $u = u(x,y)$ が Ω の内部で調和（$\Delta u = 0$）であって，Ω の内部の 1 点において最大値または最小値をとるならば，u は Ω において定数である．特に，u が $\Omega \cup \Gamma$ において連続なら，u は Γ 上で最大値，最小値をとる．

実際，(11.15)，(11.16) をみたす 2 つの解 $u, v \in C^1(\bar{\Omega}) \cap C^2(\Omega)$ があれば，$w = u - v$ は Ω 内において調和かつ有界閉領域 $\Omega \cup \Gamma$ のある点 P, Q において，それぞれ最大値，最小値をとるはずであるが，上の定理により，P, Q は境界上にとることができる．しかし，Γ 上では常に $w = 0$ であるから，$\bar{\Omega}$ において $w \equiv 0$．すなわち，(11.15)，(11.16) の解は高々1 つである．

以下簡単のため，Ω として長方形領域 $\{(x,y) \mid a < x < b,\ c < y < d\}$ をとり

$$h = \frac{b-a}{n+1}, \quad x_i = a + ih \quad (0 \leqq i \leqq n+1)$$
$$k = \frac{d-c}{m+1}, \quad y_j = c + jk \quad (0 \leqq j \leqq m+1)$$
$$u_{ij} = u(x_i, y_j), \quad f_{ij} = f(x_i, y_j), \quad g_{ij} = g(x_i, y_j)$$

とおく．(11.15)，(11.16) の解 $u(x,y)$ が x, y につき C^4 級ならば

$$\begin{aligned}\Delta_{hk}u(x,y) &\equiv \frac{u(x-h,y) - 2u(x,y) + u(x+h,y)}{h^2} \\ &\quad + \frac{u(x,y-k) - 2u(x,y) + u(x,y+k)}{k^2} \\ &= \Delta u(x,y) + O(h^2) + O(k^2) \\ &= f(x,y) + O(h^2) + (k^2)\end{aligned}$$

ゆえに，u_{ij} に対する近似 U_{ij} $(1 \leqq i \leqq n, 1 \leqq j \leqq m)$ を，次の nm 元連立 1 次方程式の解として定める．

$$\Delta_{hk}{}^* U_{ij} \equiv \frac{U_{i-1\,j} - 2U_{ij} + U_{i+1\,j}}{h^2} + \frac{U_{i\,j-1} - 2U_{ij} + U_{i\,j+1}}{k^2} = f_{ij} \tag{11.17}$$

ただし，境界条件 (11.16) に基づいて，$(x_i, y_j) \in \varGamma$ のとき $U_{ij} = g_{ij}$ とおく．作用素 Δ_{hk} と $\Delta_{hk}{}^*$ の形は同じであるが，前者が連続関数に対して定義されるのに対し，後者は格子点で定義される離散関数に対して定義されるから，前節と同様に，記号を区別したのである．このとき，各 i, j につき $u_{ij} - U_{ij} = O(h^2) + O(k^2)$ であることを示そう．まず，次の定理を証明する．

定理 11.4 (離散劣調和関数に対する最大値原理)　$\bar{\varOmega}$ におけるすべての格子点 (x_i, y_j) において定義された離散関数 U_{ij} が

$$(x_i, y_j) \in \varOmega \ \Rightarrow \ \Delta_{hk}{}^* U_{ij} \geqq 0$$

をみたすときは

$$\max_{(x_i,y_j)\in\varOmega} U_{ij} \leqq \max_{(x_i,y_j)\in\varGamma} U_{ij} \tag{11.18}$$

【証明】 仮に

$$\max_{(x_i,y_j)\in\Gamma} U_{ij} < \max_{(x_i,y_j)\in\Omega\cup\Gamma} U_{ij} = U_{pq}, \quad (x_p, y_q)\in\Omega \tag{11.19}$$

とすれば，$\Delta_{hk}{}^* U_{pq} \geqq 0$ により

$$\begin{aligned} U_{pq} &\leqq \frac{h^2k^2}{2(h^2+k^2)}\left\{\frac{U_{p-1q}+U_{p+1\,q}}{h^2}+\frac{U_{p\,q-1}+U_{p\,q+1}}{k^2}\right\} \\ &= \alpha_1 U_{p-1\,q}+\alpha_2 U_{p+1\,q}+\alpha_3 U_{p\,q-1}+\alpha_4 U_{p\,q+1} \end{aligned} \tag{11.20}$$

ただし

$$\alpha_1 = \alpha_2 = \frac{k^2}{2(h^2+k^2)}, \quad \alpha_3 = \alpha_4 = \frac{h^2}{2(h^2+k^2)}$$

とおいた．$\alpha_1+\cdots+\alpha_4 = 1$ であるから，(11.20) の右辺は $U_{p-1\,q}, U_{p+1\,q}, U_{p\,q-1}$, $U_{p\,q+1}$ の荷重平均を表す．したがって，(11.19) と併せて

$$U_{p-1\,q} = U_{p+1\,q} = U_{p\,q-1} = U_{p\,q+1} = U_{pq}$$

すなわち，最大値をとる点に隣接する 4 点においても最大値がとられる．この論法を繰り返せば $U_{ij} = U_{pq}$ $(0 \leqq i \leqq n+1, 0 \leqq j \leqq m+1)$ を得て，(11.19) と矛盾する． （証明終）

系 11.4.1 $(x_i, y_j)\in\Omega$ のとき $\Delta_{hk}{}^* U_{i\,j} \leqq 0$ ならば

$$\min_{(x_i,y_j)\in\Omega} U_{ij} \geqq \min_{(x_i,y_j)\in\Gamma} U_{ij} \tag{11.21}$$

【証明】 $-U_{ij}$ に定理 11.4 を適用すればよい． （証明終）

系 11.4.2 U_{ij} に関する nm 元連立 1 次方程式 (11.17) は一意解をもつ．

【証明】 $(x_i, y_j)\in\Gamma$ のとき $U_{ij} = 0$ とおいて得られる同次方程式

$$\Delta_{hk}{}^* U_{ij} = 0 \quad (1 \leqq i \leqq n,\ 1 \leqq j \leqq m)$$

は，(11.18) と (11.21) によって，自明な解（すべての i, j につき $U_{ij} = 0$）しかもち得ない．したがって，任意の f に対し (11.17) の解は存在して一意に定まる． （証明終）

【別証明】 (11.17) の係数行列は既約優対角 L 行列であるから，定理 2.9 によって正則である． （証明終）

さて，$\mathscr{L}u=-\Delta u+f$，　$\mathscr{L}_{hk}u=-\Delta_{hk}u+f$，　$\mathscr{L}_{hk}{}^{*}U_{ij}=-\Delta_{hk}{}^{*}U_{ij}+f_{ij}$ とおけば $\mathscr{L}_{hk}$の (x_i,y_j) における局所離散化誤差 τ_{ij} は $\tau_{ij}\equiv\mathscr{L}_{hk}u(x_i,y_j)$ により定義される．ここで $\tau=\max\limits_{i,j}|\tau_{ij}|$ とおく．τ は $\mathscr{L}_{hk}$ の大域離散化誤差と呼ばれる．このとき

$$\begin{aligned}\tau_{ij} &= -\Delta_{hk}u(x_i,y_j)+f_{ij}=-\Delta_{hk}{}^{*}u(x_i,y_j)+\Delta u(x_i,y_j)\\ &=(\Delta-\Delta_{hk}{}^{*})u(x_i,y_j)\end{aligned}$$

に注意して，$u\in C^2(\bar{\Omega})$ ならば $h,k\to 0$ のとき $\tau\to 0$ が成り立つ (§11.1 問参照)．また $u\in C^4(\bar{\Omega})$ ならば $\tau=O(h^2)+O(k^2)$ である．なお τ_{ij} は

$$\tau_{ij}=-\Delta_{hk}u(x_i,y_j)+\Delta_{hk}{}^{*}U_{ij}=-\Delta_{hk}{}^{*}(u_{ij}-U_{ij})$$

とかくことができる．

われわれの目的は，次の定理を証明することであった．

定理 11.5　$\mathscr{L}_{hk}{}^{*}$ の大域離散化誤差を τ とするとき，

$$|u_{ij}-U_{ij}|\leqq\frac{(b-a)^2}{2}\tau\to 0\quad(h,k\ \to\ 0)$$

特に，$u(x,y)$ が x,y につき C^4 級ならば

$$u_{ij}-U_{ij}=O(h^2)+O(k^2)$$

【証明】　$e_{ij}=u_{ij}-U_{ij}$ とおけば $\tau=\max\limits_{(x_i,y_j)\in\Omega}|\Delta_{hk}{}^{*}e_{ij}|$ である．
さらに

$$V_{ij}=e_{ij}+\tau\varphi_{ij},\quad \varphi_{ij}=\frac{1}{2}(ih)^2$$

とおけば

$$e_{ij}\leqq V_{ij}\tag{11.22}$$

かつ $(x_i,y_j)\in\Omega$ に対し

$$\Delta_{hk}{}^{*}V_{ij}=\Delta_{hk}{}^{*}e_{ij}+\tau\Delta_{hk}{}^{*}\varphi_{ij}=\Delta_{hk}{}^{*}e_{ij}+\tau\geqq 0$$

ゆえに定理 11.4 を適用して

$$\max_{\Omega} V_{ij} \leqq \max_{\Gamma} V_{ij} \leqq \max_{\Gamma} e_{ij} + \frac{\tau}{2} \max_{(x_i,y_j)\in\Gamma} (ih)^2 = \frac{\tau}{2}(b-a)^2 \quad (11.23)$$

一方，$W_{ij} = e_{ij} - \tau\varphi_{ij}$ とおけば，同様に

$$W_{ij} \leqq e_{ij} \quad \text{かつ} \quad \Delta_{hk}{}^{*}W_{ij} = \Delta_{hk}{}^{*}e_{ij} - \tau \leqq 0 \quad (11.24)$$

ゆえに，系 11.4.1 により

$$\min_{\Omega} W_{ij} \geqq \min_{\Gamma} W_{ij} \geqq \min_{\Gamma} e_{ij} - \frac{\tau}{2} \max_{(x_i,y_j)\in\Gamma} (ih)^2 = -\frac{\tau}{2}(b-a)^2 \quad (11.25)$$

(11.22)～(11.25) により，結局，次の不等式が得られた．

$$-\frac{\tau}{2}(b-a)^2 \leqq e_{ij} \leqq \frac{\tau}{2}(b-a)^2, \quad x_i, y_j \in \Omega \quad (11.26)$$

定理 11.2 の証明と同様に，u が x, y につき C^2 級ならば，$h, k \to 0$ のとき $\tau \to 0$ である．

特に，u が x, y につき C^4 級のとき，

$$\begin{aligned} \tau_{ij} = \Delta_{hk}{}^{*}e_{ij} &= \Delta_{hk}u(x_i, y_j) - f_{ij} \\ &= \Delta_{hk}u(x_i, y_j) - \Delta u(x_i, y_j) \\ &= O(h^2) + O(k^2), \quad (x_i, y_j) \in \Omega \end{aligned}$$

したがって

$$\tau = O(h^2) + O(k)^2$$

これを (11.26) に代入すれば証明が完了する．　（証明終）

●**注意**　前節注意 2 と同様に，M 行列の理論を用いて定理 11.5 を証明することもできる（松永・山本 [37] 参照）．読者の演習問題としよう．

以上の議論の特別な場合として，$h = k$ ととれば (11.17) は

$$U_{i-1\,j} + U_{i+1\,j} + U_{i\,j-1} + U_{i\,j+1} - 4U_{ij} = h^2 f_{ij} \quad (1 \leqq i \leqq n, 1 \leqq j \leqq m) \quad (11.27)$$

となる．これを **5 点差分公式**という．図 11.2 のようにかけば，わかりやすい．

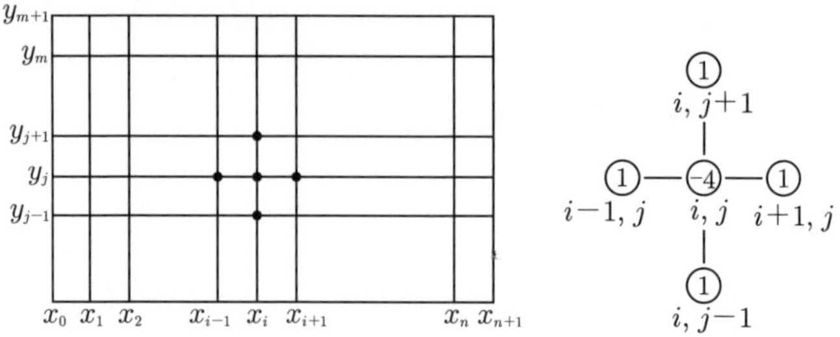

図 11.2

さらに

$$
\begin{aligned}
\boldsymbol{U} &= [U_{11}, U_{21}, \cdots, U_{n1}; U_{12}, U_{22}, \cdots, U_{n2}; \cdots, U_{1m}, U_{2m}, \cdots, U_{nm}]^t \\
\boldsymbol{f} &= [f_{11}, f_{21}, \cdots, f_{n1}; f_{12}, f_{22}, \cdots, f_{n2}; \cdots; f_{1m}, f_{2m}, \cdots, f_{nm}]^t \\
&\qquad (nm\text{ 次}) \\
\boldsymbol{g} &= [g_{01} + g_{10}, g_{20}, \cdots, g_{n-1\,0}, g_{n0} + g_{n+1\,1}; g_{02}, 0, \cdots, 0, g_{n+1\,2}; \cdots; \\
&\quad g_{0\,m-1}, 0, \cdots, 0, g_{n+1\,m-1}; \\
&\quad g_{0m} + g_{1\,m+1}, g_{2\,m+1}, \cdots, g_{n-1\,m+1}, g_{n\,m+1} + g_{n+1\,m}]^t \quad (nm\text{ 次})
\end{aligned}
$$

$$
H = \begin{bmatrix} 4 & -1 & & \\ -1 & 4 & -1 & \\ & \ddots & \ddots & \ddots \\ & & & -1 \\ & & -1 & 4 \end{bmatrix} \quad (n\text{ 次}),
$$

$$
A = \begin{bmatrix} H & -I & & \\ -I & H & -I & \\ & \ddots & \ddots & \ddots \\ & & & -I \\ & & -I & H \end{bmatrix} \quad (nm\text{ 次})
$$

とおけば，A は既約優対角 L 行列（§2.6）で (11.27) は

$$
A\boldsymbol{U} = \boldsymbol{g} - h^2\boldsymbol{f} \quad (nm\text{ 元連立 1 次方程式}) \tag{11.28}
$$

とかける．これを解くには，第 4 章に記した方法を含むいろいろな解法が，用いられる．

11.4 放物型方程式に対する初期 – 境界値問題

半無限帯状領域における 1 次元熱伝導方程式の初期－境界値問題

$$u_t = u_{xx}, \quad 0 < x < 1,\ t > 0 \tag{11.29}$$

$$u(x,0) = f(x),\ 0 \leqq x \leqq 1 \qquad (\text{初期条件}) \tag{11.30}$$

$$u(0,t) = u(1,t) = 0,\ t > 0 \qquad (\text{境界条件}) \tag{11.31}$$

を例にとる．有限時間 $0 < t \leqq T$ において解 $u = u(x,t)$ を近似するために

$$x_i = ih \quad (0 \leqq i \leqq n+1), \quad h = \frac{1}{n+1}$$
$$t_j = jk \quad (0 \leqq j \leqq m+1), \quad k = \frac{T}{m+1}$$
$$u_{ij} = u(x_i, t_j), \quad f_i = f(x_i)$$

とおく．すると，(11.29) に対する最も素朴な差分近似式は

$$\frac{U_{i\,j+1} - U_{ij}}{k} = \frac{U_{i-1\,j} - 2U_{ij} + U_{i+1\,j}}{h^2}$$

ここで $r = k/h^2$ とおき，上式を

$$U_{i\,j+1} = U_{ij} + r(U_{i-1\,j} - 2U_{ij} + U_{i+1\,j}) \tag{11.32}$$

と書き直す．この式は，$t = t_{j+1}$ における近似解 $U_{i\,j+1}$ を，$t = t_j$ における近似解の 1 次結合として表しているから，まず，条件 (11.30)，(11.31) を用いて U_{i1} $(1 \leqq i \leqq n)$ を定め，以下順次 U_{i2} $(1 \leqq i \leqq n)$, U_{i3} $(1 \leqq i \leqq n), \cdots$ と定めていくことができる．(11.32) を**陽型公式**という．

公式の安定性

ところで，実計算において誤差はつきものであるが，初期値 $U_{i0} = f_i$ に計算誤差 ε_i が介入したとき，以下の計算の結果にそれがどのような影響を及ぼすであろうか．これを調べるために

$$\boldsymbol{U}^{(j)} = \begin{bmatrix} U_{1j} \\ U_{2j} \\ \vdots \\ U_{nj} \end{bmatrix}, \quad A = \begin{bmatrix} 1-2r & r & & & \\ r & 1-2r & r & & \\ & \ddots & \ddots & \ddots & \\ & & & & r \\ & & & r & 1-2r \end{bmatrix} \quad (n \text{ 次}) \tag{11.33}$$

とおき，(11.32) を行列表示すれば

$$\boldsymbol{U}^{(j+1)} = A\boldsymbol{U}^{(j)} = A(A\boldsymbol{U}^{(j-1)}) = \cdots = A^j\boldsymbol{U}^{(0)} \tag{11.34}$$

したがって，$\tilde{\boldsymbol{U}}^{(0)} = \boldsymbol{U}^{(0)} + \boldsymbol{\varepsilon}$ から出発して得られる近似解 $\tilde{\boldsymbol{U}}^{(j)}$ は，途中の計算は正確として

$$\tilde{\boldsymbol{U}}^{(j+1)} \equiv A\tilde{\boldsymbol{U}}^{(j)} = A^j\tilde{\boldsymbol{U}}^{(0)} \tag{11.35}$$

をみたす．ゆえに，$\mathbf{e}^{(j)} = \tilde{\boldsymbol{U}}^{(j)} - \boldsymbol{U}^{(j)}$ とおくとき，(11.34)，(11.35) によって，次式が成り立つ．

$$\mathbf{e}^{(j+1)} = A^j\mathbf{e}^{(0)} \tag{11.36}$$

A は n 次対称行列であるから，実固有値 $\lambda_1, \cdots, \lambda_n$ と対応する n 個の正規直交固有ベクトル $\boldsymbol{v}_1, \cdots, \boldsymbol{v}_n$ をもつ．$\mathbf{e}^{(0)}$ をそれらの 1 次結合により表し

$$\mathbf{e}^{(0)} = \sum_{i=1}^{n} c_i\boldsymbol{v}_i \quad (c_1, \cdots, c_n \text{ は実数})$$

とおけば

$$\mathbf{e}^{(j+1)} = \sum_{i=1}^{n} c_i\lambda_i^j\boldsymbol{v}_i, \quad ||\mathbf{e}^{(j+1)}||_2 = \sqrt{\sum_{i=1}^{n} c_i^2\lambda_i^{2j}}$$

ゆえに，$j \to \infty$ のとき，誤差 $\mathbf{e}^{(j)}$ が限りなく拡大伝播されないための，すなわち，$||\mathbf{e}^{(j)}||_2$ が有界であるための必要十分条件は，n を任意に固定するとき，常に

$$|\lambda_i| \leqq 1 \quad (1 \leqq i \leqq n)$$

が成り立つことである．このとき，公式 (11.32) は**安定である**という．一般に，反復 (11.32)（または (11.34)）が安定であるとは，任意に与えられた $T > 0$ に

対して，h, k に無関係な定数 $\kappa > 0$ を適当にとれば，任意の $\boldsymbol{U}^{(0)}$ につき

$$||\boldsymbol{U}^{(j)}||_2 = ||A^j \boldsymbol{U}^{(0)}||_2 \leqq \kappa ||\boldsymbol{U}^{(0)}||_2, \quad j = 0, 1, 2, \cdots, m$$

とできるときをいう．A が対称であれば，これは $\rho(A) \leqq 1$ を意味する．以上の考察から明らかなように，安定でない公式を用いてはいけない．

さて，(11.33) の固有値は

$$\lambda_i = 1 - 4r \sin^2 \frac{i\pi}{2(n+1)} \quad (1 \leqq i \leqq n) \tag{11.37}$$

で与えられる（付録 F 命題 F.2）から，

$$\begin{aligned} & \text{任意の } n \text{ につき} \quad |\lambda_i| \leqq 1 \quad (1 \leqq i \leqq n) \\ \Leftrightarrow \ & \text{任意の } n \text{ につき} \quad -1 \leqq 1 - 4r \sin^2 \frac{i\pi}{2(n+1)} \leqq 1 \quad (1 \leqq i \leqq n) \\ \Leftrightarrow \ & \text{任意の } n \text{ につき} \quad r \leqq \frac{1}{2 \sin^2 \dfrac{i\pi}{2(n+1)}} \quad (1 \leqq i \leqq n) \\ \Leftrightarrow \ & r \leqq \frac{1}{2} \end{aligned}$$

結局，陽型公式 (11.32) は，$0 < r = k/h^2 \leqq 1/2$ のとき，かつそのときに限り安定であることがわかった．

公式の収束性

次に，この公式の収束性を調べよう．前節と同様

$$\begin{aligned} \mathscr{L} u(x,t) &= u_t - u_{xx} \\ \mathscr{L}_{hk} u(x,t) &= \frac{u(x,t+k) - u(x,t)}{k} - \frac{u(x-h,t) - 2u(x,t) + u(x+h,t)}{h^2} \\ \mathscr{L}_{hk}{}^* U_{ij} &= \frac{U_{i\,j+1} - U_{ij}}{k} - \frac{U_{i+1\,j} - 2U_{ij} + U_{i-1\,j}}{h^2} \end{aligned}$$

とおく．作用素 $\mathscr{L}_{hk}$ と $\mathscr{L}_{hk}{}^*$ の形は同じであるが，前者が連続関数に対して定義されるのに対し，後者は格子点で定義される離散関数に対して定義されるから，再び記号を区別したのである．このとき，u_t, u_{xx} の連続性を仮定すれば，点 (x_i, t_j) における $\mathscr{L}_{hk}$ の局所離散化誤差 τ_{ij} は

$$\tau_{ij} \equiv \mathscr{L}_{hk}u(x_i, t_j) = u_t(x_i, \eta_{ij}) - u_{xx}(\xi_{ij}, t_j)$$
$$(t_j < \eta_{ij} < t_{j+1},\ x_{i-1} < \xi_{ij} < x_{i+1}) \quad (11.38)$$
$$= \mathscr{L}_{hk}u(x_i, t_j) - \mathscr{L}u(x_i, t_j) \quad (\because\ \mathscr{L}u = 0)$$
$$= \{u_t(x_i, \eta_{ij}) - u_t(x_i, t_j)\} - \{u_{xx}(\xi_{ij}, t_j) - u_{xx}(x_i, t_j)\}$$

とかける．したがって，u_t, u_{xx} が連続ならば $h, k \to 0$ のとき $\tau_{ij} \to 0$．また，$f(x)$ に適当な条件を付加して，u_{tt}, u_{xxxx} の連続性を仮定すれば

$$\tau_{ij} = \mathscr{L}_{hk}u(x_i, t_j) - \mathscr{L}u(x_i, t_j) = \frac{k}{2}u_{tt}(x_i, \tilde{\eta}_{ij}) - \frac{h^2}{12}u_{xxxx}(\tilde{\xi}_{ij}, t_j)$$
$$(t_j < \tilde{\eta}_{ij} < t_{j+1},\ x_{i-1} < \tilde{\xi}_{ij} < x_{i+1}) \quad (11.39)$$

ともかける．

以上の準備の下に，次のことを証明しよう．

定理 11.6　$r = k/h^2$ を $0 < r \leqq 1/2$ に固定するとき

$$|u_{ij} - U_{ij}| \leqq T \max\{|\mathscr{L}_{hk}u(x, t)|\ ;\ 0 \leqq x \leqq 1,\ 0 \leqq t \leqq T\}$$

したがって，u_t, u_{xx} が連続ならば，$h \to 0$ のとき，U_{ij} は解 u_{ij} に収束する．特に，u_{tt}, u_{xxxx} が存在して連続ならば

$$u_{ij} - U_{ij} = O(h^2)$$

【証明】　$e_{ij} = u_{ij} - U_{ij}$ とおく．$\mathscr{L}u(x, t) = \mathscr{L}_{hk}{}^*U_{ij} = 0$ であるから

$$\tau_{ij} = \mathscr{L}_{hk}u(x_i, t_j) - \mathscr{L}u(x_i, t_j) = \mathscr{L}_{hk}u(x_i, t_j) - \mathscr{L}_{hk}{}^*U(x_i, t_j)$$
$$= \frac{e_{i\,j+1} - e_{ij}}{k} - \frac{e_{i-1\,j} - 2e_{ij} + e_{i+1\,j}}{h^2}$$

すなわち

$$e_{i\,j+1} = re_{i-1\,j} + (1 - 2r)e_{ij} + re_{i+1\,j} + k\tau_{ij} \quad (11.40)$$

が成り立つ．ここで

$$\varepsilon_j = \max_{1 \leqq i \leqq n} |e_{ij}|, \quad \tau = \max_{i,j} |\tau_{ij}|$$

とおけば，$1-2r \geqq 0$ に注意して，(11.40) より

$$|e_{i\,j+1}| \leqq r\varepsilon_j + (1-2r)\varepsilon_j + r\varepsilon_j + k\tau = \varepsilon_j + k\tau$$

i は任意であったから，$\varepsilon_0 = 0$ に注意して，上式より

$$\varepsilon_{j+1} \leqq \varepsilon_j + k\tau \leqq \varepsilon_{j-1} + k\tau + k\tau \leqq \cdots \leqq \varepsilon_0 + (j+1)k\tau \leqq T\tau$$

ゆえに，任意の i, j につき

$$|e_{ij}| \leqq T \max\{\ |\mathscr{L}_{hk}u(x,t)\ |\ ;\ 0 \leqq x \leqq 1,\ 0 \leqq t \leqq T\} \qquad (11.41)$$

もし，u_t, u_{xx} が $[0,1]\times[0,T]$ で連続なら，そこで一様連続でもあるから，r を固定し $h \to 0$ とするとき，(11.38) によって

$$\mathscr{L}_{hk}u(x,t) = u_t(x, t+\theta_1 k) - u_{xx}(x+\theta_2 h, t) \quad (0 < \theta_1,\ \theta_2 < 1)$$

は，x, t に関して一様に 0 に収束する．ゆえに，U_{ij} は (11.29)，(11.30) の解に収束する．さらに，u_{tt}, u_{xxxx} が存在して連続ならば，(11.39)，(11.41) より

$$e_{ij} = O(k) + O(h^2) = O(h^2)$$

を得る．（証明終）

11.5 無条件安定な公式

実計算においては，t 方向の刻み幅 k をなるべく大きくとりたい場合が多いから，任意の $r = k/h^2$ に対して安定な差分公式を工夫することは意味がある．いま，$u \in C^4([0,1]\times[0,T])$ と仮定し，関数 u_t, u_{xx} を点 $(x_i, t_j + k/2)$ のまわりに展開すれば

$$\frac{u_{i\,j+1} - u_{ij}}{k} = u_t\left(x_i, t_j + \frac{1}{2}k\right) + O(k^2)$$

$$\frac{\theta(u_{i-1\,j+1} - 2u_{i\,j+1} + u_{i+1\,j+1}) + (1-\theta)(u_{i-1\,j} - 2u_{ij} + u_{i+1\,j})}{h^2}$$
$$= u_{xx}\left(x_i, t_j + \frac{k}{2}\right) + k\left(\theta - \frac{1}{2}\right)u_{xxxx}\left(x_i, t_j + \frac{k}{2}\right) + \frac{h^2}{12}u_{xxxx}(x_i, \xi_{ij})$$

ただし，$t_j < \xi_{ij} < t_j + k/2$，かつ θ は $0 \leqq \theta \leqq 1$ をみたす任意の定数である．

これより差分公式

$$\frac{U_{i\,j+1}-U_{ij}}{k} = \frac{\theta(U_{i-1\,j+1}-2U_{i\,j+1}+U_{i+1\,j+1})+(1-\theta)(U_{i-1\,j}-2U_{ij}+U_{i+1\,j})}{h^2} \tag{11.42}$$

をつくり行列表示すれば，$r=k/h^2$ として，

$$\begin{bmatrix} 2r\theta+1 & -r\theta & & & \\ -r\theta & 2r\theta+1 & -r\theta & & \\ & \ddots & \ddots & \ddots & \\ & & & & -r\theta \\ & & & -r\theta & 2r\theta+1 \end{bmatrix} \begin{bmatrix} U_{1\,j+1} \\ U_{2\,j+1} \\ \vdots \\ U_{n\,j+1} \end{bmatrix}$$

$$= \begin{bmatrix} 1-2r(1-\theta) & r(1-\theta) & & & \\ r(1-\theta) & 1-2r(1-\theta) & r(1-\theta) & & \\ & \ddots & \ddots & \ddots & \\ & & & & r(1-\theta) \\ & & & r(1-\theta) & 1-2r(1-\theta) \end{bmatrix} \begin{bmatrix} U_{1j} \\ U_{2j} \\ \vdots \\ U_{nj} \end{bmatrix}$$

ここで $U^{(j)}$ を前節 (11.33) のように定義し，

$$A = \begin{bmatrix} 2 & -1 & & & \\ -1 & 2 & -1 & & \\ & \ddots & \ddots & \ddots & \\ & & & & -1 \\ & & & -1 & 2 \end{bmatrix}, \quad I = \begin{bmatrix} 1 & & & \\ & 1 & & \\ & & \ddots & \\ & & & 1 \end{bmatrix} \quad (n\text{ 次単位行列})$$

とおけば，上式はさらに次のようにかける．

$$\begin{aligned} (I+r\theta A)U^{(j+1)} &= \{I-r(1-\theta)A\}U^{(j)} \\ U^{(j+1)} &= (I+r\theta A)^{-1}\{I-r(1-\theta)A\}U^{(j)} \end{aligned}$$

対称行列 $B=(I+r\theta A)^{-1}\{I-r(1-\theta)A\}$ の固有値は，命題 F.2 によって

$$\mu_i = \frac{1-4r(1-\theta)\sin^2\dfrac{i\pi}{2(n+1)}}{1+4r\theta\sin^2\dfrac{i\pi}{2(n+1)}} \quad (1 \leqq i \leqq n) \tag{11.43}$$

で与えられるから，差分公式 (11.42) が安定であるための必要十分条件は，任意の i につき $-1 \leqq \mu_i \leqq 1$，すなわち

$$2r(1-2\theta)\sin^2\frac{n\pi}{2(n+1)} \leqq 1 \quad (n \geqq 1)$$

が成り立つことである．ここで $n \to \infty$ とすれば，上式は

$$2r(1-2\theta) \leqq 1$$

と同値である．結局，(11.42) の安定条件は次のようになる．

$$0 \leqq \theta < \frac{1}{2} \quad \text{のとき} \quad r \leqq \frac{1}{2-4\theta} \tag{11.44}$$

$$\frac{1}{2} \leqq \theta \leqq 1 \quad \text{のときは無条件} \tag{11.45}$$

特に，$\theta = 1/2$ のとき **Crank-Nicolson**（クランク・ニコルソン）**の**（**陰型**）**公式**，$\theta = (6r-1)/12r$ のとき **Gelfand-Lokutsievski**（ゲルファント・ロクチーフスキー）**の公式**という．上の考察によって，これらは任意の r につき安定であることを知る．なお，$2r(1-\theta) \leqq 1$（r は固定する）ならば，仮定 $u \in C^4$ の下で，次の評価式が成り立つ．

$$|u_{ij} - U_{ij}| \leqq O\left(\left(\theta - \frac{1}{2}\right)k + \frac{1}{12}h^2\right) \tag{11.46}$$

証明は定理 11.6 の場合と同様である（各自試みよ）．ゆえに，Crank-Nicolson 法は $O(h^2)$ の収束，Gelfand-Lokutsievski 法は $o(h^2)$ の収束である．

■問　(11.46) を証明せよ．

11.6 補足（S–W近似とS–S近似）

§11.2，§11.3 において，区間を等分割して中心差分を用いる差分法の収束を論じた．本節では，必ずしも均等でない分点を用いる差分法（Shortley-Weller（ショートリィ・ウェラー）近似，以下 S-W 近似）と Δu の極座標表示 $\dfrac{1}{r}\dfrac{\partial}{\partial r}\left(r\dfrac{\partial u}{\partial r}\right) + \dfrac{1}{r^2}\dfrac{\partial^2 u}{\partial\theta^2}$ の原点における取り扱い（Swartztrauber-Sweet（スワルツトラウバー・スイート）近似，以下 S-S 近似）につき述べる．

11.6.1 2点境界値問題に対するS–W近似

線形2点境界値問題

$$\mathscr{L}u(x) \equiv -\frac{d}{dx}\left(p(x)\frac{du}{dx}\right) + q(x)u = f(x), \quad a < x < b \qquad (11.47)$$

$$u(a) = \alpha, \quad u(b) = \beta$$

を考える．ただし，$p \in C^4[a,b]$, $q, f \in C[a,b]$, $p > 0$, $q \geqq 0$ とする．このとき

$$a = x_0 < x_1 < \cdots < x_n < x_{n+1} = b, \qquad (11.48)$$

$$h_i = x_i - x_{i-1}, \quad h = \max_i h_i,$$

$$x_{i+\frac{1}{2}} = \frac{1}{2}(x_i + x_{i+1}), \quad p_i = p(x_i), \quad u_i = u(x_i),$$

等として，関係式

$$\frac{d}{dx}\left(p(x)\frac{du}{dx}\right)_{x=x_i} = \frac{p_{i+\frac{1}{2}}\dfrac{u_{i+1}-u_i}{h_{i+1}} - p_{i-\frac{1}{2}}\dfrac{u_i - u_{i-1}}{h_i}}{(h_{i+1}+h_i)/2} + O(h_{i+1}-h_i) + O\left(\frac{{h_{i+1}}^3 + {h_i}^3}{h_{i+1}+h_i}\right) \qquad (11.49)$$

を用いて (11.47) を差分近似すれば，差分方程式は

$$\mathscr{L}_h{}^* U_i = -\frac{2}{h_{i+1}+h_i}\left[\frac{p_{i+\frac{1}{2}}(U_{i+1}-U_i)}{h_{i+1}} - \frac{p_{i-\frac{1}{2}}(U_i - U_{i-1})}{h_i}\right] + q_i U_i = f_i,$$

$$(i = 1, 2, \cdots, n) \qquad (11.50)$$

$$U_0 = \alpha, \quad U_{n+1} = \beta \qquad (11.51)$$

ここに U_i は真値 u_i に対する近似値を表す．近似

$$\frac{d}{dx}\left(p(x)\frac{du}{dx}\right)_{x=x_i} \fallingdotseq \frac{2}{h_{i+1}+h_i}\left[\frac{p_{i+\frac{1}{2}}(u_{i+1}-u_i)}{h_{i+1}} - \frac{p_{i-\frac{1}{2}}(u_i - u_{i-1})}{h_i}\right]$$

を Shortley–Weller（S–W）近似という．(11.50), (11.51) を行列・ベクトル表示すれば

$$(HA + Q)\boldsymbol{U} = \boldsymbol{b} \qquad (11.52)$$

とかける．ただし

$$H = \mathrm{diag}\left(\frac{2}{h_1+h_2}, \cdots, \frac{2}{h_n+h_{n+1}}\right), \quad Q = \mathrm{diag}(q_1, \cdots, q_n),$$

$$A = \begin{bmatrix} a_1+a_2 & -a_2 & & & \\ -a_2 & a_2+a_3 & -a_3 & & \\ & \ddots & \ddots & \ddots & \\ & & & & -a_n \\ & & & -a_n & a_n+a_{n+1} \end{bmatrix}, \quad a_i = p_{i-\frac{1}{2}}/h_i$$

$$\boldsymbol{U} = \begin{bmatrix} U_1 \\ \vdots \\ U_n \end{bmatrix}, \quad \boldsymbol{f} = \begin{bmatrix} f_1 \\ \vdots \\ f_n \end{bmatrix}, \quad \boldsymbol{b} = \boldsymbol{f} + \begin{bmatrix} 2a_1\alpha/(h_1+h_2) \\ 0 \\ \vdots \\ 0 \\ 2a_{n+1}\beta/(h_n+h_{n+1}) \end{bmatrix}$$

また，x_i における $\mathscr{L}_h{}^*$ の局所離散化誤差（局所打ち切り誤差）τ_i は

$$\begin{aligned} \tau_i &= \mathscr{L}_h{}^* u(x_i) - f(x_i) \\ &= \mathscr{L}_h{}^* u(x_i) - \mathscr{L} u(x_i) \\ &= \begin{cases} O(h) & (h_i \neq h_{i+1}) \\ O(h^2) & (h_i = h_{i+1}) \end{cases} \end{aligned}$$

ゆえに $\boldsymbol{u} = [u_1, \cdots, u_n]^t$, $\boldsymbol{\tau} = [\tau_1, \cdots, \tau_n]^t$ とおくとき

$$(HA+Q)\boldsymbol{u} = \boldsymbol{b} + \boldsymbol{\tau} \tag{11.53}$$

(11.52), (11.53) より

$$(HA+Q)(\boldsymbol{u} - \boldsymbol{U}) = \boldsymbol{\tau}$$

行列 HA および $HA+Q$ は既約優対角な L 行列であって，$HA+Q \geqq HA$ かつ $O < (HA+Q)^{-1} \leqq HA^{-1}$（定理 2.9 と系 2.10.1）．よって

$$\begin{aligned} |\boldsymbol{u} - \boldsymbol{U}| = |(A+Q)^{-1}H^{-1}\boldsymbol{\tau}| &\leqq A^{-1}H^{-1}|\boldsymbol{\tau}| \\ &\leqq \|\boldsymbol{\tau}\|_\infty A^{-1}H^{-1}\boldsymbol{e} \end{aligned} \tag{11.54}$$

ただし $|\boldsymbol{u} - \boldsymbol{U}|$, $|\boldsymbol{\tau}|$ は $\boldsymbol{u} - \boldsymbol{U}, \boldsymbol{\tau}$ の各成分を絶対値でおきかえて得られる列ベクトルを表し，$\boldsymbol{e}$ は各成分が 1 の列ベクトルを表す．ここで，$\varphi(x)$ を

$$-\frac{d}{dx}\left(p(x)\frac{du}{dx}\right) = 1, \quad u(a) = u(b) = 0$$

の解とすれば,

$$\sigma_j \equiv \mathscr{L}_h{}^* \varphi(x_j) = \mathscr{L}_h{}^* \varphi(x_j) - \mathscr{L}\varphi(x_j) = O(h_{j+1} - h_j) \to 0 \quad (h \to 0)$$

であるから, $\boldsymbol{\varphi} = [\varphi_1, \cdots, \varphi_n]^t, \boldsymbol{\sigma} = [\sigma_1, \cdots, \sigma_n]^t$ とおくとき

$$HA\boldsymbol{\varphi} = \boldsymbol{e} + \boldsymbol{\sigma} \geqq \frac{1}{2}\boldsymbol{e}$$

これより $A^{-1}H^{-1}\boldsymbol{e} \leqq 2\boldsymbol{\varphi} < \infty$ を得る. したがって, (11.54) より

$$|\boldsymbol{u} - \boldsymbol{U}| \leqq 2||\boldsymbol{\tau}||_\infty \boldsymbol{\varphi} = \begin{cases} O(h) & ((h_1, \cdots, h_{n+1}) \neq (h, \cdots, h)) \\ O(h^2) & (h_1 = \cdots = h_{n+1} = h) \end{cases}$$

であるが, 実は $(HA + Q)^{-1}\boldsymbol{\tau}$ をさらに詳しく調べることにより, どのような分割 (11.48) に対しても

$$\max_i |u_i - U_i| = O(h^2)$$

を示すことができる. したがって, 解法の離散化誤差（打ち切り誤差）の大きさを表す量 $||\boldsymbol{\tau}||_\infty$ は必ずしも数値解の誤差を正確に反映するものではない.

11.6.2 2次元境界値問題に対するS–W近似

Ω を $\boldsymbol{R}^2$ の有界な任意形状領域とし, Dirichlet 境界値問題

$$-\Delta u + c(x, y)u = f(x, y), \quad (x, y) \in \Omega, \quad c(x, y) \geqq 0 \qquad (11.55)$$

$$u = g(x, y), \quad (x, y) \in \partial\Omega = \Gamma \ (\Omega\text{の境界}) \qquad (11.56)$$

を考える. x 軸と y 軸に平行に, 刻み幅 $\Delta x = \Delta y = h$ の等間隔の直線を引き Ω 上に差分ネット Ω_h をつくる. このとき, 通常の格子点では 5 点公式が適用可能であるが, 図 11.3 のように境界附近に半端な格子点 P がもしあれば, そのような点では中心差分近似が使えない. このような場合には §11.6.1 で述べた S–W 近似の 2 次元版を適用することができる. すなわち P に隣接する 4 点を図 11.4 のごとく $\mathrm{P_E}, \mathrm{P_W}, \mathrm{P_S}, \mathrm{P_N}$ とし, それらと P との間の距離をそれぞれ $h_\mathrm{E}, h_\mathrm{W}, h_\mathrm{S}, h_\mathrm{N}$ とし $\Delta u(P) = u_{xx}(P) + u_{yy}(P)$ を

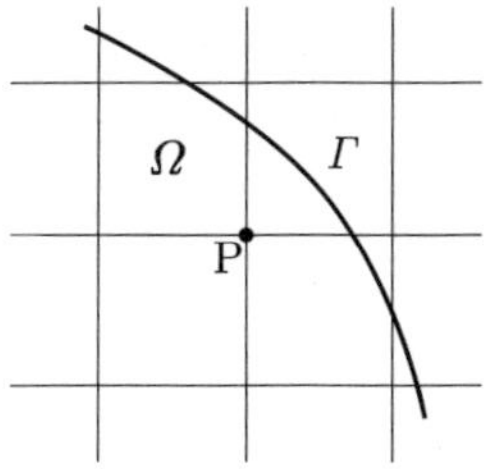

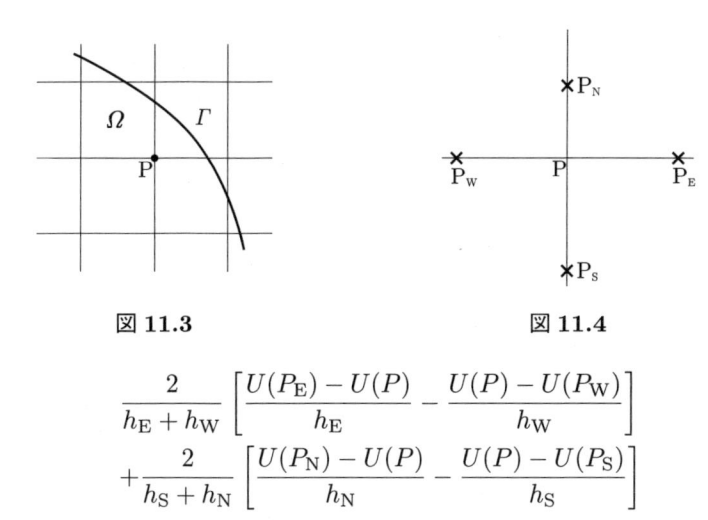

図 11.3

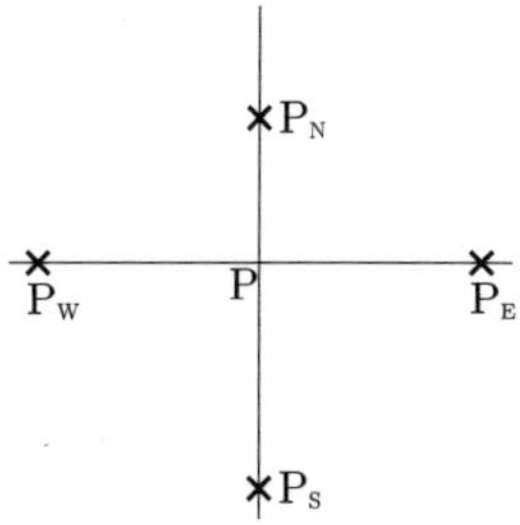

図 11.4

$$\frac{2}{h_{\mathrm{E}}+h_{\mathrm{W}}}\left[\frac{U(P_{\mathrm{E}})-U(P)}{h_{\mathrm{E}}}-\frac{U(P)-U(P_{\mathrm{W}})}{h_{\mathrm{W}}}\right]$$
$$+\frac{2}{h_{\mathrm{S}}+h_{\mathrm{N}}}\left[\frac{U(P_{\mathrm{N}})-U(P)}{h_{\mathrm{N}}}-\frac{U(P)-U(P_{\mathrm{S}})}{h_{\mathrm{S}}}\right]$$

により近似する．$h_{\mathrm{E}}=h_{\mathrm{W}}=h_{\mathrm{S}}=h_{\mathrm{N}}$ ならばこの近似は 5 点中心差分公式と一致するから，S–W 近似はその一般化とみなせる．Bramble–Hubbard（ブランブル・ハバード，1962）は $c(x,y)\equiv 0$ のとき，境界 Γ の附近に半端な格子点が存在して，その点における S–W 近似の局所離散化誤差が $O(h)$ であっても，$u\in C^4(\bar{\Omega})$ ならば，差分解の誤差は全域で

$$|u(P)-U(P)|=O(h^2),\quad \forall P\in\Omega_h$$

であることを示した．したがって，Ω がどのような形状であっても，委細かまわず差分格子をつくり，S–W 近似を行えば，半端な格子点の存在の有無にかかわらず，仮定 $u\in C^4(\bar{\Omega})$ の下で，2 次精度の差分解が得られるのである．なお，その場合，境界付近の格子点における差分解の精度は 3 次である（松永・山本 [37]）．

11.6.3 極座標系における Δu のS–S近似

Ω を 2 次元開円板 $\{(x,y)\mid x^2+y^2<R^2,\, R>0\}$ とし，Ω における Dirichlet 問題 (11.55)，(11.56) を考える．Bramble–Hubbard の結果によって，Ω 上にたて横等間隔の直線を引いて差分格子をつくり，S–W 近似すれば 2 次精度 ($O(h^2)$) の数値解が得られる．しかし，この場合は

$$x=r\cos\theta,\quad y=r\sin\theta,\quad 0<r<R,\quad 0\leqq\theta<2\pi$$

により極座標変換し，(r,θ) 空間における長方形 $[0,R]\times[0,2\pi]$ において差分近似する方が簡単であろう．このとき，(11.55)，(11.56) の極座標表示は

$$-\left[\frac{1}{r}\frac{\partial}{\partial r}\left(r\frac{\partial u}{\partial r}\right)+\frac{1}{r^2}\frac{\partial^2 u}{\partial\theta^2}\right]+c(r,\theta)u=f(r,\theta),\quad 0<r<R,\ 0\leqq\theta<2\pi$$

$$u=g(\theta),\quad r=R,\quad 0\leqq\theta<2\pi$$

$$\left(\begin{array}{l} c(r\cos\theta,r\sin\theta),\ f(r\cos\theta,r\sin\theta),\ g(R\cos\theta,R\sin\theta) \\ \text{をあらためて}\ c(r,\theta),f(r,\theta),g(\theta)\ \text{とかく}\end{array}\right)$$

であり，離散化は次のように行う．

$$h=\varDelta r=\frac{R}{m+1},\quad r_i=ih,\quad i=0,\frac{1}{2},1,\cdots,m+\frac{1}{2},m+1 \tag{11.57}$$

$$k=\varDelta\theta=\frac{2\pi}{n},\quad \theta_j=jk,\quad j=0,1,2,\cdots,n \tag{11.58}$$

$$\begin{aligned}-\Bigg[\frac{1}{r_ih^2}\{r_{i+\frac{1}{2}}(U_{i+1\,j}-U_{ij})-r_{i-\frac{1}{2}}(U_{ij}-U_{i-1\,j})\}\\ +\frac{1}{r_i^2k^2}(U_{i\,j+1}-2U_{ij}+U_{i\,j-1})\Bigg]+c_{ij}U_{ij}=f_{ij},\\ i=1,2,\cdots,m,\quad j=0,1,2,\cdots,n-1\end{aligned} \tag{11.59}$$

$$U_{in}=U_{i0}\ (\forall i),\quad U_{0j}=U_{00}\ (\forall j),\quad U_{m+1\,j}=g_j\ (\forall j) \tag{11.60}$$

$$\left(1+\frac{c_{00}}{4}h^2\right)U_{00}-\frac{1}{n}\sum_{j=0}^{n-1}U_{1j}=\frac{h^2}{4}f_{00} \tag{11.61}$$

ただし，U_{ij} は $P_{ij}=(r_i,\theta_j)$ における $u_{ij}=u(r_i\cos\theta_j,r_i\sin\theta_j)$ の近似を表す．この近似は $c=0$ の場合に Swartztrauber–Sweet（1973）により提案されたものであって，Strikwerda–Nagel（ストリケルダ・ネゲル，1986）は，その場合，(11.61) の局所離散化誤差（局所打ち切り誤差）τ_{00} は仮定 $u\in C^4(\bar{\Omega})$ の下で $O(h^4)+O(k^4)$ であることを注意するとともに，数値実験により得られる差分解 $\{U_{ij}\}$ の精度は，全域で 2 次であることを報告している．この結果は数学的に正しく，次が成り立つ（松永・山本 [36]）．

定理 11.7　**(S–S 近似の収束性)**　差分近似 (11.57)∼(11.61) に対応する $mn+1$ 元連立 1 次方程式

$$(A+C)\boldsymbol{U}=\boldsymbol{b}$$

を解く．ただし

$$A=\begin{bmatrix} 1 & -\frac{1}{n}\boldsymbol{e}_n^t & & & & \\ -\frac{1}{2h^2}\boldsymbol{e}_n & A_1+\frac{2}{h^2}I_n & -D_1^+ & & & \\ & -D_2^- & A_2+\frac{2}{h^2}I_n & -D_2^+ & & \\ & & \ddots & \ddots & \ddots & \\ & & & & & -D_{m-1}^+ \\ & & & & -D_m^- & A_m+\frac{2}{h^2}I_n \end{bmatrix}$$

$$A_i=\frac{1}{(r_ik)^2}\begin{bmatrix} 2 & -1 & & -1 \\ -1 & 2 & -1 & \\ & \ddots & \ddots & \ddots \\ & & & -1 \\ -1 & & -1 & 2 \end{bmatrix}\quad (n\times n\ \text{既約優対角 L 行列})$$

$$D_i^-=\frac{1}{r_ih}\left(i-\frac{1}{2}\right)I_n,\quad D_i^+=\frac{1}{r_ih}\left(i+\frac{1}{2}\right)I_n,\quad 1\leqq i\leqq m$$

$$C=\mathrm{diag}\left(\frac{c_{00}}{4}h^2,C_1,\cdots,C_m\right),\quad C_i=\mathrm{diag}(c_{i0},c_{i1},\cdots,c_{i\,n-1})^t,$$

$$\boldsymbol{e}_n=[1,1,\cdots,1]^t\quad (n\ \text{次元ベクトル})$$

$$\boldsymbol{U}=[U_{00},U_{10},\cdots,U_{1\,n-1},\cdots,U_{m0},U_{m1},\cdots,U_{m\,n-1}]^t$$

かつ $\boldsymbol{b}$ は f_{ij} と境界条件から定まるベクトルである．このとき $u\in C^4(\bar{\Omega})$ かつ $k^2\leqq Mh$ （M は h と k に無関係な定数）ならば

$$|u_{ij}-U_{ij}|=O(h^2+k^2)(R-r_i)\quad 0\leqq i\leqq m,\ 0\leqq j\leqq n-1.$$

○**付記** 境界値問題 (11.55)，(11.56) を極座標表示して解く場合，原点における解 u の振る舞いを

$$\lim_{r\to 0} r\frac{\partial u}{\partial r} = 0 \tag{11.62}$$

により規定する場合がある．この場合の処理法については，A.A.Samarsky－V.B. Andreev, Difference Methods for Elliptic Equations（ロシア語），*Nauka*, Moscow 1976 に記述がある (この事実は京都大学野木達夫教授に御教示いただいた)．以下，同書に従い，方程式

$$-\Delta_{r,\theta}u \equiv -\left[\frac{1}{r}\frac{\partial}{\partial r}\left(r\frac{\partial u}{\partial r}\right)+\frac{1}{r^2}\frac{\partial^2 u}{\partial \theta^2}\right] = f(r,\theta)$$

につき述べる．これを離散化するために，まず

$$r_i = \left(i+\frac{1}{2}\right)h,\ i=0,1,2,\cdots,\ h=\varDelta r\ (r\text{ 方向の刻み幅})$$

$$\theta_j = jk,\ j=0,1,2,\cdots,M-1,\ k=\varDelta\theta=\frac{2\pi}{M}\ (\theta\text{方向の刻み幅})$$

とおく．$r=r_i\ (i \geqq 1)$, $\theta=\theta_j\ (j\geqq 0)$ においては中心差分近似 (11.59) を適用すればよいから，問題は $r=r_0$ における差分式の構成である．そのために等式

$$\int_{\varepsilon}^{h}\int_{\theta_j-\frac{k}{2}}^{\theta_j+\frac{k}{2}}\{\Delta_{r,\theta}u+f(r,\theta)\}rdrd\theta = 0$$

から出発して積分の順序を交換すれば

$$\int_{\theta_j-\frac{k}{2}}^{\theta_j+\frac{k}{2}}\left[r\frac{\partial u}{\partial r}\right]_{\varepsilon}^{h}d\theta + \int_{\varepsilon}^{h}\frac{1}{r}\left\{\frac{\partial u}{\partial\theta}\left(r,\theta_j+\frac{k}{2}\right)-\frac{\partial u}{\partial\theta}\left(r,\theta_j-\frac{k}{2}\right)\right\}dr$$
$$+\int_{\varepsilon}^{h}rdr\int_{\theta_j-\frac{k}{2}}^{\theta_j+\frac{k}{2}}f(r,\theta)d\theta = 0$$

ここで $\varepsilon\to 0$ とすれば，(11.62) によって

$$h\int_{\theta_j-\frac{k}{2}}^{\theta_j+\frac{k}{2}}\frac{\partial u}{\partial r}(h,\theta)d\theta + \int_{0}^{h}\frac{1}{r}\left\{\frac{\partial u}{\partial\theta}\left(r,\theta_j+\frac{k}{2}\right)-\frac{\partial u}{\partial\theta}\left(r,\theta_j-\frac{k}{2}\right)\right\}dr$$
$$+\int_{0}^{h}rdr\int_{\theta_j-\frac{k}{2}}^{\theta_j+\frac{k}{2}}f(r,\theta)d\theta = 0$$

h,k を十分小さくとり，上の各積分を中点則により近似すれば

$$hk\frac{\partial u}{\partial r}(h,\theta_j)+2\left\{\frac{\partial u}{\partial\theta}\left(\frac{h}{2},\theta_j+\frac{k}{2}\right)-\frac{\partial u}{\partial\theta}\left(\frac{h}{2},\theta_j-\frac{k}{2}\right)\right\}+\frac{h^2k}{2}f\left(\frac{h}{2},\theta_j\right)\fallingdotseq 0$$

両辺を $\frac{1}{2}h^2k$ で割り

$$\frac{2}{h}\frac{\partial u}{\partial r}(h,\theta_j)+\left(\frac{2}{h}\right)^2\frac{\dfrac{\partial u}{\partial \theta}\left(r_0,\theta_j+\dfrac{k}{2}\right)-\dfrac{\partial u}{\partial \theta}\left(r_0,\theta_j-\dfrac{k}{2}\right)}{k}+f(r_0,\theta_j)\fallingdotseq 0$$

さらに関係式

$$\begin{aligned}
&\frac{\partial u}{\partial r}(h,\theta_j)=\frac{u(r_1,\theta_j)-u(r_0,\theta_j)}{h}+O(h^2),\\
&\frac{1}{k}\left\{\frac{\partial u}{\partial \theta}\left(r_0,\theta_j+\frac{h}{2}\right)-\frac{\partial u}{\partial \theta}\left(r_0,\theta_j-\frac{h}{2}\right)\right\}\\
=\ &\frac{\partial^2 u}{\partial \theta^2}(r_0,\theta_j)+O(k^2)\\
=\ &\frac{1}{k^2}\{u(r_0,\theta_{j+1})-2u(r_0,\theta_j)+u(r_0,\theta_{j-1})\}+O(k^2)
\end{aligned}$$

を用いて，$r=r_0$ における差分式

$$\frac{2}{h}\cdot\frac{U_{1j}-U_{0j}}{h}+\left(\frac{2}{h}\right)^2\frac{U_{0\ j+1}-2U_{0j}+U_{0\ j-1}}{k^2}+f_{0j}=0$$

を得る．これと $r=r_1,r_2,\cdots$ における差分式とを組み合わせて，連立 1 次方程式を解けば誤差 $O(h^2)$ の精度をもつ差分解が得られる．実際，係数行列は既約優対角 L 行列したがって M 行列であり，§11.2 注意 2，§11.6.1 等と同じ議論が通用するのである．

演習問題

1 線形境界値問題

$$y''=p(x)y'+q(x)y+r(x),\quad a\leqq x\leqq b \tag{11.63}$$

$$y(a)=\alpha,\quad y(b)=\beta \tag{11.64}$$

は次のようにして解けることを示せ．k_1,k_2 を任意にとり，初期条件 $y(a)=\alpha$, $y'(a)=k_i$ の下に (11.63) を解く．その解を $u_i(x)$ とする $(i=1,2)$．定数 θ を $\theta u_1(b)+(1-\theta)u_2(b)=\beta$ なるように定めるとき

$$y=\theta u_1(x)+(1-\theta)u_2(x)$$

は (11.63)，(11.64) の解である．この方法はすべての場合に有効か．

2 $p(x)$ が C^3 級，$y(x)$ が C^4 級のとき，次のことを示せ．

(i) $(p(x)y')'|_{x=x_i}$

$$=\frac{1}{2h^2}\{(p_{i+1}+p_i)(y_{i+1}-y_i)-(p_i+p_{i-1})(y_i-y_{i-1})\}+O(h^2)$$

（ii）　$(p(x)y')'|_{x=x_i} = \dfrac{1}{h^2}\{p_{i+\frac{1}{2}}(y_{i+1}-y_i) - p_{i-\frac{1}{2}}(y_i - y_{i-1})\} + O(h^2)$

ただし，$x_{i+1} = x_i + h$, $p_{i+j} = p(x_i + jh)$, $y_i = y(x_i)$，等.

3　楕円型境界値問題

$$\begin{cases} -\Delta u + \dfrac{1+e^u}{2} = 0, & |x| \leqq 1, \quad |y| \leqq 1 \\ u(\pm 1, y) = u(x, \pm 1) = 0 \end{cases}$$

を差分近似し，$u(0,0)$ の値を求めよ（$u(x,y) = u(-x,y) = u(y,x)$ なる事実を使え）.

4　極座標に関する Laplace 方程式の境界値問題

$$\frac{\partial^2 u}{\partial r^2} + \frac{1}{r}\frac{\partial u}{\partial r} + \frac{1}{r^2}\frac{\partial^2 u}{\partial \theta^2} = 0 \quad (0 < R_1 < r < R_2, \quad 0 \leqq \theta < 2\pi)$$

$$u = \alpha \quad (r = R_1 \text{ のとき}), \quad u = \beta \quad (r = R_2 \text{ のとき})$$

を差分近似せよ.

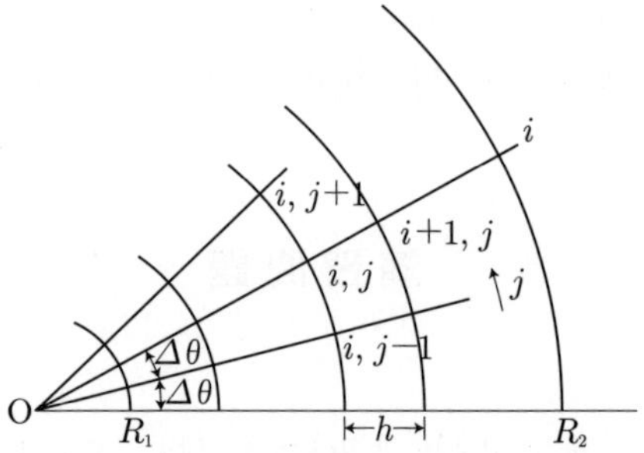

図 11.5

5　適当な初期-境界条件の下で，放物型方程式

$$u_t = u_{xx}, \quad 0 \leqq x \leqq 1, \quad t \geqq 0$$

を，次の差分公式を用いて解く.

$$\frac{U_{i\,j+1} - (1-\theta)U_{ij} - \theta U_{i\,j-1}}{(1+\theta)k} = \frac{U_{i-1\,j} - 2U_{ij} + U_{i+1\,j}}{h^2}$$

$0 \leqq \theta \leqq 1$, $r = k/h^2$ として，この公式の安定条件を導け.

6 Crank–Nicolson 法を用いて，次の方程式を解け．

$$\begin{cases} u_t = u_{xx} \\ u(x,0) = \begin{cases} 2x & \left(x \in \left[0, \dfrac{1}{2}\right]\right), \quad u(x+1,t) = u(x,t) \\ 2(1-x) & \left(x \in \left[\dfrac{1}{2}, 1\right]\right) \end{cases} \end{cases}$$

$h = k = 0.2$ としたとき，$u(0.4, 0.2)$ はいくらか．

7 $u_t = u_x$ に関する差分近似

$$U_{i\,j+1} = U_{ij} + \frac{1}{2}r(4U_{i+1\,j} - U_{i+2\,j} - 3U_{ij}) + \frac{1}{2}r^2(U_{i+2\,j} - 2U_{i+1\,j} + U_{ij})$$

を考える．ただし，$r = k/h$ とおく．

(i) この公式の局所離散化誤差はいくらか．

(ii) この公式が安定であるための条件を求めよ．

8 問題 2，(i) を利用して，偏微分方程式

$$\begin{cases} u_t = (u \cdot u_x)_x \\ u(x,0) = 300 + 3(x-4)^2 \quad (0 \leqq x \leqq 4) \\ u(0,t) = 348, \quad u(4,t) = 300 \quad (t \geqq 0) \end{cases}$$

を差分近似せよ．また，$h = 1$，　$k = 10^{-3}$ として，$t = 0.003$ まで積分せよ．

9 導関数境界条件をもつ熱方程式

$$\begin{aligned} &u_t = u_{xx} \quad (0 < x < 1, t > 0) \\ &\frac{\partial u}{\partial x}(0,t) = a_1(u - c_1) \quad (t \geqq 0) \\ &\frac{\partial u}{\partial x}(1,t) = -a_2(u - c_2) \quad (t \geqq 0) \end{aligned}$$

を陽型公式により差分近似せよ．安定条件はどうなるか．ただし，a_1, a_2, c_1, c_2 は定数で，$a_1 \geqq 0$，　$a_2 \geqq 0$ とする．

12 有限要素法

12.1 有限要素法の概要

微分方程式の数値解法として，1950 年代後半から 1960 年代前半にかけて，エンジニアにより開発された有限要素法は，2 次元問題の場合，領域を適当な小 3 角形に分割して解をスプライン補間するものであって，差分法にくらべて領域分割が自由にできる．計算量は増すが，とにかく数値解を求めたいエンジニアにとって，きわめて実用性に富む手法といえる．この方法は現在偏微分方程式を解く最有力な方法となっている．

その大要を手早く知るために，次の境界値問題を例にとろう．

$$\begin{cases} -\Delta u(x,\,y) = f(x,\,y), & (x,\,y) \in \Omega \quad (\text{有界領域}) \qquad (12.1) \\ u(x,\,y) = 0, & (x,\,y) \in \Gamma \quad (\Omega\text{の境界}) \qquad (12.2) \end{cases}$$

以下，簡単のため Ω は多角形と仮定する．このとき，区分的 1 次式を用いて (12.1)，(12.2) を解く有限要素法は，次の手順に従う．

(Ⅰ) Ω を有限個の 3 角形 $E_1, E_2, \cdots$ に分割する（図 12.1）．

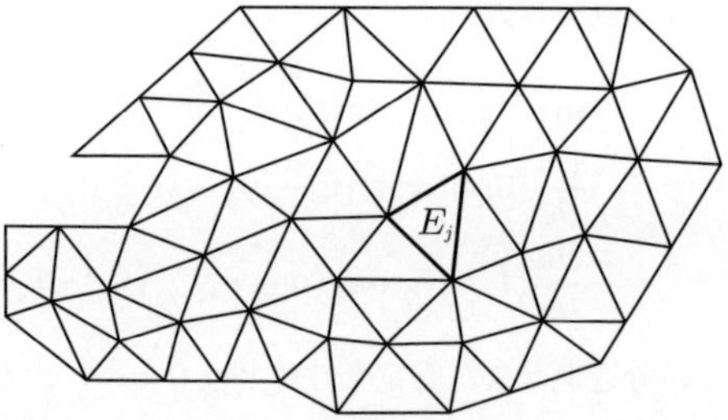

図 **12.1**

(Ⅱ) すべての 3 角形 E_j の頂点（節点という）を，適当な順序で，$\mathrm{P}_1, \cdots, \mathrm{P}_N$ と並べる

(Ⅲ) P_i を頂点にもつ 3 角形の集合を $\mathscr{E}(i)$ とかく．関数 $\varphi_i(x,\,y)$ を次式により定義する（図 12.2）．

$$\varphi_i(x, y) = \begin{cases} a_j{}^{(i)} + b_j{}^{(i)}x + c_j{}^{(i)}y & ((x, y) \in E_j \in \mathscr{E}(i)) \\ 1 & ((x, y) = \mathrm{P}_i) \\ 0 & ((x, y) \in E_j \notin \mathscr{E}(i)) \end{cases}$$

3 角形 $E_j \in \mathscr{E}(i)$ の 3 頂点を $\mathrm{P}_i, \mathrm{P}_k, \mathrm{P}_l$ とすれば，係数 $a_j{}^{(i)}$, $b_j{}^{(i)}$, $c_j{}^{(i)}$ は次式より定まる．

$$\varphi_i(P_i) = 1, \quad \varphi_i(P_k) = \varphi_i(P_l) = 0 \quad \text{（演習問題 1）}$$

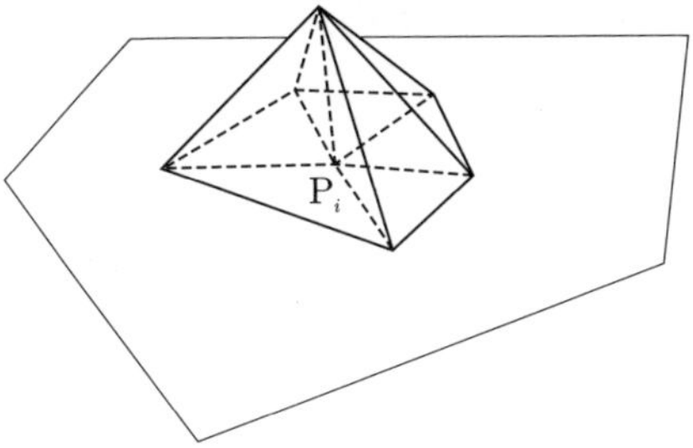

図 12.2 $\varphi_i(x, y)$

(IV) 後に示すように，関数空間を適当に設定するとき，(12.1)，(12.2) を解くことと積分

$$F(u) = \iint_{\Omega} \{(u_x)^2 + (x_y)^2 - 2f \cdot u\} dxdy \qquad (12.3)$$

を最小にする関数 u を見い出すこと（**変分問題**を解くこと）とは同値である．この事実に着目して

$$a_{ij} = \iint_{\Omega} \left(\frac{\partial \varphi_i}{\partial x} \frac{\partial \varphi_j}{\partial x} + \frac{\partial \varphi_i}{\partial y} \frac{\partial \varphi_j}{\partial y} \right) dxdy$$

（$\mathrm{P}_j \notin E_j \in \mathscr{E}(i)$ ならば $a_{ij} = 0$ に注意）

$$f_j = \iint_{\Omega} f(x, y)\varphi_j(x, y) dxdy \quad \text{（数値積分を実行する）}$$

とおき，α_j に関する次の連立 1 次方程式を解く．

$$a_{i1}\alpha_1 + a_{i2}\alpha_2 + \cdots + a_{iN}\alpha_N = f_i \quad (i = 1, 2, \cdots, N)$$

解を $\alpha_1{}^*, \cdots, \alpha_N{}^*$ とする．

(V) 後に示すように，$\varphi_1, \cdots, \varphi_N$ の張る空間の中で，積分 (12.3) を最小にする関数は

$$\varphi^*(x, y) = \alpha_1{}^*\varphi_1(x, y) + \cdots + \alpha_N{}^*\varphi_N(x, y)$$

に限る．しかも $\varphi_i(P_j) = \delta_{ij}$ により $\varphi^*(P_i) = \alpha_i{}^*$ が成り立つ．よって，$\mathrm{P}_1, \cdots, \mathrm{P}_N$ における（有限要素）近似解として，それぞれ $\alpha_1{}^*, \cdots, \alpha_N{}^*$ を採用する．

以下，代表的な問題に対する，この方法の正当性を証明し，近似解の誤差を評価しよう．

12.2 常微分方程式への適用

Sturm–Liouville（スツルム・リュウビル）型の 2 点境界値問題

$$-\frac{d}{dx}\left(p(x)\frac{dy}{dx}\right) + q(x)y = g(x), \quad a < x < b \tag{12.4}$$

$$y(a) = \alpha, \quad y(b) = \beta \tag{12.5}$$

を考える．ただし

$$p(x) \in C^1[a,b], \quad q(x), g(x) \in C[a,b] \tag{12.6}$$

$$p(x) \geqq p_* > 0, \quad q(x) \geqq 0 \quad (a \leqq x \leqq b) \tag{12.7}$$

を仮定する．このとき，定理 11.1 によって，(12.4)，(12.5) はただ 1 つの解 $y(x)$ をもつ．

いま，x の 1 次式 $l(x)$ を，$l(a) = \alpha$，$l(b) = \beta$ をみたすように定めれば，$u(x) = y(x) - l(x)$ は明らかに

$$-\frac{d}{dx}\left(p(x)\frac{du}{dx}\right) + q(x)u = g(x) - q(x)\,l(x) + l'(x)\,p'(x),$$

$$u(a) = u(b) = 0$$

をみたす．ゆえに，以下，(12.4)，(12.5) の代わりに，次の境界値問題を考える．

$$\begin{cases} \mathscr{L}u \equiv -\dfrac{d}{dx}\left(p(x)\dfrac{du}{dx}\right) + q(x)u = f(x) & (12.8) \\ u(a) = u(b) = 0 & (12.9) \end{cases}$$

微分作用素 $\mathscr{L}$ の定義域を

$$\mathscr{D} = \{u(x) \in C^2[a, b] \mid u(a) = u(b) = 0\}$$

とおけば (12.8), (12.9) は簡単に

$$\mathscr{L}\, u = f, \quad u \in \mathscr{D}$$

とかける．さらに，内積とノルムを

$$(u,\, v) = \int_a^b u\,(x)\, v\,(x)\, dx, \quad ||u||_2 = \sqrt{(u,\, u)}$$

により定義する．内積（ , ）の性質については § 8.6 で述べた．また，$||u||_2$ は § 3.2 における（ベクトル）ノルムの公理をみたす．

命題 12.1　作用素 $\mathscr{L}$ は $\mathscr{D}$ 上正定値対称である．すなわち

$$(\mathscr{L}\, u,\, v) = (u,\, \mathscr{L}\, v), \quad u,\, v \in \mathscr{D} \quad \text{かつ} \quad (\mathscr{L}\, u,\, u) > 0, \quad u \neq 0$$

【証明】　$\mathscr{D}$ の 2 元 u, v に対し

$$\int_a^b -(pu')'vdx = -pu'v\Big|_a^b + \int_a^b pu'v'dx = \int_a^b pu'v'dx$$

ゆえに

$$(\mathscr{L}\, u,\, v) = \int_a^b \{-(pu')' + qu\}vdx = \int_a^b \{pu'v' + quv\}dx \qquad (12.10)$$

右辺は u, v につき対称であるから $(\mathscr{L}\, u,\, v) = (u,\, \mathscr{L}\, v)$ にも等しい．（証明終）

ところで，(12.10) の最後の積分が意味をもつためには，必ずしも $u, v \in \mathscr{D}$ を要しない．いま，次の条件をみたす関数 $\varphi\,(x)$ の全体を考え，それを $PC^1\,(a,\, b)$ とかく．

(i)　$\varphi\,(x) \in C\,[a,\, b]$　（したがって $||\varphi||_\infty \equiv \max_{a \leqq x \leqq b} |\varphi\,(x)| < \infty$）

(ii)　$[a,\, b]$ の適当な分割 Δ : $a = x_0 < x_1 < \cdots < x_n = b$ をとれば，各開区間 $(x_i,\, x_{i+1})$ $(0 \leqq i \leqq n-1)$ において $\varphi\,(x)$ は C^1 級

(iii)　$||\varphi'||_\infty \equiv \max_{0 \leqq i \leqq n-1} \sup_{x \in (x_i, x_i+1)} |\varphi'(x)| < \infty$　(12.11)

少なくともこのような関数に対し，(12.10) の最後の積分は存在するから

$$\mathscr{D}^* = \{\varphi(x) \in PC^1(a, b) \mid \varphi(a) = \varphi(b) = 0\}$$

$$[\varphi, \psi] = \int_a^b (p\varphi'\psi' + q\varphi\psi)dx, \quad \varphi, \psi \in \mathscr{D}^*$$

とおけば，$\mathscr{D}^*$ はベクトル空間をなし，$\mathscr{D}^* \supset \mathscr{D}$ かつ $[\ ,\ ]$ は，$\mathscr{D}^*$ 上の内積を与える．さらに，$\varphi \in \mathscr{D}^*$，$u \in \mathscr{D}$ のとき次式が成り立つ．

$$(\varphi, \mathscr{L}u) = [\varphi, u] \tag{12.12}$$

命題 12.2 仮定 (12.6)，(12.7) の下で，

$$u \in \mathscr{D}, u \neq 0 \quad なら \quad [u, u] = (\mathscr{L}u, u) > 0 \tag{12.13}$$

また

$$\lambda = \frac{p_*}{b-a}, \quad \Lambda = (b-a)||p||_\infty + (b-a)^3||q||_\infty$$

とおくとき

$$\varphi \in \mathscr{D}^* \quad なら \quad \lambda||\varphi||_\infty{}^2 \leqq [\varphi, \varphi] \leqq \Lambda||\varphi'||_\infty{}^2 \tag{12.14}$$

【証明】 (12.13) は (12.10) より明らかである．(12.14) を示そう．$\varphi \in \mathscr{D}^*$ ならば，$a \leqq x \leqq b$ のとき，

$$\varphi(x) = \int_a^x \varphi'(t)dt$$

とかけて，Schwarz（シュワルツ）の不等式により

$$\varphi(x)^2 \leqq \int_a^x 1^2 dt \int_a^x \varphi'(t)^2 dt \leqq (b-a)\int_a^x \varphi'(t)^2 dt$$

したがって，仮定(iii)により

$$||\varphi||_\infty{}^2 \leqq (b-a)\int_a^b \varphi'(t)^2 dt \leqq (b-a)^2||\varphi'||_\infty{}^2 \tag{12.15}$$

(12.15) の最初の不等式により

$$\begin{aligned}[\varphi, \varphi] &= \int_a^b \{p(t)\varphi'(t)^2 + q(t)\varphi(t)^2\}dt \\ &\geqq \int_a^b p(t)\varphi'(t)^2 dt \geqq p_* \int_a^b \varphi'(t)^2 dt \geqq \frac{p_*}{b-a}||\varphi||_\infty{}^2\end{aligned}$$

一方，(12.15) の結論の式 $||\varphi||_\infty{}^2 \leqq (b-a)^2||\varphi'||_\infty{}^2$ を用いて

$$\begin{aligned}[\varphi,\,\varphi] &= \int_a^b \{p\,(t)\varphi'(t)^2 + q(t)\varphi(t)^2\}dt \\ &\leqq (b-a)||p||_\infty||\varphi'||_\infty{}^2 + (b-a)||q||_\infty||\varphi||_\infty{}^2 \\ &\leqq (b-a)||p||_\infty||\varphi'||_\infty{}^2 + (b-a)^3||q||_\infty||\varphi'||_\infty{}^2 = \Lambda||\varphi'||_\infty{}^2\end{aligned}$$

を得る． （証明終）

命題 12.3 $u\,(x)$ を境界値問題 (12.8)，(12.9) の解とする．$\mathscr{D}^*$ 上の汎関数 F を

$$F\,(\varphi) = [\varphi,\,\varphi] - 2(\varphi,\,f), \quad \varphi \in \mathscr{D}^*$$

により定義すれば，$F(u)$ は $F(\varphi)$ のただ 1 つの最小値を与える．すなわち

$$F\,(\varphi) > F\,(u), \quad \varphi \in \mathscr{D}^*, \quad \varphi \neq u$$

【証明】 $\mathscr{L}u = f$ かつ $u \in \mathscr{D}$．ゆえに，$\varphi \neq u$ ならば，(12.12) を用いて

$$\begin{aligned}F\,(\varphi) &= [\varphi,\,\varphi] - 2\,(\varphi,\,\mathscr{L}u) = [\varphi,\,\varphi] - 2\,[\varphi,\,u] + [u,\,u] - [u,\,u] \\ &= [\varphi - u,\,\varphi - u] - [u,\,u] \\ &> -[u,\,u] = F\,[u] \quad (\because\ [u,\,u] = (u,\,\mathscr{L}u) = (u,\,f))\end{aligned}$$

（証明終）

命題 12.4 S を $\mathscr{D}^*$ の N 次元部分空間，$\varphi_1, \cdots, \varphi_N$ をその基底，

$$\min_{\varphi\in S} F\,(\varphi) = F\,(\varphi^*), \quad \varphi^* = \sum_{i=1}^N \alpha_i{}^*\varphi_i$$

とすれば，係数 $\alpha_1{}^*, \cdots, \alpha_N{}^*$ は，次の連立 1 次方程式の解として，一意に定まる．

$$A\boldsymbol{\alpha} = \boldsymbol{d} \tag{12.16}$$

$$A = \begin{bmatrix} [\varphi_1, \varphi_1] & \cdots & [\varphi_1,\ \varphi_N] \\ \vdots & & \vdots \\ [\varphi_N, \varphi_1] & \cdots & [\varphi_N, \varphi_N] \end{bmatrix},\ \boldsymbol{\alpha} = \begin{bmatrix} \alpha_1 \\ \vdots \\ \alpha_N \end{bmatrix},\ \boldsymbol{d} = \begin{bmatrix} (\varphi_1, f) \\ \vdots \\ (\varphi_N, f) \end{bmatrix}$$

【証明】 A は 1 次独立な N 個の元 $\varphi_1, \cdots, \varphi_N$ からつくられる Gram（グラム）行列であるから正定値対称，したがって正則である（第 8 章演習問題 5）．

ゆえに (12.16) の解は一意に定まる．それを $\boldsymbol{\alpha}^* = [\alpha_1{}^*, \cdots, \alpha_N{}^*]^t$ とし，$\Phi(\boldsymbol{\alpha}) = F(\Sigma\alpha_i\varphi_i)$ とおけば

$$\begin{aligned}
\Phi(\boldsymbol{\alpha}) &= \left[\sum_{i=1}^{N}\alpha_i\varphi_i,\ \sum_{i=1}^{N}\alpha_i\varphi_i\right] - 2\left(\sum_{i=1}^{N}\alpha_i\varphi_i,\ f\right) \\
&= \sum_{i,j=1}^{N}[\varphi_i,\varphi_j]\alpha_i\alpha_j - 2\sum_{i=1}^{N}(\varphi_i, f)\alpha_i \\
&= \boldsymbol{\alpha}^t A\boldsymbol{\alpha} - 2\boldsymbol{\alpha}^t\boldsymbol{d} \\
&= \boldsymbol{\alpha}^t A\boldsymbol{\alpha} - 2\boldsymbol{\alpha}^t(A\boldsymbol{\alpha}^*) \\
&= (\boldsymbol{\alpha}-\boldsymbol{\alpha}^*)^t A(\boldsymbol{\alpha}-\boldsymbol{\alpha}^*) - \boldsymbol{\alpha}^{*t}A\boldsymbol{\alpha}^* \quad (\boldsymbol{\alpha}^{*t}A\boldsymbol{\alpha} = \boldsymbol{\alpha}^t A\boldsymbol{\alpha}^* \text{ に注意}) \\
&\geqq -\boldsymbol{\alpha}^* A\boldsymbol{\alpha}^* = \boldsymbol{\alpha}^{*t}A\boldsymbol{\alpha}^* - 2\boldsymbol{\alpha}^{*t}\boldsymbol{d} = \Phi(\boldsymbol{\alpha}^*)
\end{aligned}$$

等号が成り立つのは $(\boldsymbol{\alpha}-\boldsymbol{\alpha}^*)^t A(\boldsymbol{\alpha}-\boldsymbol{\alpha}^*) = 0$，すなわち，$\boldsymbol{\alpha} = \boldsymbol{\alpha}^*$ のときに限る． （証明終）

かくて，次の定理が成り立つ．

定理 12.1 $u(x)$ を境界値問題 (12.8)，(12.9) の解とすれば，命題 12.4 の仮定の下で，

$$\min_{\varphi\in S}[\varphi-u, \varphi-u] = [\varphi^*-u, \varphi^*-u]$$

$$\|\varphi^*-u\|_\infty \leqq \sqrt{\frac{\Lambda}{\lambda}}\,\|\varphi'-u'\|_\infty \quad (\varphi\in S) \tag{12.17}$$

が成り立つ．ただし，λ，Λ は命題 12.2 で定義された定数である．

【証明】 $\varphi\in S$ ならば $\varphi-u\in\mathscr{D}^*$ かつ

$$[\varphi-u, \varphi-u] = [\varphi,\varphi] - 2[\varphi,u] + [u,u] = F(\varphi) + [u,u]$$

であるから，

$$\begin{aligned}
\min_{\varphi\in S}[\varphi-u, \varphi-u] &= \min_{\varphi\in S}F(\varphi) + [u,u] \\
&= F(\varphi^*) + [u,u] = [\varphi^*-u, \varphi^*-u]
\end{aligned}$$

ゆえに，任意の元 $\varphi\in S$ に対し，命題 12.2 により，

$$\begin{aligned}\lambda\|\varphi^* - u\|_\infty{}^2 &\leqq [\varphi^* - u, \varphi^* - u] \\ &\leqq [\varphi - u, \varphi - u] \\ &\leqq \Lambda\|\varphi' - u'\|_\infty{}^2\end{aligned}$$

したがって

$$\|\varphi^* - u\|_\infty \leqq \sqrt{\frac{\Lambda}{\lambda}}\,\|\varphi' - u'\|_\infty \qquad \text{(証明終)}$$

例1 分割 $\Delta : a = x_0 < x_1 < \cdots < x_n = b$ を固定し，Δ に属する 1 次のスプライン関数 $\varphi(x)$ で，$\varphi(a) = \varphi(b) = 0$ をみたすものの全体を S とする．S は $\mathscr{D}^*$ の $n-1$ 次元部分空間で，その基底 $\varphi_1, \cdots, \varphi_{n-1}$ は，たとえば

$$\varphi_i(x) = \begin{cases} \dfrac{x - x_{i-1}}{h_i} & (x_{i-1} \leqq x \leqq x_i) \\ \dfrac{x_{i+1} - x}{h_{i+1}} & (x_i < x \leqq x_{i+1}) \quad (h_i = x_i - x_{i-1}) \\ 0 & (\text{その他}) \end{cases}$$

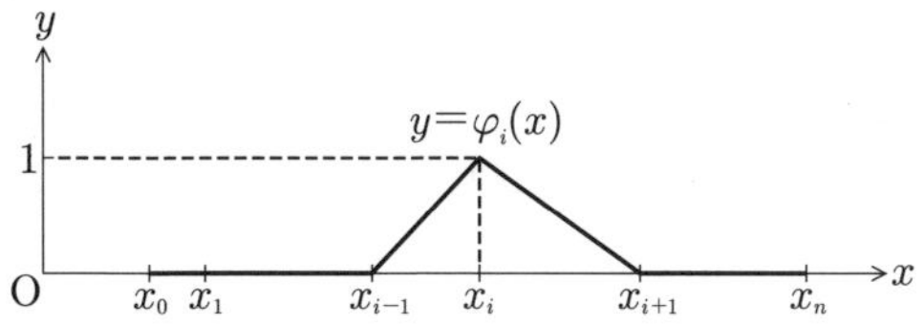

図 12.3

により与えられる．この場合，$|i-j| \geqq 2$ ならば $[\varphi_i, \varphi_j] = 0$ で，(12.16) の行列 A は $n-1$ 次の 3 重対角行列となる．(12.16) を解いて $\boldsymbol{\alpha}^* = [\alpha_1{}^*, \cdots, \alpha_{n-1}{}^*]^t$，したがって $\varphi^* = \sum_{i=1}^{n-1} \alpha_i{}^*\varphi_i$ を定めるとき，(12.8)，(12.9) の解 $u(x)$ に対する誤差は

$$\|\varphi^* - u\|_\infty \leqq \frac{1}{2}\sqrt{\frac{\Lambda}{\lambda}}\,\|u''\|_\infty h, \quad h = \max_{1 \leqq i \leqq n}(x_i - x_{i-1}) \qquad (12.18)$$

と評価される．実際

$$\varphi(x) = \sum_{i=1}^{n-1} u(x_i)\varphi_i(x)$$

とおけば $\varphi(x) \in S$，かつ区間 $[x_i,\, x_{i+1}]$ において定理 8.5 の証明を繰り返せば

$$\begin{aligned}\varphi'(x)-u'(x) &= u(x_i)\varphi_i'(x)+u(x_{i+1})\varphi_{i+1}{}'(x)-u'(x)\\ &= \frac{u(x_{i+1})-u(x_i)}{h_{i+1}}-u'(x)\\ &= \frac{(x_{i+1}-x)^2u''(\xi_1)-(x_i-x)^2u''(\xi_2)}{2h_{i+1}},\quad \xi_1,\,\xi_2\in(x_i,\,x_{i+1})\end{aligned}$$

$$|\varphi'(x)-u'(x)|\leqq\frac{1}{2h_{i+1}}\{(x_{i+1}-x)+(x-x_i)\}^2||u''||_\infty=\frac{1}{2}h_{i+1}||u''||_\infty$$

したがって，$[a,\,b]$ において

$$||\varphi'-u'||_\infty\leqq\frac{1}{2}h||u''||_\infty$$

が成り立ち，(12.17) と併せて (12.18) を得る．したがって，

$$\alpha_i{}^*=\varphi^*(x_i)=u(x_i)+O(h)$$

例2　例 1 の分割 Δ に属する 2 次のスプライン関数 $\varphi(x)$ で，$\varphi(a)=\varphi(b)=0$ をみたすものの集まりを S とする．命題 8.6 より，S は $\mathscr{D}^*$ の n 次元部分空間をなす．その基底 $\varphi_1,\cdots,\varphi_n$ によりつくられる方程式 (12.16) の解 $\boldsymbol{\alpha}^*$ から $\varphi^*(x)$ をつくれば，仮定 $u(x)\in C^3[a,\,b]$ の下で

$$||\varphi^*-u||_\infty\leqq\frac{11}{12}\sqrt{\frac{\Lambda}{\lambda}}\,||u^{(3)}||_\infty\sigma h^2\quad（定理 12.1 と定理 8.6 による）$$

したがって

$$\alpha_i{}^*=\varphi^*(x_i)=u(x_i)+O(h^2)$$

例3　同じ分割 Δ に属する 3 次のスプライン関数 $\varphi(x)$ で，$\varphi(a)=\varphi(b)=0$ をみたすものの集まりを S とする．命題 8.7 によって，S は $\mathscr{D}^*$ の $n+1$ 次元部分空間である．その基底 $\varphi_1,\cdots,\varphi_{n+1}$ を用いて（方程式 (12.16) を解いて）$\varphi^*(x)$ をつくれば，仮定 $u(x)\in C^4[a,\,b]$ の下で

$$||\varphi^*-u||_\infty\leqq\frac{7}{4}\sqrt{\frac{\Lambda}{\lambda}}\,||u^{(4)}||_\infty\sigma h^3\quad（定理 12.1 と定理 8.7 による）$$

したがって

$$\alpha_i{}^*=\varphi^*(x_i)=u(x_i)+O(h^3)$$

基底 $\varphi_i(x)$ は，たとえば，次式をみたすように選ぶ．

$$\varphi_1(x) \ : \ \varphi_1(x_j) = 0 \quad (0 \leqq j \leqq n), \quad {\varphi_1}'(x_0) = 1, \quad {\varphi_1}'(x_n) = 0$$

$$\varphi_i(x) \ (2 \leqq i \leqq n) \ : \ \varphi_i(x_j) = \delta_{i-1\,j} \ (0 \leqq j \leqq n), \quad \varphi_i'(x_0) = \varphi_i'(x_n) = 0$$

$$\varphi_{n+1}(x) \ : \ \varphi_{n+1}(x_j) = 0 \quad (0 \leqq j \leqq n), \quad {\varphi_{n+1}}'(x_0) = 0, \quad {\varphi_{n+1}}'(x_n) = 1$$

このように，微分作用素 $\mathscr{L}$ の定義域 $\mathscr{D}$ を拡げて線形空間 $\mathscr{D}^*$ を考え，境界値問題の解を，変分問題の解として特徴づける（命題 12.3）．次に $\mathscr{D}^*$ の有限次元部分空間 S を適当なスプライン関数（区分的多項式）の張る空間として定め，S において変分問題の近似解 φ^* を求める方法を**有限要素法**，S の元を**試験関数**という．

なお，S を単に $\mathscr{D}^*$ の有限次元部分空間として選び，その基底関数 $\varphi_i(x)$ からつくられる同一の方程式 (12.16) を解いて，近似解 ${\varphi_i}^*(x)$ を求める方法を **Rayleigh–Ritz**（レイリー・リッツ）**の方法**という．したがって有限要素法は，原理的には，Rayleigh - Ritz 法の特別な場合である．

一方，方程式 (12.16) は，等式

$$(\mathscr{L}u, \varphi_i) = (f, \varphi_i)$$

に $u = \Sigma\alpha_j\varphi_j$ を代入し，左辺を形式的に部分積分すれば得られる．このようにして (12.16) から解 ${\alpha_j}^*$ を決定し，$u^* = \Sigma{\alpha_j}^*\varphi_j$ を近似解とする方法を **Galerkin**（ガレルキン）**法**という．Rayleigh - Ritz 法と Galerkin 法の原理は全く異なる．前者は変分問題と関連し，その適用は正定値対称な微分方程式に限定されるが，後者にはそのような制限がない．しかし，変分問題を離れて，単に方程式 (12.16) を解くという立場からみれば，Rayleigh - Ritz 法，したがって有限要素法は Galerkin 法の特別な場合とみなせる．いずれによせ，多くの数値積分 $[\varphi_i, \varphi_j]$，(φ_i, f) と大次元の行列演算を必要とするこの方法（有限要素法）は，コンピュータの発達により，はじめて実用可能となったといえよう．

12.3 偏微分方程式への適用

Ω を 2 次元有界領域とし，Dirichlet 問題

$$\mathscr{L}u \equiv -\left(\frac{\partial^2 u}{\partial {x_1}^2} + \frac{\partial^2 u}{\partial {x_2}^2}\right) + c(x_1, x_2)\,u = f(x_1, x_2), \quad (x_1, x_2) \in \Omega \tag{12.19}$$

$$u(x_1, x_2) = 0, \quad (x_1, x_2) \in \Gamma \quad (\Omega\text{の境界}) \tag{12.20}$$

を考える．ここに，c, f は $\bar{\Omega} = \Omega \cup \Gamma$ において連続，かつ $c(x_1, x_2) \geqq 0$ と仮定する．また境界 Γ は，有限個の，互いに交わらない，区分的に滑らかな閉曲線よりなるものとする．前節と同様，$\mathscr{D}$ の定義域として

$$\mathscr{D} = \{u \in C^2(\bar{\Omega}) \mid u(x_1, x_2) = 0, \quad (x_1, x_2) \in \Gamma\}$$

とおけば，(12.19)，(12.20) は $\mathscr{L} u = f$, $u \in \mathscr{D}$ と同値である．以下，

$$x = (x_1, x_2), \quad D_0 v = v, \quad D_i v = \frac{\partial v}{\partial x_i}, \quad D_{ij} v = \frac{\partial^2 v}{\partial x_i \partial x_j} \quad (i, j = 1, 2)$$
$$dx = dx_1 dx_2$$

とおき，$\mathscr{D}$ 上の内積とノルムを次のように定義する．

$$(u, v) = \int_\Omega u(x) v(x)\, dx, \quad ||u|| = \sqrt{(u, u)}$$

このとき，Green の公式により，次式が成り立つ．

$$-\int_\Omega u \left(\sum_{i=1}^{2} D_{ii} v \right) dx = \int_\Omega \sum_{i=1}^{2} (D_i u)(D_i v)\, dx - \int_\Gamma u \frac{\partial v}{\partial n} ds$$

ただし，$\dfrac{\partial v}{\partial n}$ は Γ の外法線方向への微分，ds は Γ の線素である．ゆえに，$u \in \mathscr{D}$ なら，上式右辺最後の積分は 0 で

$$(\mathscr{L} u, v) = (u, \mathscr{L} v) = \int_\Omega \left\{ \sum_{i=1}^{2} (D_i u(x))(D_i v(x)) + c(x) u(x) v(x) \right\} dx$$

よって $\mathscr{L}$ は $\mathscr{D}$ 上の対称作用素である．ここで，前節と同様，上式右辺の積分が存在するためには $u, v \in \mathscr{D}$ を要しないから，次のような関数 $\varphi(x)$ の集合 $\mathscr{D}^*$ を考える．

(i) $\varphi(x) \in C(\bar{\Omega})$

(ii) Γ 上で $\varphi = 0$

(iii) Ω の適当な分割 Ω_i をとれば各 Ω_i において φ は C^1 級

このとき，$\varphi, \psi \in \mathscr{D}^*$ に対し

$$[\varphi, \psi] = \int_\Omega \left\{ \sum_{i=1}^{2} D_i \varphi D_i \psi + c \varphi \psi \right\} dx$$

$$||\varphi||_W{}^2 = \sum_{i=0}^{2} ||D_i\varphi||^2 = (\varphi,\, \varphi) + (D_1\varphi,\, D_1\varphi) + (D_2\varphi,\, D_2\varphi)$$

とおく．$||\cdot||_W$ を **Sobolev**（ソボレフ）ノルムという．($[u,\, v]$ は通常 $a\,(u,\, v)$ とかかれる．しかし，これはまぎらわしい記号であるから，本書では用いない.)

前節命題 12.2 と同様に，次のことが成り立つ．

> **命題 12.5**　$\Omega_1 = \{(x_1,\, x_2) \mid 0 \leqq x_i \leqq a, i = 1, 2\} \supsetneqq \Omega$ とすれば，$\varphi \in \mathscr{D}^*$ のとき
>
> $$\frac{1}{a^2+1}||\varphi||_W{}^2 \leqq [\varphi,\, \varphi] \leqq (1 + a^2 \max_{x\in\bar{\Omega}} |\, c\,(x)\,|\,) \sum_{i=1}^{2} ||D_i\varphi||^2$$

【証明】　Ω は有界領域であるから，このような Ω_1 は確かに存在する．いま，$x \in \Omega_1 \backslash \Omega$ のとき $\varphi\,(x) = 0$ とおき，φ を Ω_1 全体に拡張すれば，Schwarz の不等式により

$$\begin{aligned}\varphi\,(x_1,\, x_2)^2 &= \left\{\int_0^{x_1} D_1\varphi\,(t_1,\, x_2)\, dt_1\right\}^2 \leqq x_1 \int_0^{x_1} \{D_1\varphi\,(t_1,\, x_2)\}^2 dt_1 \\ &\leqq a \int_0^{a} \{D_1\varphi\,(t_1,\, x_2)\}^2 dt_1, \quad x = (x_1, x_2) \in \Omega_1\end{aligned}$$

ゆえに

$$\begin{aligned}||\varphi||^2 &= \int_\Omega |\varphi\,(x)|^2 dx = \int_{\Omega_1} |\varphi\,(x)|^2 dx \leqq a \int_0^a\!\!\int_0^a\!\!\int_0^a \{D_1\varphi\,(t_1,\, x_2)\}^2 dt_1 dx_2 dx_1 \\ &= a^2 \int_{\Omega_1} \{D_1\varphi\,(x)\}^2 dx \leqq a^2 \int_{\Omega_1} \{(D_1\varphi)^2 + (D_2\varphi)^2\} dx \qquad (12.21) \\ &= a^2 \int_\Omega \{(D_1\varphi)^2 + (D_2\varphi)^2\} dx \leqq a^2\,[\varphi,\, \varphi] \quad (\because\ c \geqq 0)\end{aligned}$$

したがって

$$||\varphi||_W{}^2 = ||\varphi||^2 + \sum_{i=1}^{2} ||D_i\varphi||^2 \leqq a^2[\varphi,\, \varphi] + [\varphi,\, \varphi] = (a^2+1)[\varphi,\, \varphi]$$

また，$C = \max_{x\in\bar{\Omega}} |c\,(x)|$ とおけば

$$[\varphi, \varphi] = \sum_{i=1}^{2} ||D_i\varphi||^2 + \int_\Omega c(x)\varphi(x)^2 dx \leqq \sum_{i=1}^{2} ||D_i\varphi||^2 + C\int_\Omega \varphi(x)^2 dx$$

$$\leqq \sum_{i=1}^{2} ||D_i\varphi||^2 + Ca^2 \sum_{i=1}^{2} ||D_i\varphi||^2 \quad ((12.21)\text{ による})$$

$$= (1+a^2C)\sum_{i=1}^{2} ||D_i\varphi||^2$$

（証明終）

系 12.5.1　適当な正定数 K をとれば，任意の関数 $\varphi \in \mathscr{D}^*$ に対し

$$||\varphi||^2 \leqq K(||D_1\varphi||^2 + ||D_2\varphi||^2)$$ （Friedrichs（フリードリクス）の不等式）

定理 12.2　u を (12.19)，(12.20) の解とし

$$F(\varphi) = [\varphi, \varphi] - 2(\varphi, f), \quad \varphi \in \mathscr{D}^*$$

とおく．次のことがらが成り立つ．

(i)　$\varphi \neq u$ なら $F(\varphi) > F(u)$

(ii)　$\mathscr{D}^*$ の有限次元部分空間 S に対し

$$\min_{\varphi \in S} F(\varphi) = F(\varphi^*)$$

となる元 $\varphi^* \in S$ がただ 1 つ存在して

$$\min_{\varphi \in S} [\varphi - u, \varphi - u] = [\varphi^* - u, \varphi^* - u]$$

(iii)　$\dim S = N$，$\varphi_1, \cdots, \varphi_N$ をその基底，$\varphi^* = \sum_{i=1}^{N} \alpha_i{}^* \varphi_i$ とすれば，係数 $\alpha_1{}^*, \cdots, \alpha_N{}^*$ は (12.16) の方程式

$$\sum_{j=1}^{N} [\varphi_i, \varphi_j]\alpha_j = (\varphi_i, f) \quad (i = 1, 2, \cdots, N)$$

の解として一意に定まる．

(iv)　$$||\varphi^* - u||_W \leqq \sqrt{(1+a^2)(1+a^2\,||c||_\infty)\left(\sum_{i=1}^{2} ||D_i\varphi - D_i u||^2\right)}$$

$(\varphi \in S)$

【証明】　命題 12.3，12.4 および定理 12.1 の証明と同様である．　　（証明終）

さて，簡単のため，Ω が多角形のときを考え，Ω を n 個の 3 角形に分割する．それらを $E_1, E_2, \cdots, E_n$ としよう．ここで，$i \neq j$ のとき 3 角形 E_i と E_j とは高々境界のみを共有するものとし，すべての E_i の相異なる頂点（節点）を適当な順序で $\mathrm{P}_1, \mathrm{P}_2, \cdots, \mathrm{P}_N$ と並べる．$\mathrm{P}_i \in E_j$ のとき，区分的 1 次式 $\varphi_i(x) \in \mathscr{D}^*$ を

$$\varphi_i(x) = \begin{cases} a_j^{(i)} + b_j^{(i)} x_1 + c_j^{(i)} x_2 & (x \in E_j \in \mathscr{E}(i)) \\ 1 & (x = \mathrm{P}_i) \\ 0 & (x \in E_j \notin \mathscr{E}(i)) \end{cases}$$

$\mathscr{E}(i)$ は P_i を頂点にもつ 3 角形の集合

により定義すれば，$\varphi_1(x), \varphi_2(x), \cdots, \varphi_N(x)$ は 1 次独立である．$\{\varphi_i\}$ の張る N 次元部分空間を S とする（$S \subset \mathscr{D}^*$）．このとき，$\|D_i\varphi - D_i u\|$ を評価すれば，定理 12.2，(iv) により，近似解

$$\varphi^* = \sum_{i=1}^{N} \alpha_i^* \varphi_i \quad (\varphi^*(P_i) = \alpha_i^* \text{ であることに注意せよ})$$

の誤差が Sobolev ノルムを用いて評価される．Zlámal（ズラマル）は次のことを示した．

定理 12.3 (Zlámal, 1968)　$\Omega = \bigcup_{j=1}^{n} E_j$ を Ω の 3 角形分割とし，h を 3 角形 $E_j\,(1 \leqq j \leqq n)$ の最大辺長，θ を最小角とする．$u \in C^2(\bar{\Omega})$，かつ $\bar{\Omega}$ において $|D_{ij}u| \leqq M$ ならば，任意の $\varphi \in S$ に対し

$$|D_i\varphi - D_i u| \leqq \frac{6Mh}{\sin\theta}, \quad x \in \Omega \quad (i=1, 2)$$

したがって

$$K_1 = \sqrt{(1+a^2)(1+a^2\|c\|_\infty)}, \quad K_2 = \sqrt{\int_\Omega dx}, \quad K = \sqrt{72}K_1K_2$$

とおけば

$$\begin{aligned}||D_i\varphi - D_iu||^2 &= \sum_{j=1}^{n}\int_{E_j}(D_i\varphi - D_iu)^2dx \\ &\leqq \left(\int_{\Omega}dx\right)\max_{x\in\Omega}|D_i\varphi(x) - D_iu(x)|^2 \leqq \frac{36{K_2}^2M^2h^2}{\sin^2\theta}\end{aligned}$$

$$||\varphi^* - u||_W \leqq K_1\sqrt{\sum_{i=1}^{2}||D_i\varphi - D_iu||^2} \leqq KM\frac{h}{\sin\theta}$$

計算例 (石原，1972) Ω を正方形領域 $0 < x < 1, 0 < y < 1$，その 1 辺 $0 \leqq x \leqq 1$，$y = 1$ を Γ_1，残りの境界を Γ_2 として，混合境界値問題

$$\begin{cases} -\Delta u = 2x^2(3-2x) + 6y(1-2x)(-2+y), \quad (x, y) \in \Omega & (12.22) \\ u = 0, \quad (x, y) \in \Gamma_1 \quad (\text{Dirichlet 条件}) & (12.23) \\ \dfrac{\partial u}{\partial n} = 0, \quad (x, y) \in \Gamma_2 \quad (\text{Neumann 条件}) & (12.24) \end{cases}$$

を考える（Zlámal の例）．ここに $\dfrac{\partial}{\partial n}$ は外法線方向への微分を表す．真の解は

$$u(x, y) = (2x^3 - 3x^2)(y^2 - 2y)$$

である．Ω を図 12.4 のパターンに 3 角形分割し，区分的 1 次式による有限要素解を求める．問題 (12.19)，(12.20) とやや異なるが，解くべき方程式は (12.16) と同じ形である．ここで，石原は Ω の角のところ，たとえば図 12.4 の P_i では，差分近似式を考慮した式

$$4\alpha_i - 2\alpha_{i-1} - 2\alpha_{i+1} = (f, \varphi_i)$$

を用い，有限要素方程式 (12.16) を修正して，良い結果を得ている．その一部を表 12.1 に示す．

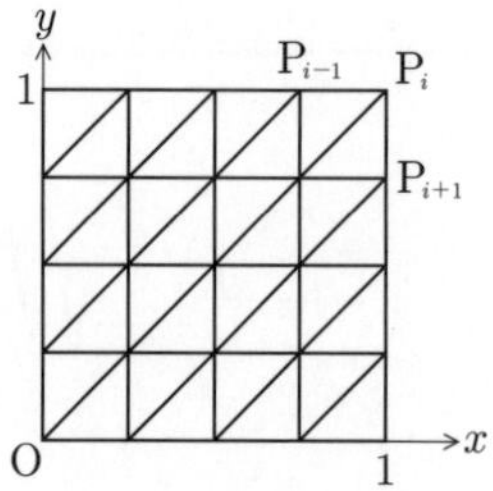

図 12.4

表 12.1

$(x,\,y)$		(0.5, 0.5)	(0.25, 0.5)	(0.5, 0.75)	(0.25, 0.75)
$u\,(x,\,y)$		0.375000	0.117817	0.468750	0.146484
$\varphi^*\,(x,\,y)$	25 節点	0.375000	0.099681	0.468750	0.123959
	81 節点	0.375000	0.112748	0.468750	0.140771
	289 節点	0.375000	0.116073	0.468750	0.145051
	1089 節点	0.375000	0.116909	0.468750	0.146126

表 12.2

	$[\varphi^* - u, \varphi^* - u]$
25 節点	0.100369
81 節点	0.023611
289 節点	0.005808
1089 節点	0.001451

演習問題

1　§12.1 において定義した関数 $\varphi_i\,(x,\,y)$ の係数 $a_j{}^{(i)}$, $b_j{}^{(i)}$, $c_j{}^{(i)}$ を定めよ．

2　$\mathscr{D} = \{u\,(x) \in C^2\,[0,\,1]\,|\,u\,(0) = 0\}$ とし，$\mathscr{D}$ 上の関数 F を

$$F\,(u) = \int_0^1 \left\{ \frac{1}{2}\,(u'(x))^2 + f\,(x,\,u\,(x)) \right\} dx + p\,(u\,(1)), \quad u \in \mathscr{D}$$

により定義する．仮定 $f_{uu}\,(x,\,u) \geqq 0$，$p''(u) \geqq 0$ の下で，$y\,(x)$ が微分方程式

$$y'' = f_u\,(x,\,y), \quad y\,(0) = 0, \quad y'(1) + p'(y\,(1)) = 0$$

の解であるための必要十分条件は，y が $\mathscr{D}$ において $F\,(u)$ を最小にする唯一のもの，すなわち

$$F\,(u) > F\,(y), \quad u \in \mathscr{D}, \quad u \neq y$$

となることである．これを示せ．

3　$f \in PC^1\,(a,\,b)$ かつ（§12.2）かつ $f\,(a) = f\,(b) = 0$ ならば

$$\pi^2 \int_a^b \{f\,(x)\}^2 dx \leqq (b-a)^2 \int_a^b \{f'(x)\}^2 dx \quad \text{(Rayleigh-Ritz の不等式)}$$

が成り立つことを示せ．等号が成り立つのは

$$f\,(x) = C \sin \frac{\pi\,(x-b)}{b-a} \quad (C\ \text{は定数})$$

のときに限る．

4 前問と同じ仮定の下で，$||f||_\infty \leqq \dfrac{1}{2}\sqrt{b-a}||f'||_2$ を示せ．

5 § 12.3 の混合境界値問題 (12.22)，(12.23)，(12.24) を，図 12.4 の形の分割により，1 次のスプライン関数 $\varphi_i(x_1, x_2)$ を用いて有限要素近似するとき，有限要素方程式の形を具体的にかけ．

6 § 12.2 と § 12.3 の記号を用いる．次のことを示せ．

$$\varphi \in S \Rightarrow [\varphi^* - u, \varphi] = 0$$

7 境界値問題 (12.8)，(12.9) を考え，1 次のスプライン関数による有限要素解を φ^* とする．例 1 により

$$||\varphi^* - u|| \leqq O(h)$$

であるが，(12.8) の右辺を $\varphi^* - u$ でおきかえて得られる境界値問題の解を考えることにより，さらに精密な評価式

$$||\varphi^* - u|| \leqq O(h^2)$$

が成り立つことを示せ（**Nitsche**（ニッチェ）のトリック）．

8 境界値問題 (12.19)，(12.20) に対し，Nitsche のトリックを適用せよ．

付　　録

A　Durand–Kerner–Aberth 法と Smith の定理

A.1　Durand–Kerner–Aberth 法

実係数の n 次代数方程式

$$P(z) = z^n + a_1 z^{n-1} + \cdots + a_n = 0 \quad (a_n \neq 0) \tag{A.1}$$

を考える．n 個の変数 $z_1, \cdots, z_n$ に関する m 次の基本対称式を $\varphi_m(z_1, \cdots, z_n)$,

$$\varphi_m(z_1, \cdots, z_n) = \sum_{i_1 < i_2 < \cdots < i_m} z_{i_1} z_{i_2} \cdots z_{i_m} \quad (m \geqq 1), \quad \varphi_0(z_1, \cdots, z_n) = 1$$

（たとえば $\varphi_1(z_1, \cdots, z_n) = z_1 + \cdots + z_n$,　$\varphi_n(z_1, \cdots, z_n) = z_1 z_2 \cdots z_n$ 等）

とすれば，根と係数の関係により，(A.1) の根 $\alpha_1, \cdots, \alpha_n$ は，n 元連立方程式

$$f_i(z_1, \cdots, z_n) = (-1)^i \varphi_i(z_1, \cdots, z_n) - a_i = 0 \quad (i = 1, 2, \cdots, n) \tag{A.2}$$

の解である．ここで

$$\boldsymbol{z}^{(\nu)} = \begin{bmatrix} {z_1}^{(\nu)} \\ \vdots \\ {z_n}^{(\nu)} \end{bmatrix}, \quad \boldsymbol{f}(\boldsymbol{z}) = \begin{bmatrix} f_1(z_1, \cdots, z_n) \\ \vdots \\ f_n(z_1, \cdots, z_n) \end{bmatrix} = \begin{bmatrix} f_1(\boldsymbol{z}) \\ \vdots \\ f_n(\boldsymbol{z}) \end{bmatrix}$$

$$J(\boldsymbol{z}) = [\partial f_i(\boldsymbol{z}) / \partial z_j] \quad (n \text{ 次 Jacobi 行列})$$

とおき，(A.2) に Newton 法を適用すれば

$$\boldsymbol{z}^{(\nu+1)} = \boldsymbol{z}^{(\nu)} - [J(\boldsymbol{z}^{(\nu)})]^{-1} \boldsymbol{f}(\boldsymbol{z}^{(\nu)}) \tag{A.3}$$

Kerner は次のことを示した．

定理 A.1（**Kerner**, 1966）(A.3) は次の形にかける．

$$ {z_i}^{(\nu+1)} = z_i^{(\nu)} - P({z_i}^{(\nu)}) \Big/ \prod_{\substack{j=1 \\ j \neq i}}^{n} ({z_i}^{(\nu)} - {z_j}^{(\nu)}) \quad (i = 1, 2, \cdots, n) \tag{A.4}$$

【証明】 $Q(z) = (z-z_1)\cdots(z-z_n) = z^n + b_1 z^{n-1} + \cdots + b_{n-1}z + b_n$ (A.5)

とおけば，

$$b_k = (-1)^k \varphi_k(z_1, \cdots, z_n)$$

である．(A.5) の両辺を z_j につき偏微分して，

$$\begin{aligned}\frac{\partial Q}{\partial z_j} &= \left(\frac{\partial b_1}{\partial z_j}\right) z^{n-1} + \cdots + \left(\frac{\partial b_{n-1}}{\partial z_j}\right) z + \left(\frac{\partial b_n}{\partial z_j}\right) \\ &= -(z-z_1)\cdots(z-z_{j-1})(z-z_{j+1})\cdots(z-z_n)\end{aligned}$$

上式において $z = z_i$ とおけば，右辺は $-Q'(z_i)\delta_{ij}$ に等しいから

$$\left[-\frac{z_i^{n-1}}{Q'(z_i)}, \cdots, -\frac{z_i}{Q'(z_i)}, -\frac{1}{Q'(z_i)}\right]$$

は $J(\boldsymbol{z})^{-1} = [\partial b_i/\partial z_j]^{-1}$ の第 i 行と一致する．ゆえに，便宜上 $b_0 = a_0 = 1$ とおくとき，n 次元列ベクトル $J(\boldsymbol{z})^{-1}\boldsymbol{f}(\boldsymbol{z})$ の第 i 成分は

$$\begin{aligned}&\frac{-{z_i}^{n-1}}{Q'(z_i)}(b_1 - a_1) - \cdots - \frac{1}{Q'(z_i)}(b_n - a_n) \\ &= -\frac{{z_i}^n}{Q'(z_i)}(b_0 - a_0) - \frac{{z_i}^{n-1}}{Q'(z_i)}(b_1 - a_1) - \cdots - \frac{1}{Q'(z_i)}(b_n - a_n) \\ &= \frac{-Q(z_i) + P(z_i)}{Q'(z_i)} = \frac{P(z_i)}{Q'(z_i)}\end{aligned}$$

に等しい．よって，(A.3) の各成分を比較して，(A.4) を得る．　(証明終)

かくて，(A.1) の根 $\alpha_1, \cdots, \alpha_n$ が相異なれば，適当な初期値 ${z_1}^{(0)}, \cdots, {z_n}^{(0)}$ から出発して，複素演算を繰り返すことにより，(A.4) は解 $\boldsymbol{\alpha} = [\alpha_1, \cdots, \alpha_n]^t$ に局所的 2 次収束する．

Aberth (1973) は初期値 $\boldsymbol{z}^{(0)}$ を次のように選んだ．いま

$$P^*(w) = P(w - a_1/n) = w^n + c_2 w^{n-2} + \cdots + c_n \tag{A.6}$$

$$S(w) = w^n - |c_2| w^{n-2} - \cdots - |c_n| \tag{A.7}$$

とおく．$(c_2, \cdots, c_n) \neq (0, \cdots, 0)$ $(n \geqq 2)$ なる限り，Descartes（デカルト）の符号法則によって，(A.7) は正根 γ をただ 1 つもち，(A.6) の根はすべて閉円板 $|w| \leqq r$ 内にある．したがって，$S(r_0) \geqq 0$ となる正数 r_0 を任意にとれば，

(A.1) の根はすべて閉円板

$$\Gamma \,:\, |z + a_1/n| \leqq r_0$$

内にある．そこで

$$z_k{}^{(0)} = -\frac{a_1}{n} + r_0 \exp\left[\left(\frac{2(k-1)\pi}{n} + \theta\right)\sqrt{-1}\right], \quad \theta = \frac{\pi}{2n} \quad (k = 1, 2, \cdots, n) \tag{A.8}$$

とおく．すでに Durand も反復 (A.4) を提案しているから，Aberth は (A.4) を Durand–Kerner 法と呼んだ．したがって，反復 (A.4)，(A.8) は Durand–Kerner–Aberth 法（以下 DKA 法）と呼ばれている．さて $z_k{}^{(0)}$ は円板 Γ の周上にある n 等分点であるから

$$\prod_{i \neq j}(z_i{}^{(0)} - z_j{}^{(0)}) = n\left(z_i{}^{(0)} + \frac{a_1}{n}\right)^{n-1}$$

が成り立つ．さらに

$$P(z_i{}^{(0)}) = \left(z_i{}^{(0)} + \frac{a_1}{n}\right)^n + d_2\left(z_i{}^{(0)} + \frac{a_1}{n}\right)^{n-2} + \cdots + d_n$$

とかけば，(A.4) によって

$$\begin{aligned} &z_i{}^{(1)} + \frac{a_1}{n} \\ &= \left(1 - \frac{1}{n}\right)\left(z_i{}^{(0)} + \frac{a_1}{n}\right) - \frac{d_2}{n}\left(z_i{}^{(0)} + \frac{a_1}{n}\right)^{-1} - \cdots - \frac{d_n}{n}\left(z_i{}^{(0)} + \frac{a_1}{n}\right)^{-n+1} \end{aligned}$$

ゆえに，r_0 が十分大ならば

$$z_i{}^{(1)} + \frac{a_1}{n} \fallingdotseq \left(1 - \frac{1}{n}\right)\left(z_i{}^{(0)} + \frac{a_1}{n}\right)$$

以下，これを繰り返せば，最初のうち $z_i^{(\nu)}$ は縮小率 $1 - n^{-1}$ をもって，Γ の中心 $(-a_1/n, 0)$ に向かって直進し

$$z_i{}^{(\nu+1)} + \frac{a_1}{n} \fallingdotseq \left(1 - \frac{1}{n}\right)\left(z_i{}^{(\nu)} + \frac{a_1}{n}\right) \tag{A.9}$$

となる．もちろん，根（の 1 つ）に近づけば，その挙動は複雑になるであろう．

初期値 $\boldsymbol{z}^{(0)}$ が解から遠く離れていても，DKA 法が収束する理由は，関係式

(A.9) にある．しかし，n が大ならば，$1-n^{-1} \fallingdotseq 1$ となって，最初のうち収束は遅い（まさに局所的 2 次収束！）．したがって，n が大きい場合には，他の方法を使って粗い解を求め，それを $\boldsymbol{z}^{(0)}$ として DKA 法を用いればよい．

なお，反復 (A.4) は次の著しい性質をもつ．

定理 A.2（Dochev（ドチェフ），1962） 反復 (A.4) においては，初期値 ${z_1}^{(0)}, \cdots, {z_n}^{(0)}$ の選び方によらず

$$ {z_1}^{(\nu)} + \cdots + {z_n}^{(\nu)} = -a_1 (= \alpha_1 + \cdots + \alpha_n) \quad (\nu \geqq 1) \qquad \text{(A.10)} $$

【証明】 $f(z) = P(z) - Q(z)$ とおけば $f(z)$ は高々$n-1$ 次の多項式で $f(z_i) = P(z_i), i = 1, 2, \cdots, n$. よって相異なる n 個の点 $z_1, \cdots, z_n$ に関する $P(z)$ の Lagrange 補間多項式は $f(z)$ 自身であり，(8.3) 式により

$$ f(z) = \sum_{i=1}^{n} l_i(z) P(z_i) = \sum_{i=1}^{n} \frac{P(z_i)}{Q'(z_i)} \prod_{l \neq i} (z - z_l), $$

両辺の z^{n-1} の係数を比較すれば

$$ a_1 + \sum_{j=1}^{n} z_j = \sum_{i=1}^{n} \frac{P(z_i)}{Q'(z_i)} \qquad \text{(A.11)} $$

よって

$$ \sum_{i=1}^{n} \left(z_i - \frac{P(z_i)}{Q'(z_i)} \right) = -a_1 $$

これは (A.10) を意味している． （証明終）

【別証明】 (A.2) において $f_1 = -(z_1 + \cdots + z_n) - a_1$ であるから $\partial f_1 / \partial z_i = -1$ $(1 \leqq i \leqq n)$. ゆえに $J(\boldsymbol{z}^{(\nu)})$ の第 1 行は $[-1, -1, \cdots, -1]$ である．よって (A.3) と同値な式

$$ J(\boldsymbol{z}^{(\nu)})(z^{(\nu+1)} - z^{(\nu)}) = -f(\boldsymbol{z}^{(\nu)}) $$

の両辺の第 1 成分を比較して

$$ -\sum_{i=1}^{n} ({z_i}^{(\nu+1)} - {z_i}^{(\nu)}) = {z_1}^{(\nu)} + \cdots + {z_n}^{(\nu)} + a_1, \quad \nu \geqq 0 $$

これより (A.10) を得る． （証明終）

注意 1　Euler の公式

$$\sum_{i=1}^{n} \frac{{z_i}^p}{Q'(z_i)} = \begin{cases} 0 & (0 \leqq p \leqq n-2) \\ 1 & (p = n-1) \\ z_1 + \cdots + z_n & (p = n) \end{cases} \tag{A.12}$$

を用いて，次式を得る．

$$\sum_{i=1}^{n} \frac{P(z_i)}{Q'(z_i)} = a_1 + z_1 + \cdots + z_n$$

これより直ちに (A.10) が得られるのであるが，(A.12) は自明な関係式ではないから，念のためその証明を与えよう（以下の証明は [35] において与えたものである）．

(A.11) より

$$a_1 + \sum_{j=1}^{n} z_j = \sum_{i=1}^{n} \frac{1}{Q'(z_i)} \sum_{j=0}^{n} a_j {z_i}^{n-j} \quad (a_0 = 1 \text{ とおく})$$

$$\therefore \quad \left(\sum_{i=1}^{n} \frac{{z_i}^n}{Q'(z_i)} - \sum_{j=1}^{n} z_j \right) a_0 + \left(\sum_{i=1}^{n} \frac{{z_i}^{n-1}}{Q'(z_i)} - 1 \right) a_1 + \sum_{p=0}^{n-2} \left(\sum_{i=1}^{n} \frac{{z_i}^p}{Q'(z_i)} \right) a_{n-p} = 0$$

上式は $a_0, a_1, a_2, \cdots, a_n$ に関する恒等式であるから，$a_0 = 1, a_1, \cdots, a_n$ の係数はゼロであり

$$\sum_{i=1}^{n} \frac{{z_i}^p}{Q'(z_i)} = \begin{cases} \sum_{j=1}^{n} z_j & (p = n) \\ 1 & (p = n-1) \\ 0 & (0 \leqq p \leqq n-2) \end{cases}$$

ゆえに (A.12) が成り立つのである．

注意 2　(A.10) によれば，各 $\nu \geqq 1$ につき，n 個の点 ${z_i}^{(\nu)}$ の重心は定点 $(-a_1/n, 0)$ であって，それは根 $\alpha_1, \cdots, \alpha_n$ の重心でもある．DKA 法は $\nu = 0$ のときも，この関係が成り立つように $z^{(0)}$ を選んでいるわけである．Dochev は (A.10) を計算チェックに用いることができると述べている．

注意 3　Kjurkchiev－Andreev（キュルクチェフ・アンドリーフ，1985）は，ある段階で DK 法の続行が不可能となるような初期値 $z^{(0)}$ が，必ず存在することを証明した．しかし多くの数値実験によって，DK 法はほとんどすべての初期値に対して（正確には $\boldsymbol{C}^n$ 内のある測度零の集合の外部に初期値を選べば）反復列は解に収束すると予

想されている．この予想は $n=2$ のとき正しい（Small, 1976）．また $n=3$ のとき，$P(z)=z^3$ に対して正しい（山岸義和，1991）．しかし一般の場合は未解決である．

なお，$P(z)=z^n$ の場合に都田艶子による一連の研究がある（名古屋大学学位論文（1992）参照）．

○ **付記** 既に Weierstrass（ワイエルストラス，1891）は代数方程式の根の存在証明に，反復 (A.4) を用いた．また，Durand（1960），Dochev（1962），Presic（1966）も独立に (A.4) を提案している．特に Dochev は (A.4) の局所的収束定理（§6.3 注意 4 参照）をはじめて証明し，定理 A.2 にも言及している．

(A.4) が (A.3) と等しいことを示したのは Kerner であるが，実はそれ以前に彼はブルガリアに Dochev を訪ねており，反復 (A.4) を Dochev から学んだはずであるという．したがって，ブルガリアの人達は (A.4) を Weierstrass 法，あるいは Weierstrass－Dochev 法と呼んでいる．不運なことに，Dochev の論文はブルガリア語で書かれていたため，Aberth（1973）はそれを知らず，(A.4) を Durand－Kerner 法と呼んだ．著者もこれを知らず，初期値として (A.8) を用いる反復 (A.4) を DKA 法と命名してしまった（山本 [34]）．上記事実を含めて (A.4) をめぐる裏話を知ったのは，1993 年ドイツ国 Oldenburg（オルデンブルグ）大学で開かれた国際会議において，当時 Bremen（ブレーメン）大学研究員であった L.Atanassova 女史からであった．いまとなっては覆水盆に返らずかもしれないが，(A.4) は Weierstrass 法または Weierstrass-Dochev 法と呼ぶ方が歴史的には正しいようである．

A.2 Smith の定理（定理 5.5）の証明

【証明】 $P(z)=0$ の根はコンパニオン行列

$$C=\begin{bmatrix} 0 & & & & -a_n \\ 1 & 0 & & & -a_{n-1} \\ & \ddots & \ddots & & \vdots \\ & & \ddots & 0 & -a_2 \\ & & & 1 & -a_1 \end{bmatrix}$$

の固有値に等しい．いま

$$V=\begin{bmatrix} 1 & z_1 & \cdots & {z_1}^{n-1} \\ \vdots & \vdots & & \vdots \\ 1 & z_n & \cdots & {z_n}^{n-1} \end{bmatrix}$$

とおけば

$$VC = \begin{bmatrix} z_1 & {z_1}^2 & \cdots & {z_1}^{n-1} & {z_1}^n - P(z_1) \\ z_2 & {z_2}^2 & \cdots & {z_2}^{n-1} & {z_2}^n - P(z_2) \\ \vdots & \vdots & & \vdots & \vdots \\ z_n & {z_n}^2 & \cdots & {z_n}^{n-1} & {z_n}^n - P(z_n) \end{bmatrix}$$

また，$Q(z) = (z - z_1) \cdots (z - z_n)$ として

$$R = \begin{bmatrix} z_1 & & & \\ & z_2 & & \\ & & \ddots & \\ & & & z_n \end{bmatrix} - \begin{bmatrix} P(z_1) \\ P(z_2) \\ \vdots \\ P(z_n) \end{bmatrix} \left[\frac{1}{Q'(z_1)}, \cdots, \frac{1}{Q'(z_n)} \right]$$

とおけば，Euler の公式 (A.12) によって

$$RV = VC \quad \text{すなわち} \quad VCV^{-1} = R$$

を得る．ここで

$$D = \begin{bmatrix} P(z_1) & & \\ & \ddots & \\ & & P(z_n) \end{bmatrix}$$

とおけば，簡単な計算により

$$D^{-1}RD = \begin{bmatrix} z_1 - \dfrac{P(z_1)}{Q'(z_1)} & -\dfrac{P(z_2)}{Q'(z_2)} & \cdots & -\dfrac{P(z_n)}{Q'(z_n)} \\ -\dfrac{P(z_1)}{Q'(z_1)} & z_2 - \dfrac{P(z_2)}{Q'(z_2)} & \cdots & -\dfrac{P(z_n)}{Q'(z_n)} \\ \vdots & \vdots & & \vdots \\ -\dfrac{P(z_1)}{Q'(z_1)} & -\dfrac{P(z_2)}{Q'(z_2)} & \cdots & z_n - \dfrac{P(z_n)}{Q'(z_n)} \end{bmatrix}$$

この行列の転置行列に Gerschgorin の定理（定理 7.1）を適用すれば，結局，$P(z) = 0$ の根（C の固有値）は，閉円板

$$\Gamma_k{}^* : \left| z - \left(z_k - \frac{P(z_k)}{Q'(z_k)} \right) \right| \leqq (n-1) \left| \frac{P(z_k)}{Q'(z_k)} \right| \quad (k = 1, 2, \cdots, n)$$

の合併に含まれる．その連結成分の 1 つが m 個の $\Gamma_k{}^*$ からなれば，その中にちょうど m 個の根がある．$\Gamma_k{}^* \subset \Gamma_k$ であるから，定理は証明された.（証明終）

● **注意**　$P(z) = 0$ の根に重根があっても，近似解は相異なるのが普通である．この

ときSmithの定理が使える．また，多くの数値実験によって，重根をもつ方程式に対しても，DKA法は収束することが知られている．これを確かめるために

$$P(z) = (z-2)^2(z^2-2z+5)(z^2-6z+10)$$

とおき，DKA法およびSmithの定理を適用してみる．結果の一部を表A.1に示す．もちろん，重根のため，収束は遅いが，結果は悪くない．特にSmithの定理はきわめて精度の良い事後評価を与えている．なお，表5.3とも比較せよ．

表 A.1

ν	k	$\mathrm{Re}z_k^{(\nu)}$	$\mathrm{Im}z_k^{(\nu)}$	Γ_k の半径
30	1	3.00000000002683	1.00000000033991	2.0×10^{-9}
	2	2.01040138400859	0.00748110926590	3.8×10^{-2}
	3	0.99999999999999	2.00000000000000	4.7×10^{-15}
	4	1.98959861596458	−0.00748110960610	3.8×10^{-2}
	5	0.99999999999999	−2.00000000000000	2.4×10^{-15}
	6	3.00000000000014	−0.99999999999979	1.5×10^{-12}
46	1	3.00000000000000	1.00000000000000	2.8×10^{-14}
	2	2.00000016964885	0.00000010649768	5.4×10^{-7}
	3	1.00000000000000	2.00000000000000	1.5×10^{-15}
	4	1.99999983281591	−0.00000010821042	5.9×10^{-7}
	5	0.99999999999999	−2.00000000000000	6.0×10^{-15}
	6	3.00000000000000	−1.00000000000000	4.2×10^{-14}

B　SOR法の収束に関するOstrowskiの定理

以下，$A = [a_{ij}]$ を n 次実対称行列とし，

$$\begin{aligned} A &= D + L + L^t = M - N, \\ M &= \frac{1}{\omega}(D + \omega L), \quad N = \frac{1}{\omega}\{(1-\omega)D - \omega L^t\} \\ H_\omega &= M^{-1}N \end{aligned}$$

とおく．また，n 次元ベクトル $\boldsymbol{x} = [x_i]$ と $\boldsymbol{y} = [y_i]$ の内積を，

$$(\boldsymbol{x}, \boldsymbol{y}) = \sum_{i=1}^{n} x_i \bar{y}_i$$

により定義する．

補題 B.1（Stein（スタイン），1952）H は n 次実行列，B は n 次実対称行列

で，$S = B - H^tBH$ は正値対称，すなわち任意の $\boldsymbol{x} \neq \boldsymbol{0}$ に対して $(S\boldsymbol{x}, \boldsymbol{x}) > 0$（あるいは同じことであるが，$S$ のすべての固有値が正）とするとき，

$$\rho(H) < 1 \ \Leftrightarrow\ B\ :\ \text{正値}$$

【証明】 $\Leftarrow$: B は正値と仮定する．λ を H の任意の固有値とし，$\boldsymbol{x}$ を対応する固有ベクトル（λ が複素数ならば，$\boldsymbol{x}$ は複素ベクトルとなる）とすると，

$$H\boldsymbol{x} = \lambda\boldsymbol{x}, \quad \boldsymbol{x} \neq \boldsymbol{0}$$

このとき，

$$\begin{aligned} 0 < (S\boldsymbol{x}, \boldsymbol{x}) &= ((B - H^tBH)\boldsymbol{x}, \boldsymbol{x}) = (B\boldsymbol{x}, \boldsymbol{x}) - (BH\boldsymbol{x}, H\boldsymbol{x}) \\ &= (B\boldsymbol{x}, \boldsymbol{x}) - (B(\lambda\boldsymbol{x}), \lambda\boldsymbol{x}) = (1 - |\lambda|^2)(B\boldsymbol{x}, \boldsymbol{x}) \end{aligned}$$

B は正値と仮定しているから，$(B\boldsymbol{x}, \boldsymbol{x}) > 0$．ゆえに，$1 - |\lambda|^2 > 0$．すなわち，$|\lambda| < 1$．$\lambda$ は H の任意の固有値であったから，$\rho(H) < 1$．

$\Rightarrow$: 仮に B が正値でないとすれば，$(B\boldsymbol{x}, \boldsymbol{x}) \leqq 0$ となる $\boldsymbol{x} \neq \boldsymbol{0}$ がある．反復列 $\{\boldsymbol{x}^{(k)}\}$ を $\boldsymbol{x}^{(k+1)} = H\boldsymbol{x}^{(k)}$，$\boldsymbol{x}^{(0)} = \boldsymbol{x}$ により定義すれば，

$$\begin{aligned} 0 < (S\boldsymbol{x}^{(k)}, \boldsymbol{x}^{(k)}) &= (B\boldsymbol{x}^{(k)}, \boldsymbol{x}^{(k)}) - (BH\boldsymbol{x}^{(k)}, H\boldsymbol{x}^{(k)}) \\ &= (B\boldsymbol{x}^{(k)}, \boldsymbol{x}^{(k)}) - (B\boldsymbol{x}^{(k+1)}, \boldsymbol{x}^{(k+1)}) \\ \therefore\ (B\boldsymbol{x}^{(k)}, \boldsymbol{x}^{(k)}) &> (B\boldsymbol{x}^{(k+1)}, \boldsymbol{x}^{(k+1)}) \quad (k \geqq 0) \end{aligned}$$

かつ

$$(B\boldsymbol{x}^{(0)}, \boldsymbol{x}^{(0)}) = (B\boldsymbol{x}, \boldsymbol{x}) \leqq 0$$

$$\therefore\ 0 \geqq (B\boldsymbol{x}^{(0)}, \boldsymbol{x}^{(0)}) > (B\boldsymbol{x}^{(1)}, \boldsymbol{x}^{(1)}) > \cdots > (B\boldsymbol{x}^{(k)}, \boldsymbol{x}^{(k)}) \quad \text{(B.1)}$$

一方，$\rho(H) < 1$ より $H^k \to 0\ (k \to \infty)$ であり，

$$\boldsymbol{x}^{(k)} = H\boldsymbol{x}^{(k-1)} = H^k\boldsymbol{x}^{(0)} \to 0 \quad (k \to \infty)$$

$$\therefore (B\boldsymbol{x}^{(k)}, \boldsymbol{x}^{(k)}) \to 0 \quad (k \to \infty)$$

これは (B.1) と矛盾する．　（証明終）

【定理 4.6 前半部分の証明】 $S_\omega = A - H_\omega{}^t AH_\omega$ とおき，$A^t = A$ に注意して S_ω の正値性を調べる．

$$\begin{aligned} S_\omega &= A - (M^{-1}N)^t A(M^{-1}N) \\ &= A - \{M^{-1}(M - A)\}^t A\{M^{-1}(M - A)\} \\ &= A - (I - M^{-1}A)^t A(I - M^{-1}A) \\ &= A - (A - (M^{-1}A)^t A)(I - M^{-1}A) \end{aligned}$$

$$
\begin{aligned}
&= A - \{A - (M^{-1}A)^t A - AM^{-1}A + (M^{-1}A)^t A (M^{-1}A)\} \\
&= (M^{-1}A)^t (M + M^t - A) M^{-1}A \\
&= (M^{-1}A)^t (M^t + N) M^{-1}A \\
&= \frac{2-\omega}{\omega}(M^{-1}A)^t D M^{-1}A \quad \left(\because\ M^t + N = \frac{2-\omega}{\omega} D\right) \qquad \text{(B.2)}
\end{aligned}
$$

ここで仮定 $a_{ii} > 0,\ 1 \leqq i \leqq n$ により，対角行列 D は正値．したがって $0 < \omega < 2$ ならば (B.2) は正値である．すなわち S_ω は正値．ゆえに補題 B.1 により，

$$\rho(H_\omega) < 1 \iff A \text{ : 正値}$$

を得る．（証明終）

系 B.1.1 A が正値対称行列ならば，Kahan の定理（定理 4.5）の逆が成り立つ．

【証明】 A が正値ならば，$a_{ii} > 0,\ 1 \leqq i \leqq n$ である（$\because$ $\boldsymbol{x} = \boldsymbol{e}_i$（$n$ 次単位行列の第 i 列）とするとき $a_{ii} = (A\boldsymbol{x}, \boldsymbol{x}) > 0$）．

したがって，$0 < \omega < 2$ ならば (B.2) より S_ω は正値となり，補題 B.1 より $\rho(H_\omega) < 1$．（証明終）

C Newton–Kantorovich の定理

1669 年 Newton が，3 次代数方程式 $3x^3 - 2x - 5 = 0$ を例にとり，Newton 法のアイデアを提案して以来現在まで，その収束性，数値解の精度，高次元空間，抽象空間への拡張等をめぐって多くの研究がある．なかんずく，Fourier（フーリエ，1818）は単独非線形方程式に対する Newton 法の局所的 2 次収束性をはじめて証明し，Cauchy（1829）は半局所的収束定理を証明した．また n 元連立非線形方程式に対する半局所的収束定理は Fine（1916）により与えられた．その間，実に 87 年の歳月が流れている．さらに，n 次元ユークリッド空間を含む抽象空間（Banach 空間）における Newton 法の半局所的収束定理は Kantorovich（1948，1951）により与えられた．この定理は Newton 法研究における金字塔であって，現在では Newton–Kantorovich の定理と呼ばれている．以下に n 元連立非線形方程式に対するこの定理を証明なしに掲げておく．証明と誤差評価をめぐる話題については T.Yamamoto, A method for finding sharp error bounds for Newton's method under the Kantorovich assumptions, *Numer. Math.* **49**（1986）, 203–220 を参照されたい．

定理 C.1（Newton - Kantorovich の定理）

$$\boldsymbol{f}(\boldsymbol{x}) = \begin{bmatrix} f_1(x_1, \cdots, x_n) \\ \vdots \\ f_n(x_1, \cdots, x_n) \end{bmatrix} = \boldsymbol{0} \qquad \text{(C.1)}$$

を解く Newton 法

$$\boldsymbol{x}^{(\nu+1)} = \boldsymbol{x}^{(\nu)} - [J(\boldsymbol{x}^{(\nu)})]^{-1}\boldsymbol{f}(\boldsymbol{x}^{(\nu)}), \quad \nu = 0, 1, 2, \cdots \qquad \text{(C.2)}$$

$$J(\boldsymbol{x}) = \left[\frac{\partial f_i(\boldsymbol{x})}{\partial x_j}\right]$$

において，

$$f : D \subseteqq X \ (\boldsymbol{R}^n \text{または} \boldsymbol{C}^n) \to X$$

は定義域 D のある開凸部分集合 D_0 において微分可能，かつある点 $\boldsymbol{x}^{(0)} \in D_0$ において $J(\boldsymbol{x}^{(0)})$ は正則と仮定する．さらに一般性を失うことなく $f(\boldsymbol{x}^{(0)}) \neq \boldsymbol{0}$ として，あるベクトルノルム $\|\cdot\|$ につき，次のことを仮定する．

$$\|[J(\boldsymbol{x}^{(0)})]^{-1}(J(\boldsymbol{x}) - J(\boldsymbol{y}))\| \leqq K\|\boldsymbol{x} - \boldsymbol{y}\|, \quad \boldsymbol{x}, \boldsymbol{y} \in D_0, \quad K \text{ は定数}$$

$$\eta = \|[J(\boldsymbol{x}^{(0)})]^{-1} f(\boldsymbol{x}^{(0)})\|, \quad h = K\eta \leqq \frac{1}{2}$$

$$t^* = \frac{2\eta}{1 + \sqrt{1 - 2h}} \quad \left(2 \text{ 次方程式 } \frac{1}{2}Kt^2 - t + \eta = 0 \text{ の最小正根}\right)$$

$$\bar{S} = \bar{S}(\boldsymbol{x}^{(1)}, t^* - \eta) = \{\boldsymbol{x} \in X \mid \|\boldsymbol{x} - \boldsymbol{x}^{(1)}\| \leqq t^* - \eta\} \subseteqq D_0.$$

このとき，次の(i)～(iii)が成り立つ．

(i)　反復 (C.2) は実行可能で $\boldsymbol{x}^{(\nu)} \in S$（$\bar{S}$ の内部）かつ $\{\boldsymbol{x}^{(\nu)}\}$ は $\bar{S}$ のある点 $\boldsymbol{x}^*$ に収束する．$\boldsymbol{x}^*$ は方程式 (C.1) の 1 つの解である．

(ii)　解 $\boldsymbol{x}^*$ は

$$\tilde{S} = \begin{cases} S(\boldsymbol{x}^{(0)}, t^{**}) \cap D_0 & (2h < 1 \text{ のとき}) \\ \bar{S}(\boldsymbol{x}^{(0)}, t^{**}) & (2h = 1 \text{ のとき}) \end{cases}$$

においてただ 1 つである．

(iii)　誤差評価

$$\|\boldsymbol{x}^* - \boldsymbol{x}^{(\nu)}\| \leqq t^* - t_\nu \tag{C.3}$$

$$= \frac{2\eta_\nu}{1+\sqrt{1-2h_\nu}} \tag{C.4}$$

$$\leqq 2^{1-\nu}(2h)^{2^\nu-1}\eta, \quad \nu \geqq 0 \tag{C.5}$$

が成り立つ．ただし $\{t_\nu\}$ は 2 次方程式

$$f(t) = \frac{1}{2}Kt^2 - t + \eta = 0$$

に適用された Newton 列

$$t_0 = 0, \quad t_{\nu+1} = t_\nu - \frac{f(t_\nu)}{f'(t_\nu)}, \quad \nu = 0, 1, 2, \cdots$$

であり，$\{\eta_\nu\}, \{h_\nu\}$ は次の漸化式により定義される．

$$B_0 = 1, \quad \eta_0 = \eta, \quad h_0 = h = K\eta$$

$$B_\nu = \frac{B_{\nu-1}}{1-h_{\nu-1}}, \quad \eta_\nu = \frac{h_{\nu-1}\eta_{\nu-1}}{2\,(1-h_{\nu-1})}, \quad h_\nu = KB_\nu\eta_\nu, \quad \nu \geqq 1.$$

○**付記**　誤差評価 (C.3) は 1951 年，(C.4) は 1948 年に Kantorovich 自身により得られたものであるが，著者は 1986 年に両者は差がないことを指摘するとともに，Döring (1969)，Ostrowski (1971, 1973)，Gragg–Tapia (1974)，Potra–Pták (1980)，Miel (1981)，Potra (1984) 等により得られた Newton 法の誤差限界はすべて全順序で優劣がつけられ，しかもそれらは Newton–Kantorovich の定理から導くことができることを示して，当時の Newton 法研究者達を驚かせた．たとえばポーランドの某教授は著者の結果を当初信じず，大学院生に証明の誤りを見つけるよう命じたという．しかし，いま思えば，知らぬが仏，大数学者 L.V.Kantorovich (1912–1986) は最初からそれを熟知していたようにも思われるのである．残念ながらいまとなっては真相を知るすべがない．

D　ミニ・マックス定理

【定理 7.2 の証明】 $\boldsymbol{v}_1, \cdots, \boldsymbol{v}_n$ を $\lambda_1, \cdots, \lambda_n$ に対応する正規直交固有ベクトルとし，M_k を $\boldsymbol{v}_k, \boldsymbol{v}_{k+1}, \cdots, \boldsymbol{v}_n$ により張られる $n-k+1$ 次元部分空間とすれば任意の k 次元空間 V_k に対し

$$\begin{aligned}\dim(V_k \cap M_k) &= \dim V_k + \dim M_k - \dim(V_k \cup M_k) \\ &\geqq k + (n-k+1) - n = 1\end{aligned}$$

ゆえに，$(\boldsymbol{x}, \boldsymbol{x}) = 1$ なる元 $\boldsymbol{x} \in V_k \cap M_k$ がある．$\boldsymbol{x} = \sum_{i=k}^{n} c_i \boldsymbol{v}_i$ とかけば，$\boldsymbol{v}_i$ の正規直交性によって

$$(A\boldsymbol{x}, \boldsymbol{x}) = \sum_{i=k}^{n} \lambda_i {c_i}^2 \geqq \lambda_k \sum_{i=k}^{n} {c_i}^2 = \lambda_k$$

したがって

$$\min_{V_k} \max_{\substack{\boldsymbol{x} \in V_k \\ (\boldsymbol{x}, \boldsymbol{x}) = 1}} (A\boldsymbol{x}, \boldsymbol{x}) \geqq \lambda_k \tag{D.1}$$

一方，$\boldsymbol{v}_1, \cdots, \boldsymbol{v}_k$ により張られる k 次元部分空間を V_k^* とすれば，$(\boldsymbol{x}, \boldsymbol{x}) = 1$ なる任意の元 $\boldsymbol{x} = \sum_{i=1}^{k} {c_i}^* \boldsymbol{v}_i \in {V_k}^*$ に対して

$$(A\boldsymbol{x}, \boldsymbol{x}) = \sum_{i=1}^{k} \lambda_i {c_i}^{*2} \leqq \lambda_k \sum_{i=1}^{k} {c_i}^{*2} = \lambda_k$$

ゆえに

$$\max_{\substack{\boldsymbol{x} \in {V_k}^* \\ (\boldsymbol{x}, \boldsymbol{x}) = 1}} (A\boldsymbol{x}, \boldsymbol{x}) \leqq \lambda_k$$

すなわち

$$\min_{V_k} \max_{\substack{\boldsymbol{x} \in V_k \\ (\boldsymbol{x}, \boldsymbol{x}) = 1}} (A\boldsymbol{x}, \boldsymbol{x}) \leqq \lambda_k \tag{D.2}$$

(D.1)，(D.2) より

$$\lambda_k = \min_{V_k} \max_{\substack{\boldsymbol{x} \in V_k \\ (\boldsymbol{x}, \boldsymbol{x}) = 1}} (A\boldsymbol{x}, \boldsymbol{x}) = \min_{V_k} \max_{\boldsymbol{0} \neq \boldsymbol{x} \in V_k} \frac{(A\boldsymbol{x}, \boldsymbol{x})}{(\boldsymbol{x}, \boldsymbol{x})}$$

（証明終）

【定理 7.3 の証明】 $d=||A-B||_2$ とおけば，$B-A+dI$ は半正値対称行列である．ゆえに，$B+dI$ にミニ・マックス定理を適用して

$$\begin{aligned}\mu_k+d &= \min_{V_k}\max_{\substack{\boldsymbol{x}\in V_k\\(\boldsymbol{x},\boldsymbol{x})=1}}((B+dI)\boldsymbol{x},\boldsymbol{x})\\ &= \min_{V_k}\max_{\substack{\boldsymbol{x}\in V_k\\(\boldsymbol{x},\boldsymbol{x})=1}}((A+(B-A+dI))\boldsymbol{x},\boldsymbol{x})\\ &\geqq \min_{V_k}\max_{\substack{\boldsymbol{x}\in V_k\\(\boldsymbol{x},\boldsymbol{x})=1}}(A\boldsymbol{x},\boldsymbol{x})=\lambda_k \end{aligned}\tag{D.3}$$

同様に，$B-A-dI$ が半負値対称行列であることより

$$\mu_k-d\leqq\lambda_k \tag{D.4}$$

が従う．ゆえに (D.3)，(D.4) より

$$|\lambda_k-\mu_k|\leqq d=||A-B||_2$$

を得る．第 4 章演習問題 1 によって $||A-B||_2\leqq||A-B||_E$ であったから，定理の証明が完了する． (証明終)

【定理 7.4 の証明】 $\boldsymbol{R}^n$ の k 次元部分空間 V_k の集まりを F_k，

$$H=\{\boldsymbol{x}=(\boldsymbol{y},0)\mid\boldsymbol{y}\in\boldsymbol{R}^{n-1}\}$$

における k 次元部分空間の集まりを G_k とする．H は $\boldsymbol{R}^{n-1}$ と同一視できるから，$U_k\in G_k$ は $\boldsymbol{R}^{n-1}$ の k 次元部分空間 W_k と同一視できる．ゆえに，定理 7.2 によって

$$\begin{aligned}\lambda_k=\min_{V_k\in F_k}\max_{\substack{\boldsymbol{x}\in V_k\\(\boldsymbol{x},\boldsymbol{x})=1}}(A\boldsymbol{x},\boldsymbol{x}) &\leqq \min_{U_k\in G_k}\max_{\substack{\boldsymbol{x}\in U_k\\(\boldsymbol{x},\boldsymbol{x})=1}}(A\boldsymbol{x},\boldsymbol{x})\\ &= \min_{W_k}\max_{\substack{\boldsymbol{y}\in W_k\\(\boldsymbol{y},\boldsymbol{y})=1}}(B\boldsymbol{y},\boldsymbol{y})=\mu_k\end{aligned}\tag{D.5}$$

一方

$$\lambda_{k+1}=\min_{V_{k+1}\in F_{k+1}}\max_{\substack{\boldsymbol{x}\in V_{k+1}\\(\boldsymbol{x},\boldsymbol{x})=1}}(A\boldsymbol{x},\boldsymbol{x})=\max_{\substack{\boldsymbol{x}\in V_{k+1}{}^*\\(\boldsymbol{x},\boldsymbol{x})=1}}(A\boldsymbol{x},\boldsymbol{x}) \tag{D.6}$$

とすれば

$$\dim(V_{k+1}{}^* \cap H) = \dim V_{k+1}{}^* + \dim H - \dim(V_{k+1}{}^* \cup H)$$
$$\geqq k + 1 + (n-1) - n = k$$

ゆえに，$M = V_{k+1}{}^* \cap H$ に含まれる $\boldsymbol{R}^n$ の k 次元部分空間 $V_k{}^*$ が存在する．これを $\boldsymbol{R}^{n-1}$ の部分空間 $W_k{}^*$ と同一視して

$$\begin{aligned}\max_{\substack{\boldsymbol{x}\in V_{k+1}{}^*\\(\boldsymbol{x},\boldsymbol{x})=1}}(A\boldsymbol{x},\boldsymbol{x}) &\geqq \max_{\substack{\boldsymbol{x}\in M\\(\boldsymbol{x},\boldsymbol{x})=1}}(A\boldsymbol{x},\boldsymbol{x}) \geqq \max_{\substack{\boldsymbol{x}\in V_k{}^*\\(\boldsymbol{x},\boldsymbol{x})=1}}(A\boldsymbol{x},\boldsymbol{x})\\ &= \max_{\substack{\boldsymbol{y}\in W_k{}^*\\(\boldsymbol{y},\boldsymbol{y})=1}}(B\boldsymbol{y},\boldsymbol{y})\\ &\geqq \min_{W_k \subseteqq \boldsymbol{R}^{n-1}} \max_{\substack{\boldsymbol{y}\in W_k\\(\boldsymbol{y},\boldsymbol{y})=1}}(B\boldsymbol{y},\boldsymbol{y}) = \mu_k\end{aligned} \tag{D.7}$$

(D.5)，(D.6)，(D.7) より

$$\lambda_k \leqq \mu_k \leqq \lambda_{k+1}$$

を得る．（証明終）

E　定理 7.6 の証明補遺（$\lim_{\nu\to\infty} A_\nu = D$ の証明）

n 次対角行列 $D_\nu = \mathrm{diag}(a_{11}{}^{(\nu)}, \cdots, a_{nn}{}^{(\nu)})$ の対角成分からなる n 次元ベクトル $\boldsymbol{d}^{(\nu)} = [a_{11}{}^{(\nu)}, \cdots, a_{nn}{}^{(\nu)}]^t$ は A の固有値を成分にもつベクトル $\boldsymbol{d} = [\lambda_{\sigma_1}, \cdots, \lambda_{\sigma_n}]^t$（$\sigma_1, \cdots, \sigma_n$ は $1, 2, \cdots, n$ のある順列）に収束することを示そう．以下の証明は Ciarlet［12］による．まず

$$||D_\nu||_E \leqq ||A_\nu||_E \leqq ||A||_E$$

であるから，行列の列 $\{D_\nu\}$ は有界列をなすことを注意する．したがって，Weierstrass の定理によって有界列 $\{\boldsymbol{d}^{(\nu)}\}$ は収束する部分列をもつ．それを $\{\boldsymbol{d}^{(\nu_j)}\}$ として

$$\boldsymbol{d}^{(\nu_j)} \to \widetilde{\boldsymbol{d}} = [\widetilde{d}_1, \cdots, \widetilde{d}_n]^t \quad (j \to \infty)$$

とおけば

$$\begin{aligned} A_{\nu_j} &= D_{\nu_j} + B_{\nu_j} \quad (B_{\nu_j} = A_{\nu_j} - D_{\nu_j})\\ &\to \widetilde{D} = \mathrm{diag}(\widetilde{d}_1, \cdots, \widetilde{d}_n) \quad (\because \lim_{j\to\infty} B_{\nu_j} = O)\end{aligned}$$

であり，A_{ν_j} の固有値は A の固有値 $\lambda_1, \cdots, \lambda_n$ に等しいから $\widetilde{D}$ の固有値も $\lambda_1, \cdots, \lambda_n$ でなければならず，

$$\widetilde{\boldsymbol{d}}=[\lambda_{\tau_1},\cdots,\lambda_{\tau_n}]^t \quad (\tau_1,\cdots,\tau_n\text{は }1,2,\cdots,n\text{ の並べかえ})$$

の形である．ゆえに $\{\boldsymbol{d}^{(\nu)}\}$ の集積点（部分列の収束先）は高々有限個しかない．それを $\boldsymbol{d}_1{}^*,\cdots,\boldsymbol{d}_m{}^*$ としよう．$m=1$ を示せば $\{\boldsymbol{d}^{(\nu)}\}$ したがって $\{D_\nu\}$ の収束がいえたことになる．

さて，集積点の定義から，十分大きい ν につき，$\{\boldsymbol{d}^{(\nu)}\}$ は $\boldsymbol{d}_1{}^*,\cdots,\boldsymbol{d}_m{}^*$ の1つに近接する．すなわち，任意に与えられた正数 ε に対して，十分大きい自然数 $N=\nu^*(\varepsilon)$ を定めて，

$$\nu \geqq N \quad \Rightarrow \quad \boldsymbol{d}^{(\nu)} \in S=\bigcup_{i=1}^{m} S(\boldsymbol{d}_i{}^*,\varepsilon) \qquad \text{(E.1)}$$

とできる．ただし

$$S(\boldsymbol{d}_i{}^*,\varepsilon)=\{\boldsymbol{x}\in\boldsymbol{R}^n \mid \|\boldsymbol{x}-\boldsymbol{d}_i{}^*\|_2<\varepsilon\}, \quad i=1,2,\cdots,m.$$

ところで，(7.9)～(7.11) 式より

$$b_{ii}-a_{ii}=\begin{cases} 0 & (i\neq p,q) \\ -a_{pq}\tan\theta & (i=p) \\ a_{pq}\tan\theta & (i=q) \end{cases} \qquad \text{(E.2)}$$

が成り立つ．たとえば (7.10) より

$$\begin{aligned} b_{pp}-a_{pp} &= a_{pp}(\cos^2\theta-1)+a_{qq}\sin^2\theta-2a_{pq}\sin\theta\cos\theta \\ &= -(a_{pp}-a_{qq})\sin^2\theta-2a_{pq}\sin\theta\cos\theta \\ &= \frac{2\cos 2\theta}{\sin 2\theta}a_{pq}\sin^2\theta-2a_{pq}\sin\theta\cos\theta \\ &= a_{pq}\left\{\frac{(2\cos^2\theta-1)\sin\theta}{\cos\theta}-2\sin\theta\cos\theta\right\} \\ &= -a_{pq}\tan\theta, \quad \text{等}. \end{aligned}$$

$-\dfrac{\pi}{4}\leqq\theta\leqq\dfrac{\pi}{4}$ であるから，$|\tan\theta|\leqq 1$ であり，(E.2) より

$$|b_{ii}-a_{ii}|\leqq|a_{pq}| \quad (\forall i)$$

したがって

$$|a_{ii}{}^{(\nu+1)} - a_{ii}{}^{(\nu)}| \leqq |a_{pq}{}^{(\nu)}| \leqq \sqrt{\sum_{\substack{j,k \\ j\neq k}} |a_{jk}{}^{(\nu)}|^2} \to 0 \quad (\nu \to \infty), \quad i = 1, 2, \cdots, n.$$

すなわち

$$||\boldsymbol{d}^{(\nu+1)} - \boldsymbol{d}^{(\nu)}||_2 \to 0 \quad (\nu \to \infty) \tag{E.3}$$

を得る．特に $\varepsilon_0 = \dfrac{1}{3} \min_{i\neq j} ||\boldsymbol{d}_i{}^* - \boldsymbol{d}_j{}^*||_2$ とおけば，(E.1) と (E.3) より，適当な $N_0 = \nu^*(\varepsilon_0)$ を定めて

$$\nu \geqq N_0 \;\Rightarrow\; \boldsymbol{d}^{(\nu)} \in S \text{ かつ } ||\boldsymbol{d}^{(\nu+1)} - \boldsymbol{d}^{(\nu)}||_2 < \varepsilon_0$$

とできる．このとき適当な i につき $\boldsymbol{d}^{(\nu)} \in S(\boldsymbol{d}_i{}^*, \varepsilon_0)$ であるが，

$$\begin{aligned} j \neq i \Rightarrow ||\boldsymbol{d}^{(\nu+1)} - \boldsymbol{d}_j{}^*||_2 &\geqq ||\boldsymbol{d}_j{}^* - \boldsymbol{d}_i{}^*||_2 - ||\boldsymbol{d}_i{}^* - \boldsymbol{d}^{(\nu)}||_2 - ||\boldsymbol{d}^{(\nu)} - \boldsymbol{d}^{(\nu+1)}||_2 \\ &> 3\varepsilon_0 - \varepsilon_0 - \varepsilon_0 = \varepsilon_0 \end{aligned}$$

$$\therefore \quad \boldsymbol{d}^{(\nu+1)} \notin S(\boldsymbol{d}_j{}^*, \varepsilon_0) \quad (\forall j \neq i) \tag{E.4}$$

$\boldsymbol{d}^{(\nu+1)} \in S = \bigcup_{i=1}^{m} S(\boldsymbol{d}_i{}^*, \varepsilon_0)$ であるから，(E.4) より $\boldsymbol{d}^{(\nu+1)} \in S(\boldsymbol{d}_i{}^*, \varepsilon_0)$, $\nu \geqq N_0$. これは $\{\boldsymbol{d}^{(\nu)}\}$ の集積点が $\boldsymbol{d}_i{}^*$ のみであること $(m = 1)$ を意味し

$$\begin{aligned} &\lim_{\nu\to\infty} \boldsymbol{d}^{(\nu)} = \boldsymbol{d}_i{}^* = [\lambda_{\sigma_1}, \cdots, \lambda_{\sigma_n}]^t, \\ &\therefore \lim_{\nu\to\infty} A_\nu = \mathrm{diag}(\lambda_{\sigma_1}, \cdots, \lambda_{\sigma_n}) \end{aligned}$$

●注意　上記証明より鮮やかな別証明が次の書物にある．D. Serre : Matrices : Theory and Applications, Springer 2002

F　3重対角行列の固有値

以下，3重対角行列

$$A = \begin{bmatrix} b_1 & c_1 & & & \\ a_1 & b_2 & c_2 & & \\ & \ddots & \ddots & \ddots & \\ & & & & c_{n-1} \\ & & & a_{n-1} & b_n \end{bmatrix}$$

を考える．

> **定理 F.1**　$a_i \neq 0\ (1 \leqq i \leqq n-1)$ のとき，A が対角化可能であるための必要十分条件は，A の固有値がすべて相異なることである．

【証明】 k 個の勝手な数 $\lambda_1, \cdots, \lambda_k$ をとり，$\widetilde{A} = (A-\lambda_1 I)\cdots(A-\lambda_k I)$ をつくれば，簡単な計算により，$k<n$ なら $\widetilde{A}$ の第 $(k+1, 1)$ 要素は $a_1 a_2 \cdots a_k \neq 0$ であり，$\widetilde{A} \neq 0$．ゆえに，A の最小多項式の次数は $n-1$ 次以下ではあり得ない．すなわち，ちょうど n 次である．したがって，A が対角化可能ならば，その固有値はすべて相異なる．逆は明らかである．（証明終）

系 F.1.1　$a_i \neq 0\ (1 \leqq i \leqq n-1)$ のとき，実対称 3 重対角行列の固有値は，すべて相異なる実数である．

【証明】 実対称行列は対角化可能であるから．（証明終）

系 F.1.2　$a_i \neq 0\,(1 \leqq i \leqq n-1)$ のとき，実交代 3 重対角行列 A の固有値は，すべて相異なる純虚数である．

> **命題 F.1**　A の固有値は $a_i c_i > 0\ (1 \leqq i \leqq n-1)$ のとき相異なる実数，$a_i c_i < 0\ (1 \leqq i \leqq n-1)$ かつ $b_i = 0\ (1 \leqq i \leqq n)$ のとき相異なる純虚数である．

【証明】

$$\mathrm{sgn}(x) = \begin{cases} 1 & (x \geqq 0) \\ -1 & (x < 0) \end{cases}, \quad \sigma_j = \mathrm{sgn}(a_j), \quad \tau_j = \mathrm{sgn}(c_j)$$

$$d_j = \prod_{k=1}^{j-1} \sqrt{\left|\frac{a_k}{c_k}\right|}, \quad p_j = \sqrt{|a_j c_j|}, \quad D = \begin{bmatrix} d_1 & & \\ & \ddots & \\ & & d_n \end{bmatrix} \quad (d_1 = 1)$$

とおけば

$$D^{-1}AD = \begin{bmatrix} b_1 & \tau_1 p_1 & & & \\ \sigma_1 p_1 & b_2 & \tau_2 p_2 & & \\ & \ddots & \ddots & \ddots & \\ & & & & \tau_{n-1}p_{n-1} \\ & & & \sigma_{n-1}p_{n-1} & b_n \end{bmatrix}$$

$$\left(\begin{array}{l} a_i c_i > 0\ (1 \leqq i < n) \text{ のとき対称行列} \\ a_i c_i < 0\ (1 \leqq i < n) \text{ かつ } b_i = 0\ (1 \leqq i \leqq n) \text{ のとき交代行列} \end{array} \right)$$

ゆえに，系 F.1.1，F.1.2 より命題 F.1 が従う．（証明終）

命題 F.2　n 次実 3 重対角行列

$$A = \begin{bmatrix} b & c & & & \\ a & b & c & & \\ & \ddots & \ddots & \ddots & \\ & & & & c \\ & & & a & b \end{bmatrix} \quad (ac \neq 0)$$

の固有値 λ_j，固有ベクトル $\boldsymbol{x}^{(j)}$ は次式で与えられる．

$$\lambda_j = b + 2\sqrt{ac}\cos\frac{j\pi}{n+1} \quad (1 \leqq j \leqq n)$$

$$\boldsymbol{x}^{(j)} = \left[\sin\frac{j\pi}{n+1},\ \sqrt{\frac{a}{c}}\sin\frac{2j\pi}{n+1},\ \cdots,\ \left(\sqrt{\frac{a}{c}}\right)^{n-1}\sin\frac{nj\pi}{n+1}\right]^t$$

特に $b=2,\ a=c=-1$ のとき $\lambda_j = 4\sin^2\dfrac{j\pi}{2(n+1)}$，$b=2,\ a=c=1$ のとき $\lambda_j = 4\cos^2\dfrac{j\pi}{2(n+1)}$.

【証明】　$T = \begin{bmatrix} 0 & 1 & & & \\ 1 & 0 & 1 & & \\ & \ddots & \ddots & \ddots & \\ & & \ddots & \ddots & 1 \\ & & & 1 & 0 \end{bmatrix}$ (n 次)，　$D = \begin{bmatrix} d_1 & & \\ & \ddots & \\ & & d_n \end{bmatrix}$，　$d_j = \left(\sqrt{\dfrac{a}{c}}\right)^{j-1}$ とおけば

$$D^{-1}AD = \begin{cases} bI + \mathrm{sgn}(a)\sqrt{ac}\,T & (ac > 0 \text{ のとき}) \\ bI - \mathrm{sgn}(a)\sqrt{ac}\,T & (ac < 0 \text{ のとき}) \end{cases} \tag{F.1}$$

となる（$ac < 0$ ならば $\sqrt{ac}$ は純虚数を表すことに注意）．ここで，$\rho(T) \leqq \|T\|_\infty = 2$ および系 F.1.1 により T の任意の固有値を $\mu = 2\cos\theta$，μ に対応する固有ベクトルを $\boldsymbol{y} = [y_1, \cdots, y_n]^t$ とおく．$T\boldsymbol{y} = \mu\boldsymbol{y}$ を成分ごとに書き下せば

$$\begin{cases} y_2 = 2\cos\theta\cdot y_1 \\ y_{k-1} + y_{k+1} = 2\cos\theta\cdot y_k \quad (2 \leqq k \leqq n-1) \\ y_{n-1} = 2\cos\theta\cdot y_n \end{cases} \tag{F.2}$$

ここで，等式 $\sin(k-1)\theta+\sin(k+1)\theta=2\cos\theta\cdot\sin k\theta$ に着目して

$$y_k=\sin k\theta \quad (1\leqq k\leqq n) \tag{F.3}$$

とおけば，(F.2) の第 1〜第 $n-1$ 式は，θ の値によらず，自動的にみたされる．さらに，(F.3) を (F.2) の最後の式に代入して θ を定めれば

$$\sin(n-1)\theta=2\cos\theta\cdot\sin n\theta=\sin(n-1)\theta+\sin(n+1)\theta$$

よって

$$\sin(n+1)\theta=0,\quad \theta=\frac{j\pi}{n+1}\quad (1\leqq j\leqq n)$$

これで T の固有値，固有ベクトルが定まった．

集合 $\left\{\cos\dfrac{j\pi}{n+1}, 1\leqq j\leqq n\right\}$ は集合 $\left\{-\cos\dfrac{j\pi}{n+1}, 1\leqq j\leqq n\right\}$ と一致するから，(F.1) より A の固有値，固有ベクトルは，ac の正負にかかわらず，次のようになる．

$$\lambda_j=b+2\sqrt{ac}\cos\frac{j\pi}{n+1}$$

$$\boldsymbol{x}^{(j)}=D\boldsymbol{y}=\left[\sin\frac{j\pi}{n+1},\ \sqrt{\frac{a}{c}}\sin\frac{2j\pi}{n+1},\ \cdots,\ \left(\sqrt{\frac{a}{c}}\right)^{n-1}\sin\frac{nj\pi}{n+1}\right]^t$$

特に $b=2$，$a=c=-1$ のとき $A=2I-T$ とかけるから

$$\lambda_j=2-2\cos\frac{j\pi}{n+1}=4\sin^2\frac{j\pi}{2(n+1)}. \qquad \text{（証明終）}$$

G　定数係数線形同次差分方程式の一般解

線形同次差分方程式

$$z_{n+N}+a_{N-1}z_{n+N-1}+\cdots+a_0z_n=0 \quad (a_0\neq 0) \tag{G.1}$$

の一般解を求めるために $Ez_n=z_{n+1}$，$E(E^{k-1}z_n)=z_{n+k}$ とおき，(G.1) を

$$p(E)z_n\equiv(E^N+a_{N-1}E^{N-1}+\cdots+a_0)z_n=0 \tag{G.2}$$

とかく．演算子 E は線形 $(E(\alpha z_n+\beta w_n)=\alpha Ez_n+\beta Ew_n)$ である．また，$E^nE^m=E^mE^n=E^{n+m}$ も成り立つ．したがって，(G.2) に対応する N 次方

程式

$$p(\lambda) = \lambda^N + a_{N-1}\lambda^{N-1} + \cdots + a_0 = 0, \quad a_0 \neq 0 \tag{G.3}$$

の相異なる根を $\lambda_1, \cdots, \lambda_m$ とし，$p(\lambda) = (\lambda - \lambda_1)^{N_1} \cdots (\lambda - \lambda_m)^{N_m}$ と因数分解すれば，(G.2) は $(E - \lambda_1)^{N_1} \cdots (E - \lambda_m)^{N_m} z_n = 0$ とかくことができる．ただし，$E - \lambda$ は $E - \lambda I$（I : 恒等写像）の略記である．このとき，

命題 G.1　差分方程式

$$(E - \lambda_j)^{N_j} u_n = 0 \tag{G.4}$$

の解を $\{u_n(j)\}_{n=0}^{\infty}$ とすれば

$$z_n = u_n(1) + \cdots + u_n(m) \tag{G.5}$$

は (G.2) の解である．逆に，(G.2) の任意の解 z_n は，(G.4) の解 $\{u_n(j)\}$ を一意に定めて，(G.5) の形に表される．

【証明】　$\{u_n(j)\}$ が (G.4) の解なら

$$\begin{aligned} p(E)\left(\sum_{j=1}^{m} u_n(j)\right) &= \sum_{j=1}^{m} p(E)u_n(j) \\ &= \sum_{j=1}^{m}\left(\prod_{i \neq j}^{m}(E - \lambda_i)^{N_i}\right)(E - \lambda_j)^{N_j} u_n(j) = 0 \end{aligned}$$

ゆえに (G.5) は (G.2) の解である．次に後半を示す．そのために

$$\begin{aligned} E_1 &= (E - \lambda_1)^{N_1}, \quad E_2 = (E - \lambda_2)^{N_2} \cdots (E - \lambda_m)^{N_m} \\ f(\lambda) &= (\lambda - \lambda_1)^{N_1}, \quad g(\lambda) = (\lambda - \lambda_2)^{N_2} \cdots (\lambda - \lambda_m)^{N_m} \end{aligned}$$

とおく．$f(\lambda)$，$g(\lambda)$ は互いに素な多項式であるから，

$$\varphi(\lambda)f(\lambda) + \psi(\lambda)g(\lambda) = 1$$

をみたす多項式 $\varphi(\lambda)$，$\psi(\lambda)$ があり

$$\varphi(E)f(E) + \psi(E)g(E) = I \quad （恒等写像） \tag{G.6}$$

ゆえに，(G.2) の任意の解 $\{z_n\}$ は，$z_n = \varphi(E)f(E)z_n + \psi(E)g(E)z_n$ とかける．ここで

$u_n(1) = \psi(E)g(E)z_n$，$v_n = \varphi(E)f(E)z_n$ とおけば $z_n = u_n(1) + v_n$，かつ

$$E_1 u_n(1) = f(E)\psi(E)g(E)z_n = \psi(E)(p(E)z_n) = 0$$
$$E_2 v_n = g(E)\varphi(E)f(E)z_n = \varphi(E)(p(E)z_n) = 0$$

また，上記表現 $z_n = u_n(1) + v_n$ は一意的である．実際

$$z_n = u_n{}^*(1) + v_n{}^*, \quad E_1 u_n{}^*(1) = 0, \quad E_2 v_n{}^* = 0$$

を他の表現とすれば $u_n{}^*(1) - u_n(1) = v_n - v_n{}^*$，したがって，再び (G.6) を用いて

$$\begin{aligned} u_n{}^*(1) - u_n(1) &= \varphi(E)f(E)(u_n{}^*(1) - u_n(1)) + \psi(E)g(E)(v_n - v_n{}^*) \\ &= \varphi(E)(E_1 u_n{}^*(1) - E_1 u_n(1)) + \psi(E)(E_2 v_n - E_2 v_n{}^*) = 0 \end{aligned}$$

ゆえに

$$u_n{}^*(1) = u_n(1), \quad v_n{}^* = v_n$$

以下，v_n に対し同様な論法を繰り返せば，(G.5) の形を得る．　　（証明終）

次に，$\mu \neq 0$ を任意の定数として，差分方程式 $(E-\mu)^k u_n = 0$ の解を求めよう．

命題 G.2　$\Delta u_n = u_{n+1} - u_n$，　$\Delta^k u_n = \Delta^{k-1}(\Delta u_n)$ とおくとき

$$(E-\mu)^k u_n = \mu^{k+n}\Delta^k(\mu^{-n}u_n) \quad (\mu \neq 0) \qquad \text{(G.7)}$$

【証明】　k に関する帰納法による．$k = 1$ のとき

$$(E-\mu)u_n = u_{n+1} - \mu u_n = \mu^{n+1}(\mu^{-n-1}u_{n+1} - \mu^{-n}u_n) = \mu^{n+1}\Delta(u^{-n}u_n)$$

また，$k-1$ のとき成り立つと仮定すれば

$$\begin{aligned} (E-\mu)^k u_n &= (E-\mu)^{k-1}(Eu_n - \mu u_n) \\ &= (E-\mu)^{k-1}u_{n+1} - \mu(E-\mu)^{k-1}u_n \\ &= \mu^{k-1+n+1}\Delta^{k-1}(\mu^{-n-1}u_{n+1}) - \mu\cdot\mu^{k-1+n}\Delta^{k-1}(u^{-n}u_n) \\ &= \mu^{k+n}\Delta^{k-1}(\mu^{-n-1}u_{n+1} - \mu^{-n}u_n) = \mu^{k+n}\Delta^k(\mu^{-n}u_n) \end{aligned}$$

ゆえに k のときも成り立つ．　（証明終）

命題 G.3　$(E-\mu)^k u_n = 0\ (\mu \neq 0)$ の一般解は

$$u_n = (c_0 + c_1 n + \cdots + c_{k-1} n^{k-1})\mu^n$$

ここに，$c_0, c_1, \cdots, c_n$ は n と μ に無関係な定数である．

【証明】　命題 G.2 によって

$$(E-\mu)^k u_n = 0 \Leftrightarrow \Delta^k (\mu^{-n} u_n) = 0$$

ゆえに，$\Delta^k u_n = 0$ の解 $\{u_n\}$ が $u_n = c_0 + c_1 n + \cdots + c_{k-1} n^{k-1}$ の形にかけることを示せばよい．証明は k に関する帰納法による．$k=1$ のときは $\Delta u_n = u_{n+1} - u_n = 0$. ゆえに，$u_n = u_0$（一定）となって，$k=1$ のとき成り立つ．$k-1$ のとき成り立つとすれば，

$$\begin{aligned}\Delta^k u_n = 0 &\Leftrightarrow \Delta^{k-1}(\Delta u_n) = 0 \\ &\Leftrightarrow \Delta u_n = {c_0}^* + {c_1}^* n + \cdots + {c_{k-2}}^* n^{k-2}.\end{aligned}$$

ゆえに

$$\begin{aligned}u_n &= u_0 + \Delta u_0 + \Delta u_1 + \cdots + \Delta u_{n-1} \\ &= u_0 + n{c_0}^* + {c_1}^* \left(\sum_{i=0}^{n-1} i\right) + \cdots + {c_{k-2}}^* \left(\sum_{i=0}^{n-1} i^{k-2}\right) \\ &= c_0 + c_1 n + c_2 n^2 + \cdots + c_{k-1} n^{k-1} \quad (c_0 = u_0 \text{とおいた})\end{aligned}$$

よって k のときも成り立つ．　（証明終）

さて，仮定 $a_0 \neq 0$ によって (G.3) の根 $\lambda_i \neq 0\ (1 \leqq i \leqq m)$ である．ゆえに，命題 G.1 と G.3 とにより，定理 10.4 を得る．

表 G.1

定数係数線形差分方程式	定数係数線形常微分方程式
[I] $u_{n+N}+a_{N-1}u_{n+N-1}+\cdots+a_0u_n=0$ (a) の一般解は，特性方程式 $\lambda^N+a_{N-1}\lambda^{N-1}+\cdots+a_0=0$ の根 $\lambda_1,\cdots,\lambda_N$ が単根のとき $u_n=c_1{\lambda_1}^n+\cdots+c_N\lambda_N$ （$c_1,\cdots,c_N$ は定数） (b) もし λ_1 が k 重根なら，(b) で $c_1{\lambda_1}^n$ を $(c_1+c_2n+\cdots+c_kn^{k-1}){\lambda_1}^n$ でおきかえる等々.	[I]′ $y^N+a_{N-1}y^{(N-1)}+\cdots+a_0y=0$ (a)′ の一般解は，特性方程式 $\lambda^N+a_{N-1}\lambda^{N-1}+\cdots+a_0=0$ の根 $\lambda_1,\cdots,\lambda_N$ が単根のとき $y(x)=c_1e^{\lambda_1x}+\cdots+c_Ne^{\lambda_Nx}$ （$c_1,\cdots,c_N$ は定数） (b)′ λ_1 が k 重根なら，(b)′ で $c_1e^{\lambda_1x}$ を $(c_1+c_2x+\cdots+c_kx^{k-1})e^{\lambda_1x}$ でおきかえる等々.
[II] $u_{n+N}+a_{N-1}u_{n+N-1}+\cdots+a_0u_n=b_n$ (c) の一般解は $u_n=U_n+{u_n}^{(0)}$ ただし，U_n は (a) の一般解，${u_n}^{(0)}$ は (c) の 1 つの解.	[II]′ $y^{(N)}+a_{N-1}y^{(N-1)}+\cdots+a_0y=f(x)$ (c)′ の一般解は $y(x)=Y(x)+y_0(x)$ ただし，$Y(x)$ は (a)′ の一般解，$y_0(x)$ は (c)′ の 1 つの解.
[III] $\{{u_n}^{(1)}\},\cdots,\{{u_n}^{(N)}\}$ を (a) の基本解（1 次独立な解）とすれば $W_n=\begin{vmatrix} u_n^{(1)} & u_n^{(2)} & \cdots & u_n^{(N)} \\ u_{n+1}^{(1)} & u_{n+1}^{(2)} & \cdots & u_{n+1}^{(N)} \\ \vdots & \vdots & & \vdots \\ u_{n+N-1}^{(1)} & u_{n+N-1}^{(2)} & \cdots & u_{n+N-1}^{(N)} \end{vmatrix}\neq 0\ (n\geqq 0)$ かつ $u_n^{(0)}=\sum_{k=0}^{n-1}\dfrac{\begin{vmatrix} u_{k+1}^{(1)} & \cdots & u_{k+1}^{(N)} \\ \vdots & & \vdots \\ u_{k+N-1}^{(1)} & \cdots & u_{k+N-1}^{(N)} \\ u_n^{(1)} & \cdots & u_n^{(N)} \end{vmatrix}}{W_{k+1}}b_k$ は (c) の 1 つの解（定数変化法による）.	[III]′ $y_1(x),\cdots,y_N(x)$ を (a)′ の基本解（1 次独立な解）とすれば $W(x)=\begin{vmatrix} y_1 & y_2 & \cdots & y_N \\ y_1{}' & y_2{}' & \cdots & y_N{}' \\ \vdots & \vdots & & \vdots \\ y_1^{(N-1)} & y_2^{(N-1)} & \cdots & y_N^{(N-1)} \end{vmatrix}\neq 0$ かつ $y_0(x)=\int^x\dfrac{\begin{vmatrix} y_1(t) & \cdots & y_N(t) \\ \vdots & & \vdots \\ y_1^{(N-2)}(t) & \cdots & y_N^{(N-1)}(t) \\ y_1(x) & \cdots & y_N(x) \end{vmatrix}}{W(t)}f(t)dt$ は (c)′ の 1 つの解（定数変化法による）.

参考文献

本書の執筆にあたって，引用または参考にした書物および論文・資料の主なものを以下に記しておく．

邦　書

[1]　一松　信：数値解析，税務経理協会 1971

[2]　加藤義夫：偏微分方程式，サイエンス社 1975

[3]　中尾充宏・山本野人：精度保証付き数値計算，日本評論社 1998

[4]　大石進一：数値計算，裳華房 1999

[5]　大石進一：精度保証付き数値計算，コロナ社 2000

[6]　陳小君・山本哲朗：英語で学ぶ数値解析，コロナ社 2002

[7]　山口昌哉・野木達夫：数値解析の基礎，共立出版 1969

[8]　山本哲朗・北川高嗣：数値解析演習，サイエンス社 1991

洋　書

[9]　Ahberg J.H., Nilson E.N., Walsh J.L. : The Theory of Splines and Their Applications, Academic Press 1967

[10]　Atkinson K.E. : An Introduction to Numerical Analysis, 2nd Edition, John Wiley & Sons 1989

[11]　Axelsson O., Barker V.A. : Finite Element Solution of Boundary Value Problems, Theory and Computation, SIAM 2001

[12]　Ciarlet P.G. : Introduction to Numerical Linear Algebra and Optimisation, Cambridge Univ. Press 1989

[13]　Davis P.J., Rabinowitz P. : Numerical Integration, Blaisdell 1966

[14]　Isaacson E., Keller H.B. : Analysis of Numerical Methods, John Wiley & Sons 1966

[15]　Keller H.B. : Numerical Methods for Two-Point Boundary-Value Problems, Blaisdell 1968

[16]　Ortega J.M. : Numerical Analysis, A Second Course, SIAM 2000

[17]　Ostrowski A.M. : Solution of Equations in Euclidean and Banach Spaces, Academic Press 1973

[18]　Scarborough J.B. : Numerical Mathematical Analysis, 4th Edition, Oxford Univ. Press 1958

[19]　Smith G.D. : Numerical Solution of Partial Differential Equation, Finite Differencs Method, 3rd Edition, Clarendon Press 1987

[20]　Stoer J., Bulirsch R. : Introduction to Numerical Analysis, Springer 1980

[21] Strikwerda J.C. : Finite Difference Schemes and Partial Differential Equations, Wadsworth Inc. 1989

[22] Stroud A.H., Secrete D. : Gaussian Quadrature Formulas, Prentice-Hall 1966

[23] Todd J. : Introduction to the Constructive Theory of Functions, Birkhauser Verlag 1963

[24] Varga R.S. : Matrix Iterative Analysis, 2nd Edition, Springer 2000

[25] Watkinsons D.S. : Fundamentals of Matrix Computation, John Wiley & Sons 1991

[26] Wendroff B. : Theoretical Numerical Analysis, Academic Press 1966

[27] Wilkinson J.H. : Algebraic Eigenvalue Problem, Oxford Univ. Press 1965

[28] Young D.M. : Iterative Solution of Large Linear Systems, Academic Press 1971

論文その他

[29] 森口繁一：数値計算の理論と実際 I，科学 **32** 巻（1962）669-674

[30] 占部　実：非線型方程式を解くための数値的方法，京都大学数理解析研究所講究録 **17**（1966）79-135

[31] 大次元行列の計算に関する研究会報文集，東京大学大型計算機センター 1970

[32] Takahashi H., Mori M. : Error estimation in the numerical integration of analytic functions, *Report of the Computer Centre, Univ. of Tokyo*, **3**（1970）41-108

[33] Urabe M. : Componentwise error analysis of iterative methods practiced on a floating-point system, *Memoirs of the Faculty of Science, Kyushu Univ. Ser. A, Mathematics* **27**（1973）23-64

[34] 山本哲朗：ある代数方程式解法と解の事後評価法，数理科学 **14** 巻（1976）52-57

[35] Yamamoto T., Kanno S., Atanassova L. : Validated computation of polynomial zeros by the Durand-Kerner method, in Topics in Validated Computations (J. Herzberger (Editor)), Elsevier Science 1994, 27-53

[36] Matsunaga N., Yamamoto T. : Convegence of Swartztrauber-Sweet's approximation for the Poisson-type equation on a disk, *Numer. Funct. Anal. Optimiz.* **20**（1999）917-928

[37] Matsunaga N., Yamamoto T. : Superconvergence of the Shortley-Weller approximation for Dirichlet problems, *Journal of Comp. Appl. Math.* **116**（2000）263-273

[38] Yamamoto, T. : Historical developments in convergence analysis for Newton's and Newton-like methods, *Journal of Comp. Appl. Math.* **124**（2000）1-23

本書を読み終えた人達のための，さらなる参考文献として，次を掲げておく（順不同）.

[39] 杉原正顯，室田一雄：数値計算の数理，岩波書店 1994

[40] 戸川隼人：共役勾配法，教育出版 1977

[41] 藤野清次，張紹良：反復法の数理，朝倉書店 1996

[42] 速水謙：反復法の数理，数理科学，第 40 巻 12 号（2002 年 12 月），36－42

[43] 登坂宣好，大西和榮：偏微分方程式の数値シミュレーション，第 2 版，東京大学出版会　2003

[44] Brezinski C., Wuytack L.（編著）: Numeical Analysis：Historical Development in the 20th Century, Elsevier Sci.B.V.2001

[39] には区間解析，高速フーリエ変換，最良近似等，本書において取り扱っていない事項の数学的基礎が記されている.

[40] は CG 法に関する本邦初の解説書．現在でも新鮮さを失わない名著である.

[41]，[42] は CG 法とそれに関連する反復法研究の現状を解説している．この分野は現在いろいろな解法が乱立している状態であり，それらの優劣は数値解析専攻者にも判然としない．この状況が整理されるには，まだ時間がかかりそうである.

[43] は差分法，有限要素法，境界要素法に関する異色の解説書である.

[44] は論文集である．2000 年に専門誌 *J. Comp. Appl. Math.*（North－Holland）の特集号として，20 世紀における数値解析の歴史的発展と現状を展望する論文集全 7 巻が刊行されたが，[44] はその中から精選された 16 篇と，編者達による巻頭論文（総論）1 篇の合計 17 篇からなる．ただし巻頭論文における国別の数値解析史の記述中，日本に関する記述は不正確で誤解を生む．1965 年（京都大学数理解析研究所創立）以降の我が国の数値解析 30 年史については T. Yamamoto, Thirty years of numerical analysis in Japan, *Math. Japonica* **44** (1996), 201－208 を参照されたい．ちなみに著者は 1957 年故占部実教授による数値計算法の講義および同演習を受けた．タイガーの手回し式計算機による補間表の作成も今となっては懐しい思い出である.

索　　引

あ　行

か　行

さ　行

た　行

な 行

は 行

ま 行

数　字

著者略歴

山本哲朗（やまもと てつろう）

1961年　広島大学大学院理学研究科修士課程（数学専攻）修了
1968年　理学博士
1975年　愛媛大学理学部教授
2002年　愛媛大学名誉教授
　　　　早稲田大学理工学部専任客員教授
2005年　早稲田大学退職

主要著書

数値解析演習（共著，サイエンス社，1991）
英語で学ぶ数値解析（共著，コロナ社，2002）
2点境界値問題の数理（コロナ社，2006）
境界値問題と行列解析（朝倉書店，2014）

サイエンスライブラリ　現代数学への入門＝14

数値解析入門［増訂版］

1976年10月20日 ©　　初版発行
2002年 1月10日　　初版第16刷発行
2003年 6月10日 ©　　増訂第1刷発行
2022年10月25日　　増訂第9刷発行

著　者　山本哲朗　　発行者　森平敏孝
　　　　　　　　　　印刷者　篠倉奈緒美
　　　　　　　　　　製本者　小西恵介

発行所　**株式会社　サイエンス社**

〒151-0051　東京都渋谷区千駄ヶ谷1丁目3番25号
営業 ☎ (03) 5474-8500（代）　振替 00170-7-2387
編集 ☎ (03) 5474-8600（代）
FAX ☎ (03) 5474-8900

印刷　ディグ　　製本　ブックアート

ISBN4-7819-1038-6

PRINTED IN JAPAN